$G(x) = \int g(x)\,dx$ $g(x)$ の原始関数	$g(x) = G'(x)$ $G(x)$ の導関数
$f(x)^\alpha$	$\alpha f(x)^{\alpha-1} f'(x)$
$\log |f(x)|$	$\dfrac{f'(x)}{f(x)}$
$e^{f(x)}$	$f'(x) e^{f(x)}$
$\sin f(x)$	$f'(x) \cos f(x)$
$\cos f(x)$	$-f'(x) \sin f(x)$
$\tan f(x)$	$\dfrac{f'(x)}{\cos^2 f(x)} = f'(x)(1 + \tan^2 f(x))$
$\dfrac{1}{a} \tan^{-1} \dfrac{x}{a} \quad (a > 0)$	$\dfrac{1}{x^2 + a^2}$
$\dfrac{1}{2a} \log \left| \dfrac{x-a}{x+a} \right| \quad (a \neq 0)$	$\dfrac{1}{x^2 - a^2}$
$\sin^{-1} \dfrac{x}{a} \quad (a > 0)$	$\dfrac{1}{\sqrt{a^2 - x^2}}$
$\dfrac{1}{2} \left\{ x\sqrt{a^2 - x^2} + a^2 \sin^{-1} \dfrac{x}{a} \right\} \quad (a > 0)$	$\sqrt{a^2 - x^2}$
$\log |x + \sqrt{x^2 + A}|$	$\dfrac{1}{\sqrt{x^2 + A}}$
$\dfrac{1}{2} \left\{ x\sqrt{x^2 + A} + A \log |x + \sqrt{x^2 + A}| \right\}$	$\sqrt{x^2 + A}$
$x \log x - x$	$\log x$

● **整級数展開** ●

$$f(x) = f(0) + f'(0)x + \frac{1}{2!} f''(0) x^2 + \cdots + \frac{1}{n!} f^{(n)}(0) x^n + \cdots$$

$$e^x = 1 + x + \frac{1}{2!} x^2 + \cdots + \frac{1}{n!} x^n + \cdots \qquad (-\infty < x < \infty)$$

$$\sin x = x - \frac{1}{3!} x^3 + \frac{1}{5!} x^5 - \cdots + (-1)^{m-1} \frac{x^{2m-1}}{(2m-1)!} + \cdots \qquad (-\infty < x < \infty)$$

$$\cos x = 1 - \frac{1}{2!} x^2 + \frac{1}{4!} x^4 - \cdots + (-1)^{m-1} \frac{x^{2m-2}}{(2m-2)!} + \cdots \qquad (-\infty < x < \infty)$$

$$\log(1+x) = x - \frac{x^2}{2} + \frac{x^3}{3} - \cdots + (-1)^{n-1} \frac{x^n}{n} + \cdots \qquad (-1 < x \leq 1)$$

$$(1+x)^\alpha = 1 + \alpha x + \frac{\alpha(\alpha-1)}{2!} x^2 + \cdots + \frac{\alpha(\alpha-1)\cdots(\alpha-n+1)}{n!} x^n + \cdots$$
$$(-1 < x < 1)$$

新・演習数学ライブラリ＝3

演習と応用
微分方程式

寺田文行・坂田　洐・曽布川拓也　共著

サイエンス社

サイエンス社のホームページのご案内
http://www.saiensu.co.jp
ご意見・ご要望は　rikei@saiensu.co.jp　まで．

まえがき

本書の理念と目的

(i) **活用できる数学**　数学は科学の基礎として不可欠のものであります．しかしながら，その真の活用をはかるためには，単に理論を学ぶだけではなく，適当な具体例による反復履修が望まれます．演習書の重要な役割がここにあります．

(ii) **基礎を厳選**　真の活用をはかるのであれば，まず重要なことは内容の選択であります．それには，興味本位の特殊問題ではなく，真の応用に通じる基礎的なものの厳選ということが望まれます．演習書によっては，数学を専攻する者でも，生涯ほとんど必要としないテクニックを楽しむ問題を掲載しています．そのような特殊な問題を楽しむことの良さを否定はしませんが，一般の理工系の学生諸君は，まず将来の応用上の基礎となる数学を定着させて欲しいのです．演習書のねらいはそこにあります．

(iii) **学期末の試験に向けて**　つぎは目標を目先に転じてみましょう．基礎数学の講義では，さしあたり応用上必要とする内容であることが多く，学期末の試験もそれに沿ったものでありましょう．そこで，(i), (ii) のような配慮のもとで，内容のレベルを試験のレベルに置きました．すなわち，かつて著者ら自らが，また現在友人の教授達が期末試験で取り上げるような問題を標準に取り上げたわけです．演習書は学習に弾みをつけるものでありたいです．

(iv) **高校のカリキュラムに接続**　言うまでもなく，大学の理工系で一般に取り扱う数学は，高校の数学カリキュラムに接続したものでなくてはなりません．しかし，講義内容に，ちょっとした気遣いを欠いたり，接続の仕方を誤ったりしますと，学生としては高校の数学と大学の数学に大変なギャップがあるものと錯覚して，学習の意欲を欠くこともあり得るのです．それを助けるのも演習書の役目です．

まえがき

本書の利用について

　数学を学習するときの喜びの 1 つは "問題を解く" と言うことです．特に微分方程式では，未知のものを見つけだす喜びがあります．そのようなときには
　　「理屈は後回しでよい．とにかくどうすればその関数が見つかるのだ．」
という学習を望む諸君は多いことでしょう．本書では，まず "問題解決法" を掲げ，それを基に例題と問題を学習してもらいます．そしてその "理屈" に関心を持つ諸君のために，問題の一部として解説を取り上げるようにしました．このような展開は，君が抵抗なく微分方程式の世界に入っていくことを助けることでしょう．

　また大学生諸君の中には，高校の数学 II・B までをベースにして理工系の進学をしている場合もあります．また大学入試で要求されない範囲は学習も薄くなり，大学に進学してはじめて「コマッタ」と言っている方もあるでしょう．本書はそのような高校数学との接続を十分に考慮しています．

　最後に，本書の作成に当たり，終始ご尽力いただいた編集部の田島伸彦氏と鈴木綾子女史に心からの感謝を捧げます．

　　　　　　　　　　　　　　　　　　　　　　　　寺田　文行
　　　　　　　　　　　　　　　　　　　　　　　　坂田　泩
　　　　　　　　　　　　　　　　　　　　　　　　曽布川拓也

目　　次

第1章　微分方程式の基礎概念　　1

- **1.0** 独立変数・従属変数 …………………………………… 1
- **1.1** 微分方程式とその解 ………………………………… 1
  　　微分方程式の解
- **1.2** 解の分類と条件 ……………………………………… 4
  　　初期条件・境界条件
- **1.3** 曲線群と微分方程式 ………………………………… 6
  　　曲線群の微分方程式

第2章　1階常微分方程式　　7

- **2.1** 変数分離形とその応用 ……………………………… 7
  　　変数分離形・同次形　　一次分数変換形
- **2.2** 1階線形微分方程式 ………………………………… 11
  　　1階線形微分方程式　　ベルヌーイの微分方程式
- **2.3** 完全微分方程式 ……………………………………… 15
  　　完全微分方程式　　完全微分方程式・積分因子
- **2.4** リッカティの微分方程式 …………………………… 19
  　　リッカティの微分方程式　　狭義のリッカティの微分方程式
- **2.5** その他の形 …………………………………………… 23
  　　x または y について解ける場合　　クレーロー=ラグランジュの微分方程式
- **2.6** 幾何学的な応用 ……………………………………… 27
  　　接線・法線　　極座標系　　等交曲線

第3章　高階常微分方程式　　33

- **3.1** 繰り返し積分に帰着される場合 …………………… 33
  　　繰り返し積分に帰着される形
- **3.2** x または y を含まない形 ……………………… 36
  　　x または y を含まない形

3.3 同次形の微分方程式 ·································· 38
　　　同次形
3.4 完全微分方程式 ···································· 40
　　　完全微分方程式（1）　完全微分方程式（2）

第4章　線形微分方程式　　　　　　　　　　　　　　　43

4.1 線形微分方程式とその基本性質 ························ 43
　　　ロンスキー行列　基本解・特殊解　定数係数の場合（I）　定数係数の場合（II）
　　　定数係数の場合（III）　特殊解を求めるための未定係数法　特殊解を求めるための定数変化法　定理3の証明
4.2 演算子法 ·· 54
　　　演算子の基本性質IIの証明　逆演算子の基本性質（I）・（II）　逆演算子の基本性質（V）　部分分数法　基本性質（VII）・（II）・（III）・（IV）の利用　演算子法（1）　演算子法（2）　演算子法（3）　連立微分方程式(1)　連立微分方程式(2)

第5章　微分方程式の級数解　　　　　　　　　　　　　　70

5.1 級数解 ·· 70
　　　整級数による解法(1)　整級数による解法(2)　確定特異点をもつ場合
5.2 級数解としてよく知られた微分方程式 ··················· 76
　　　ベッセルの微分方程式の例　ルジャンドルの微分方程式　ガウスの方程式の例

第6章　全微分方程式と連立微分方程式　　　　　　　　　81

6.1 全微分方程式と連立微分方程式 ························ 81
　　　全微分方程式（解法I）　全微分方程式（解法II）　連立微分方程式（解法II, III）

第7章　1階および2階偏微分方程式　　　　　　　　　　86

7.1 1階偏微分方程式 ·································· 86
　　　1階偏微分方程式の解の種類（完全解，一般解，特異解）　1階準線形偏微分方程式（ラグランジュの偏微分方程式）　1階偏微分方程式の標準形I　1階偏微分方程式の標準形II, III（変数分離形）　1階偏微分方程式の標準形IV（クレーロー形）
7.2 2階偏微分方程式 ·································· 94
　　　2階線形偏微分方程式（直接積分形）　定数係数2階線形同次偏微分方程式　定数係数2階線形非同次偏微分方程式

第8章　フーリエ解析と初期値・境界値問題　　99

8.1　フーリエ解析 ………………………………………………… 99
フーリエ展開　　フーリエ積分・フーリエ変換

8.2　偏微分方程式の初期値問題・境界値問題 ………………… 104
双曲形偏微分方程式（波動方程式の初期値・境界値問題）　波動方程式の初期値問題（ストークスの公式）　放物形偏微分方程式（熱伝導方程式の初期値・境界値問題）　放物形偏微分方程式（熱伝導方程式の初期値問題）　楕円形偏微分方程式（ラプラス方程式の境界値問題）

第9章　ラプラス変換　　111

9.1　ラプラス変換 ………………………………………………… 111
基本公式 1, 2　　基本公式 3　　基本公式 4, 5

9.2　$L(f(x))$ がわかっているとき ……………………………… 116
$x \cdot f(x), e^{ax} f(x)$ の場合　　$f(x-a)$ と $f(ax)$ の場合　　$L(f'(x)), L\left(\int_0^x f(t)\,dt\right)$

9.3　逆ラプラス変換と定数係数の線形微分方程式への応用 … 121
逆ラプラス変換の例 (1)　逆ラプラス変換の例 (2)　合成積　初期値問題への応用 (1)　初期値問題への応用 (2)　回路の問題

問 題 解 答　　129

第 1 章の解答 ……………………………………………………… 129
第 2 章の解答 ……………………………………………………… 130
第 3 章の解答 ……………………………………………………… 141
第 4 章の解答 ……………………………………………………… 151
第 5 章の解答 ……………………………………………………… 166
第 6 章の解答 ……………………………………………………… 174
第 7 章の解答 ……………………………………………………… 179
第 8 章の解答 ……………………………………………………… 186
第 9 章の解答 ……………………………………………………… 207

索　引　　213

1　微分方程式の基礎概念

まずこの章では微分方程式を扱う上で必要な概念について述べる．

1.0　独立変数・従属変数

我々は「関数 f」「関数 $y = f(x)$」という表現をよく用いる．これは，
1. x の値を決めるとそれに対して
2. ある特別なルール f によって
3. それに対応する y の値が決まる

という状況である．このとき，x や y は決まった値ではなくいろいろと変わり得る数である．このようなものを**変数**という．特に関数において，このように最初に（勝手に）決める変数 x を**独立変数**，それに対応して（従属して）決まる変数 y を**従属変数**，その対応のルール f を**関数**とよぶ．また y は x の関数であるという．この場合，変数 y は変数 x に従属して決まるので，それをはっきりさせるために $y(x)$ と表したり，また $y = y(x)$ というような表記*を用いたりする．

1.1　微分方程式とその解

●**常微分方程式**●　独立変数 x の関数 $y = y(x)$ について，x, y およびその導関数 $\dfrac{dy}{dx}, \dfrac{d^2y}{dx^2}, \cdots$ に関して，たとえば $x^2 \dfrac{d^2y}{dx^2} + xy\dfrac{dy}{dx} - y^2 = 0$，一般的に表せば

$$F\left(x, y, \frac{dy}{dx}, \frac{d^2y}{dx^2}, \cdots\right) = 0 \tag{1.1}$$

というような関係式が与えられているとき，この関係式を**微分方程式**，特に後に挙げる偏微分方程式に対応して (1.1) のような微分方程式を**常微分方程式**という．微分方程

---

*　この表現は始めは戸惑うが，なれてくると便利である．

式に含まれている導関数の階数のうちもっとも高い階数を，その**微分方程式の階数**という．この微分方程式を常にみたす関数 $y = y(x)$ をこの**微分方程式の解**[*]，解を求めることを微分方程式を解くという．

- **連立微分方程式**　常微分方程式において 2 つ以上の従属変数を考える場合がある．たとえば x の関数 y, z に対してつぎのような微分方程式を**連立微分方程式**という．

$$\begin{cases} \dfrac{dy}{dx} = y + z \\ \dfrac{dz}{dx} = y - z \end{cases} \tag{1.2}$$

- **偏微分方程式**　独立変数 x, y の関数 $z = z(x, y)$ について，x, y, z およびその偏導関数 $\dfrac{\partial z}{\partial x}, \dfrac{\partial z}{\partial y}, \dfrac{\partial^2 z}{\partial x^2}, \dfrac{\partial^2}{\partial x \partial y}, \dfrac{\partial^2 z}{\partial y^2}, \cdots$ に関して

$$F\left(x, y, z, \dfrac{\partial z}{\partial x}, \dfrac{\partial z}{\partial y}, \dfrac{\partial^2 z}{\partial x^2}, \dfrac{\partial^2 z}{\partial x \partial y}, \dfrac{\partial^2 z}{\partial y^2}, \cdots\right) = 0 \tag{1.3}$$

というような関係式が与えられているとき，この関係式を**偏微分方程式**という．

さらに一般に n 個の独立変数 $x_1, x_2, \cdots, x_n$ の関数 $u = u(x_1, x_2, \cdots, x_n)$ についても同様に偏微分方程式が考えられる．

偏微分方程式に含まれている偏導関数の階数のうちもっとも高い階数を，その**偏微分方程式の階数**という．微分方程式 (1.3) を常にみたす関数 $z = z(x, y)$ をこの**偏微分方程式の解**という．

- **全微分方程式**　2 つ以上の独立変数に対する関数について**全微分**が定義される．たとえば $U = U(x, y)$ に対して

$$\Delta U = U(x + \Delta x, y + \Delta y) - U(x, y)$$
$$= p(x, y)\Delta x + q(x, y)\Delta y + o(\sqrt{(\Delta x)^2 + (\Delta y)^2}) \quad (\Delta x, \Delta y \to 0)$$

が成り立つとき U は**全微分可能**であるといい，式

$$dU = p(x, y)\, dx + q(x, y)\, dy \tag{1.4}$$

を U の**全微分**という．さらに

$$p(x, y)\, dx + q(x, y)\, dy = 0 \tag{1.5}$$

たとえば $(x - y)\, dx + y\, dy = 0$ というような形で与えられる式を，**全微分方程式**という．このとき $dU = p(x, y)\, dx + q(x, y)\, dy$ のような $U(x, y)$ があれば，この $U(x, y)$ をこの全微分方程式の解という．また一般解は $U = C$ (定数) となる．

---

[*] これに対して $x^2 - 4x + 3 = 0$ のような方程式を特に代数方程式とよぶことがある．代数方程式をみたす数のことを本書では根（こん）とよぶ．

1.1 微分方程式とその解

例題 1 ────────────────────────────── 微分方程式の解 ─

関係式 $32x^3 + 27y^4 = 0$ は，微分方程式

$$y = 2x\frac{dy}{dx} + y^2\left(\frac{dy}{dx}\right)^3 \qquad ①$$

の解であることを示せ．

[解答] $32x^3 + 27y^4 = 0$ の両辺を x で微分すると

$$96x^2 + 108y^3\frac{dy}{dx} = 0 \quad \text{すなわち} \quad \frac{dy}{dx} = -\frac{96x^2}{108y^3} = -\frac{8x^2}{9y^3} \qquad ②$$

が得られる．また $32x^3 + 27y^4 = 0$ であるから

$$x^3 = -\frac{3^3}{2^5}y^4 \qquad ③$$

である．これらを①の右辺に代入すると

$$\begin{aligned}
\text{右辺}: \quad 2x\frac{dy}{dx} + y^2\left(\frac{dy}{dx}\right)^3 &= 2x\left(-\frac{8x^2}{9y^3}\right) + y^2\left(-\frac{8x^2}{9y^3}\right)^3 \\
&= -\frac{2^4}{3^2}\frac{x^3}{y^3} - \frac{2^9}{3^6}\frac{x^6}{y^7} \\
&= \frac{3}{2}y - \frac{1}{2}y \\
&= y \quad : \text{左辺}
\end{aligned}$$

となって，①が成り立つので，$32x^3 + 27y^4 = 0$ が解になることがわかる．

注意 ここで「解」とよんだ式は $y = f(x)$ の形になっていないので，左ページの定義からするとこれは「解」とよぶことはできない．しかしこの式から導かれる陰関数 $y = y(x)$（のうち微分可能なもの）は陰関数定理により②および③をみたすので，①をみたすことがわかる．すなわちその陰関数が①の解であることがわかる．一般にこのようなとき，単に「$32x^3 + 27y^4 = 0$ は微分方程式①の解である」という．

問題

1.1 $y = \sqrt{2x+1}$ は微分方程式①の解であることを示せ．
1.2 $x - y^2 + \frac{1}{8} = 0$ は微分方程式①の解であることを示せ．

1.2 解の分類と条件

● **一般解・特殊解** ●　常微分方程式

$$\frac{d^2y}{dx^2} - 2\frac{dy}{dx} - 3y = 0 \tag{1.6}$$

において，任意の実数 C_1, C_2 に対して，$y = C_1 e^{-x} + C_2 e^{3x}$ はその解となる．
　このように微分方程式の解は，任意定数を含むものがある．一般に

$$n \text{ 階の常微分方程式には } n \text{ 個の任意定数をもつ解が存在する}$$

ことが知られている．その解のことを**一般解**とよぶ．一般解の n 個の任意定数に適当な値を代入することによって得られる解を**特殊解**という．たとえば $y = e^{-x} + 4e^{3x}$ は (1.6) の特殊解である．

● **初期条件・境界条件** ●　常微分方程式

$$\left(\frac{dy}{dx}\right)^2 + y^2 = 1 \tag{1.7}$$

を考えよう．この微分方程式の一般解は $y = \sin(x+C)$ (C は任意定数) である．一方すぐにわかることであるが，$y = 1$ (恒等的に 1 の関数) もこの微分方程式の解であるが，一般解の任意定数をどうとってもこの解を得ることはできない．このような解のことを**特異解**とよぶ．
　n 階の微分方程式に対し，その一般解は $F(x, y, C_0, C_1, \cdots, C_{n-1}) = 0$ と与えられる．ここで実数 $x_0, y_0, y_1, \cdots, y_{n-1}$ に対して

$$x = x_0 \text{ のとき } y = y_0,\ y' = y_1,\ y'' = y_2, \cdots,\ y^{(n-1)} = y_{n-1} \tag{1.8}$$

となるように任意定数 $C_0, C_1, \cdots, C_{n-1}$ を決めることができたとしよう．このようにして得られる特殊解を，**初期条件** (1.8) に対する（特殊）解という．
　また 2 階微分方程式の一般解が $F(x, y, C_1, C_2) = 0$ と得られているとき

$$\begin{aligned} x = x_0 \text{ のとき } y = y_0, \\ x = x_1 \text{ のとき } y = y_1 \end{aligned} \tag{1.9}$$

となるように任意定数 C_1, C_2 が決められたとしよう．このようにして得られる特殊解を，**境界条件** (1.9) に対する（特殊）解という*．

---

* 「初期」「境界」という表現は実は数学的なものではなく，物理的なイメージからきたものである．

1.2 解の分類と条件

例題 2 ─────────────── 初期条件・境界条件 ───

微分方程式 (1.6) の一般解が $y = C_1 e^{-x} + C_2 e^{3x}$ であることを示せ．そして
(1) 初期条件 $x = 0$ のとき $y = 1, y' = 3$
(2) 境界条件 $x = 0$ のとき $y = 1$, $x = 1$ のとき $y = \frac{1}{e}$
のそれぞれの下でこの微分方程式を解け．

解答 $y = C_1 e^{-x} + C_2 e^{3x}$ の両辺を x で微分すると

$$\frac{dy}{dx} = -C_1 e^{-x} + 3C_2 e^{3x}$$

さらにこの両辺を x で微分すると

$$\frac{d^2 y}{dx^2} = C_1 e^{-x} + 9C_2 e^{3x}$$

となる．したがってこれを (1.6) の左辺に代入すると

$$(C_1 e^{-x} + 9C_2 e^{3x}) - 2(-C_1 e^{-x} + 3C_2 e^{3x}) - 3(C_1 e^{-x} + C_2 e^{3x}) = 0$$

となって，$y = C_1 e^{-x} + C_2 e^{3x}$ が (1.6) の一般解になることがわかる．
(1) 一般解において

$$y' = -C_1 e^{-x} + 3C_2 e^{3x}$$

となるので，これと (1.6) に初期条件を代入すると

$$C_1 + C_2 = 1, \quad -C_1 + 3C_2 = 3$$

よって $C_1 = 0, C_2 = 1$ を得る．したがって $y = e^{3x}$ が求める特殊解である．
(2) 同様にして一般解に境界条件を代入すると

$$C_1 + C_2 = 1, \quad \frac{C_1}{e} + C_2 e^3 = \frac{1}{e}$$

よって $C_1 = 1, C_2 = 0$ を得る．したがって $y = e^{-x}$ が求める特殊解である．

問 題

2.1 微分方程式 $2xy' - y = 0$ の一般解は $y^2 = Cx$ (C は任意定数) であることを確かめよ．そしてこの微分方程式を初期条件「$x = 1$ のとき $y = 4$」の下で解け．

2.2 微分方程式 $y'' + y' = 0$ の一般解は $y = C_1 + C_2 e^{-x}$ であることを確かめよ．そしてこの微分方程式を境界条件「$x = 0$ のとき $y = 2$; $x = -1$ のとき $y = 1 + e$」の下で解け．

1.3 曲線群と微分方程式

微分方程式の解の関数が表すグラフを，その微分方程式の**積分曲線**または**解曲線**という．特に条件がないときには一般解を考えるので，任意定数のため積分曲線はただ1つには定まらず，曲線の集まり（曲線群）が得られる．

逆に与えられた曲線群に対してそれが解曲線になる微分方程式があるとき，その微分方程式が，その曲線群を特徴づけているといえる．

例題 3 ──────────────────── 曲線群の微分方程式 ─

曲線群
$$x^2 + y^2 - 2cx = 0 \quad (c \in \boldsymbol{R}) \qquad ①$$
を図示せよ．そしてその曲線群の微分方程式を求めよ．

[解答] $x^2 + y^2 - 2cx = 0$ を変形すると $(x-c)^2 + y^2 = c^2$ となるので，この曲線群は x 軸上に中心 $(c, 0)$，半径が $|c|$，すなわち y 軸と接する円全体であることがわかる．

①の両辺を x で微分すると
$$2x + 2y\frac{dy}{dx} - 2c = 0 \qquad ②$$

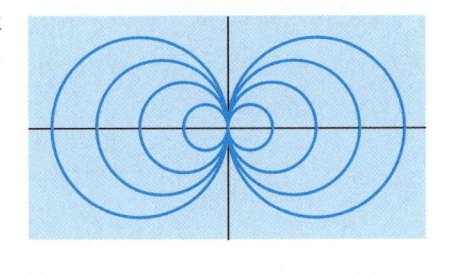

を得る．この曲線群は①と②を両方みたすのでこれらから任意定数 c を消去して得られる
$$x^2 + 2xy\frac{dy}{dx} - y^2 = 0$$

が求める微分方程式である．

――― **問 題** ―――

3.1 曲線群 $y^2 = 4c(x + c)$ を図示し，その曲線群の微分方程式を作れ．

3.2 つぎの方程式から [ ] 内にある任意定数を消去することによって，この方程式を解にもつ微分方程式を作れ．

(1) $y = cx + x^3$ $\quad [c]$ (2) $y = xe^{cx}$ $\quad [c]$

(3) $x^2 y^2 = c(c - x^2)$ $\quad [c]$ (4) $y = ax + \dfrac{b}{x}$ $\quad [a, b]$

2　1階常微分方程式

　具体的に解く方法が知られている1階の常微分方程式の多くは，最終的には「変数分離形」といわれる形に帰着して解かれる．
　まず始めにこの方法を述べ，ついでいろいろな場合の解法について述べる．

2.1　変数分離形とその応用

● **変数分離形** ●　　関数 f, g を用いて
$$\frac{dy}{dx} = f(x)g(y) \tag{2.1}$$
と表される形を，**変数分離形**という．この形では，$g(y) \neq 0$ ならば，両辺を $g(y)$ で割ると $\dfrac{1}{g(y)}\dfrac{dy}{dx} = f(x)$ となる．一般解はこの両辺を x で積分して
$$\int \frac{1}{g(y)}\,dy = \int f(x)\,dx + C \qquad (C \text{ は積分定数}) \tag{2.2}$$
と求められる*．
　$g(y) = 0$ の場合は，これを y の方程式とみて y について解いた解が $y = c$ であるときに，定数関数 $y = c$ はこの微分方程式の解になる．

● **同次形** ●　　関数 f を用いて
$$\frac{dy}{dx} = f\left(\frac{y}{x}\right) \tag{2.3}$$
という形で表される微分方程式を**同次形**という．この場合には $u = \dfrac{y}{x}$ とおいて代入すると積の微分公式から
$$\frac{dy}{dx} = u\frac{dx}{dx} + \frac{du}{dx}x = u + x\frac{du}{dx}$$

---
* 形式的に (2.1) の両辺に "$\frac{dx}{g(y)}$ をかけて" $\frac{1}{g(y)}dy = f(x)dx$ として両辺を積分する，という形で解けば扱いやすいだろう．

である．これを用いると (2.3) は

$$u + x\frac{du}{dx} = f(u) \quad \text{さらに変形して} \quad \frac{du}{dx} = \frac{f(u) - u}{x} \tag{2.4}$$

となって変数分離形になったので解くことができる．

● 一次分数変換形 ●

$$\frac{dy}{dx} = f\left(\frac{ax + by + c}{px + qy + r}\right) \tag{2.5}$$

という形で表される微分方程式を，**一次分数変換形**とよぶ．この場合は適当な変数変換を用いて，変数分離形か同次形に帰着させることができる．

$aq - bp = 0$ の場合 $\dfrac{a}{p} = \dfrac{b}{q} = k$ とおけば

$$\frac{ax + by + c}{px + qy + r} = \frac{k(px + qy) + c}{px + qy + r}$$

となる．ここで $u = px + qy$ とおくと $\dfrac{du}{dx} = p + q\dfrac{dy}{dx}$ であるから，(2.5) は

$$\frac{du}{dx} = p + qf\left(\frac{ku + c}{u + r}\right) \tag{2.6}$$

と変形できる．これは変数分離形である．

$aq - bp \neq 0$ の場合 x と y の連立方程式

$$\begin{cases} ax + by + c = 0 \\ px + qy + r = 0 \end{cases} \tag{2.7}$$

の解が $x = \alpha, y = \beta$ であるならば，$u = x - \alpha, v = y - \beta$ と変数変換すると，(2.5) は

$$\frac{dv}{du} = f\left(\frac{au + bv}{pu + qv}\right) = f\left(\frac{a + b\dfrac{v}{u}}{p + q\dfrac{v}{u}}\right) \tag{2.8}$$

と変形できる．これは同次形である．

また直接 $\xi = ax + by + c, \eta = px + qy + r$ という変数変換をしても

$$\frac{d\xi}{dx} = a + b\frac{dy}{dx} = a + bf\left(\frac{\xi}{\eta}\right), \quad \frac{d\eta}{dx} = p + q\frac{dy}{dx} = p + qf\left(\frac{\xi}{\eta}\right)$$

であることから，

$$\frac{d\xi}{d\eta} = \frac{a + bf\left(\frac{\xi}{\eta}\right)}{p + qf\left(\frac{\xi}{\eta}\right)} \tag{2.9}$$

として同次形に変形することができる．

2.1 変数分離形とその応用

例題 1 ───────────────────────── 変数分離形・同次形 ───

つぎの微分方程式を解け．

(1) $\dfrac{dy}{dx} = y^2 + y$ 　　(2) $x\tan\dfrac{y}{x} - y + x\dfrac{dy}{dx} = 0$

[解答] (1) $y^2 + y \neq 0$ とする．このとき両辺を y^2+y で割って $\dfrac{1}{y^2+y}\dfrac{dy}{dx} = 1$ を得る．この両辺を x で積分すると $\log\left|\dfrac{y}{y+1}\right| = x + C_0$ (C_0 は積分定数) となることから，改めて $C = \pm e^{C_0}$ とおくことによって

$$\dfrac{y}{y+1} = Ce^x \quad \text{すなわち} \quad y = \dfrac{Ce^x}{1 - Ce^x} \quad (C \text{ は実数定数}) \qquad ①$$

と一般解を得る．

つぎに $y^2 + y = 0$ の場合を考える．このときは $y = 0, y = -1$ という定数関数が得られるが，これらはすぐにわかるとおり (1) の解である．ここで $y = 0$ は一般解において $C = 0$ とおいて得られる特殊解となるので，一般解に含まれるとみてよい．$y = -1$ は一般解からは得られない**特異解**である．

(2) 両辺を x で割ってみればこれは同次形とわかるので $y = ux$ を代入すると，

$$x\tan u - xu + x(xu' + u) = 0 \quad \text{すなわち} \quad \tan u + x\dfrac{du}{dx} = 0 \qquad ②$$

を得る．これを $\dfrac{\cos u}{\sin u}\dfrac{du}{dx} + \dfrac{1}{x} = 0$ と変形し，両辺を x で積分して

$$\int \dfrac{\cos u}{\sin u} du + \int \dfrac{dx}{x} = \log|\sin u| + \log|x| + C_0 \quad (C_0 \text{ は積分定数})$$

すなわち $x\sin\dfrac{y}{x} = C$ (C は定数) と一般解を得る．

───────── **問 題** ─────────

1.1* つぎの微分方程式を解け．

(1) $(1+x^2)y' = 1 + y^2$ 　　　　(2) $xy' + \sqrt{1+y^2} = 0$

(3) $-x^2 + y^2 = 2xyy'$ 　　　　(4) $xy' = y + \sqrt{x^2 + y^2}$

(5) $y' = \sqrt{x+y}$ 　　　　　　 (6) $xy' + x + y = 0$

(7) $(x^2y + x)y' + xy^2 - y = 0$

*　(3) (4) 同次形になる．(5) では $x + y = u$，(6) (7) では $xy = u$ とおく．

―― 例題 2 ――――――――――――――――――――――――― 一次分数変換形 ――

つぎの微分方程式を解け．
(1)　$(x+y+1)+(2x+2y-1)y'=0$
(2)　$(2x-y+1)-(x-2y+1)y'=0$

[解答]　これらはそれぞれ両辺を $(2x+2y-1)$, $(x-2y+1)$ で割れば同次形になる．

(1) これは $aq-bp=0$ の場合に相当する．そこで，$x+y=u$ とおくと $1+\dfrac{dy}{dx}=\dfrac{du}{dx}$ であるから，これを代入することによって，微分方程式

$$u+1+(2u-1)\left(\dfrac{du}{dx}-1\right)=0 \quad \text{すなわち} \quad (2u-1)\dfrac{du}{dx}-(u-2)=0$$

を得る．これは変数分離形になるのでこれを解くと

$$\int \dfrac{2u-1}{u-2}\,du - \int dx = 2u+3\log|u-2|-x=C_0 \quad (C_0 \text{ は積分定数})$$

となる．$u=x+y$ を代入して $x+y-2=C\exp\left(-\dfrac{x+2y}{3}\right)$ （C は任意定数）と解を得る．

(2) これは $aq-bp \neq 0$ の場合に相当する．(2.7) で $a=2, b=-1, c=1, d=-2$ とおいて解くと $x=-\dfrac{1}{3}, y=\dfrac{1}{3}$ となるので $x=u-\dfrac{1}{3}, y=v+\dfrac{1}{3}$ とおくことによって同次形の微分方程式

$$\dfrac{dv}{du}=\dfrac{2u-v}{u-2v}=\dfrac{2-\dfrac{v}{u}}{1-2\dfrac{v}{u}}$$

を得る．$v=tu$ とおいてこれを変形すると

$$\dfrac{2}{u}+\dfrac{2t-1}{t^2-t+1}\dfrac{dt}{du}=0$$

となるので，この両辺を u で積分，変数変換を元に戻せば $x^2-xy+y^2+x-y=C$ と解を得る．

―― 問　題 ――

2.1 つぎの微分方程式を解け．
(1)　$x+2y-1=(x+2y+1)y'$
(2)　$4x-2y+1=(2x-y-1)y'$
(3)　$5x-7y=(x-3y+2)y'$
(4)　$6x-2y-3=(2x+2y-1)y'$

2.2　1階線形微分方程式

1階線形微分方程式とは一般につぎのような形の微分方程式である．

$$\frac{dy}{dx} + P(x)y = Q(x) \tag{2.10}$$

この場合には，(2.10) の右辺を 0 とおいたつぎの**同次線形微分方程式**[*]を考える．

$$\frac{dy}{dx} + P(x)y = 0 \tag{2.11}$$

(2.11) は 2.1 節で述べた変数分離形である．したがってその一般解は

$$y = K\exp\left(-\int P(x)\,dx\right) \quad （Kは定数） \tag{2.12}$$

と求まる．

● **定数変化法** ●　K は定数であるが，特に K が定数ではなく x の関数 $K(x)$ であると思うことにして (2.12) を (2.10) に代入して整理すると

$$\frac{dK(x)}{dx}\exp\left(-\int P(x)\,dx\right) = Q(x)$$

となる．この微分方程式を解いた結果，

$$K(x) = \int\left[Q(x)\exp\left(\int P(x)\,dx\right)\right]dx + C \quad （Cは定数）$$

が得られる．ということは (2.12) の定数 K をこの $K(x)$ で置き換えた

$$y = \exp\left(-\int P(x)\,dx\right)\left(\int\left[Q(x)\exp\left(\int P(x)\,dx\right)\right]dx + C\right)$$
$$（Cは定数）$$

は (2.10) をみたす関数，すなわち (2.10) の解であることがわかり，しかもこれは任意定数を 1 つ含む．よって一般解になる．この方法を**定数変化法**という．

● **1つの特殊解を探す** ●　(2.10) の解を 1 つ選び，それに (2.11) の解を加えるとまた (2.10) の解になる．したがって，何らかの形で (2.10) の解が 1 つわかれば，これに (2.11) の一般解を加えると (2.10) の任意定数を 1 つ含む解，すなわち一般解が得られる．

● **2つの特殊解を探す** ●　何らかの形で (2.10) の解が 2 つわかったとき，その 2 つの関数の差およびその定数倍は (2.11) の解（一般解）である．したがって (2.10) の一般解が得られる．

---

[*] 同次とは y および y' についての 1 次の項だけからなる，すなわち 0 次（x だけによる項）がないということである．

●**ベルヌーイの微分方程式**● 適当な変数変換によって1階線形微分方程式に帰着される場合としてつぎのような形のものを考える．

$$\frac{dy}{dx} + P(x)y = Q(x)y^n \tag{2.13}$$

この微分方程式は**ベルヌーイの微分方程式**とよばれている．$n=0$ のときは1階線形微分方程式，$n=1$ のときは右辺を左辺に移項すれば同次線形微分方程式 (2.11) である．$n \geqq 2$ のときにはそのままでは線形ではないが，うまく変形して1階線形微分方程式にもち込むことを考える．

ベルヌーイの微分方程式と1階線形微分方程式の違いは，右辺に y^n の因子があることである．そこで (2.13) の両辺を y^n で割ってみると

$$y^{-n}\frac{dy}{dx} + P(x)y^{1-n} = Q(x) \tag{2.14}$$

となる．さらに

$$u = y^{1-n}$$

とおくことにすると

$$\frac{du}{dx} = (1-n)y^{-n}\frac{dy}{dx}$$

となるから，これを (2.14) に代入すると，

$$\frac{du}{dx} + (1-n)P(x)u = (1-n)Q(x) \tag{2.15}$$

となって，1階線形微分方程式に変換される．これを前節の方法で解き，得られた解（x と u の関係式になっている）の u を y で置き直してやれば，この微分方程式の解を得る．

●**変数の交代**● 一般に独立変数が x，従属変数が y と表されている．場合によってはそれを逆にみるとうまく解ける場合もある．たとえば

$$\frac{dy}{dx}(x^2y^3 + xy) = 1$$

はこの見方によりベルヌーイの微分方程式とみることができる．

●**その他の変数変換**● 一般に変数変換は $x = \phi(t)$ というような変換をすることが多いが，問題によっては $u = f(x,y)$ というような変換をすることによって解きやすくなる場合もある．たとえば

$$(x+y)^2 y' = 1$$

は $u = x + y$ とおくと容易に解ける．

2.2　1階線形微分方程式

---**例題 3**------------------------------**1階線形微分方程式**---

つぎの微分方程式を解け．
(1) $y' + e^x y = 3e^x$　　(2) $\dfrac{dy}{dx} + \dfrac{2}{x}y = 8x$

[解答]　(1)　まずこの微分方程式に対応する同次微分方程式
$$y' + e^x y = 0 \qquad ①$$
を考える．これは変数分離形なので容易に $y = K\exp(-e^x)$（K は定数）と解ける．ここでこの任意定数 K を x の関数 $K(x)$ だと思って元の微分方程式に代入すると
$$K'(x)\exp(-e^x) = 3e^x \quad \text{すなわち} \quad K'(x) = 3e^x \exp(e^x)$$
となるのでこれを解いて $K(x) = 3\exp(e^x) + C$ が得られる．したがって
$$y = C\exp(-e^x) + 3 \quad (C\text{ は定数})$$
と求める微分方程式の解が得られる．

(2)　この微分方程式をよくみると，y が x の多項式，特に 2 次式であるとすれば，y' が 1 次式，$\dfrac{y}{x}$ が 1 次式で両辺が等しくなる可能性がある．

そこで仮に $y = ax^2 + bx$（a,b は定数）とおいて代入してみると $a = 2, b = 0$ のときにこの微分方程式が成り立つことがわかる．よってこの微分方程式は，$y = 2x^2$ という特殊解をもつ．一方，この微分方程式に対応する同次線形微分方程式は
$$\dfrac{dy}{dx} + \dfrac{2}{x}y = 0 \quad \text{すなわち} \quad \dfrac{dy}{dx} = -\dfrac{2}{x}y$$
となる．変数分離形とみてこれを解けばこの解は $y = \dfrac{C}{x^2}$（C は定数）となる．したがって求める微分方程式の解は
$$y = 2x^2 + \dfrac{C}{x^2} \quad (C\text{ は定数})$$
と得られる．

問題

3.1　つぎの微分方程式を解け．
(1)　$y' + 2xy = x$　　　　　(2)　$xy' + y = x(1 - x^2)$
(3)　$y' + 2xy = xe^{-x^2}$　　(4)　$y' + xy = x$
(5)　$y' + 2y\tan x = \sin x$

---例題 4---――――――――――――――――――ベルヌーイの微分方程式―

つぎの微分方程式を解け.
$$xy' + y = x\sqrt{y} \quad (x > 0) \qquad ①$$

[解答] これはベルヌーイの微分方程式 ⇨ (2.13) の $n = \dfrac{1}{2}$ の場合である.したがって $u = y^{\frac{1}{2}} = \sqrt{y}$ とおくと,

$$u' = \frac{y'}{2\sqrt{y}} \quad \text{すなわち} \quad y' = 2\sqrt{y}\,u'$$

となるのでこれを①に代入し,両辺を $2x$ で割ると

$$2x\sqrt{y}\,u' + y = x\sqrt{y} \quad \text{すなわち} \quad u' + \frac{u}{2x} = \frac{1}{2}$$

を得る.この 1 階線形微分方程式を解いて

$$u = \sqrt{y} = \frac{x}{3} + \frac{C}{\sqrt{x}} \quad \text{すなわち} \quad y = \left(\frac{x}{3} + \frac{C}{\sqrt{x}}\right)^2 \quad (C \text{ は定数})$$

と解を得る.

問題

4.1 つぎの微分方程式を解け.

(1) $y' - xy + xy^2 e^{-x^2} = 0$　　(2) $y' + y = 3e^x y^3$

(3) $y' + \dfrac{y}{x} = x^2 y^3$　　(4) $y' + \dfrac{1}{2x} y = -\dfrac{3}{2} xy^2$

(5) $y' - y \tan x = \dfrac{y^4}{\cos x}$　　(6) $y' - \dfrac{1}{2x^2} y = \dfrac{1}{2y} \exp\left(x - \dfrac{1}{x}\right)$

(7) $xy' + y = y^2 \log x \quad (x > 0)$

4.2* つぎの微分方程式を解け.

(1) $y'(x^2 y^3 + xy) = 1$　　(2) $y'(x - y^3) + y = 0$

4.3** つぎの微分方程式を解け.

(1) $(x + y)^2 y' = 1$　　(2) $y' = (x + y)^2$

---
 * y を独立変数,x を従属変数と置きおなして考えてみよう.
 ** 置き換えを考える.

2.3 完全微分方程式

微分方程式

$$\frac{dy}{dx} = -\frac{P(x,y)}{Q(x,y)} \tag{2.16}$$

あるいは，

$$P(x,y)\,dx + Q(x,y)\,dy = 0 \tag{2.17}$$

において，適当な関数 $U(x,y)$ が存在して

$$P(x,y) = \frac{\partial U}{\partial x}$$

$$Q(x,y) = \frac{\partial U}{\partial y}$$

となるとき，(2.16) あるいは (2.17) を**完全微分方程式***という．

このとき，(2.17) は

$$dU = \frac{\partial U}{\partial x}\,dx + \frac{\partial u}{\partial y}\,dy = 0 \tag{2.18}$$

となって，一般解は $U(x,y) = C$ で与えられる．

定理 1 微分方程式 (2.17) が完全微分方程式であるための必要十分条件は

$$\frac{\partial P(x,y)}{\partial y} = \frac{\partial Q(x,y)}{\partial x}$$

となることである．

解法 微分方程式 (2.17) が完全微分方程式ならば，一般解は

$$\int_{x_0}^{x} P(x,y)\,dx + \int_{y_0}^{y} Q(x_0,y)\,dy = U_0 \quad (\text{定数}) \tag{2.19}$$

または

$$\int_{x_0}^{x} P(x,y_0)\,dx + \int_{y_0}^{y} Q(x,y)\,dy = U_0 \quad (\text{定数}) \tag{2.20}$$

で与えられる．また一般解をつぎのように表すこともできる．

$$\int P(x,y)\,dx + \int \left\{ Q(x,y) - \frac{\partial}{\partial y} \int P(x,y)\,dx \right\} dy = U_0$$

---

* 一般に関数の組 $(P(x,y), Q(x,y))$ に対して (2.17) をみたすような関数 U を $(P(x,y), Q(x,y))$ の**ポテンシャル関数**とよぶ．

● **積分因子** ● 任意の関数 $\mu(x,y)$ に対して

$$\frac{dy}{dx} = -\frac{P(x,y)}{Q(x,y)} = -\frac{\mu(x,y)P(x,y)}{\mu(x,y)Q(x,y)} \tag{2.21}$$

である. 微分方程式 $P(x,y)\,dx + Q(x,y)\,dy = 0$ は完全微分方程式ではないが, (2.21) またはそれを変形した

$$\mu(x,y)P(x,y)\,dx + \mu(x,y)Q(x,y)\,dy = 0 \tag{2.22}$$

が完全微分方程式になる場合がある. このような関数 $\mu(x,y)$ を, この微分方程式の**積分因子**という. (2.22) の解は, (2.21) をみればわかるとおり (2.16) の解と一致する.

与えられた微分方程式に対して積分因子が存在することに気づいて, それを具体的に求めることは一般には難しいが, たとえばつぎのことが知られている.

定理 2 関数 $\mu(x,y)$ が微分方程式 $P(x,y)\,dx + Q(x,y)\,dy = 0$ の積分因子であるための必要十分条件は

$$P\frac{\partial \mu}{\partial y} - Q\frac{\partial \mu}{\partial x} = -\mu\left(\frac{\partial P}{\partial y} - \frac{\partial Q}{\partial x}\right) \tag{2.23}$$

である.

これを直接使って積分因子を求めることは一般には難しいが, 積分因子が求められる場合もある.

定理 3 定理 2 の右辺について

(1) $\dfrac{1}{Q}\left(\dfrac{\partial P}{\partial y} - \dfrac{\partial Q}{\partial x}\right)$ が x のみの関数ならば $\exp\left(\displaystyle\int \dfrac{1}{Q}\left(\dfrac{\partial P}{\partial y} - \dfrac{\partial Q}{\partial x}\right)dx\right)$ は積分因子になる.

(2) $\dfrac{1}{P}\left(\dfrac{\partial P}{\partial y} - \dfrac{\partial Q}{\partial x}\right)$ が y のみの関数ならば $\exp\left(-\displaystyle\int \dfrac{1}{P}\left(\dfrac{\partial P}{\partial y} - \dfrac{\partial Q}{\partial x}\right)dx\right)$ は積分因子になる.

(3) $\dfrac{P}{y}$ および $\dfrac{Q}{x}$ がどちらも $u = xy$ の関数で表されるとき $\dfrac{1}{xP - yQ}$ は積分因子になる.

定理 4 2 つの関数 $\mu_1(x,y)$, $\mu_2(x,y)$ がどちらも積分因子で, $\dfrac{\mu_1(x,y)}{\mu_2(x,y)}$ が定数でないとき, 一般解は

$$\frac{\mu_1(x,y)}{\mu_2(x,y)} = C \quad (C \text{ は定数})$$

で与えられる.

例題 5 ──────────────────────── 完全微分方程式

つぎの微分方程式を解け．
(1) $(\tan y - 3x^2)\,dx + \dfrac{x}{\cos^2 y}\,dy = 0$ (2) $\dfrac{dy}{dx} = \dfrac{7x - 3y + 2}{3x - 4y + 5}$

解答 (1) 定理 1 を用いると

$$\frac{\partial}{\partial y}(\tan y - 3x^2) = \frac{1}{\cos^2 y}, \quad \frac{\partial}{\partial x}\left(\frac{x}{\cos^2 y}\right) = \frac{1}{\cos^2 y}$$

となって完全微分方程式であることがわかる．(2.19) を使えば

$$\int_{x_0}^{x}(\tan y - 3x^2)\,dx + \int_{y_0}^{y}\frac{x_0}{\cos^2 y}\,dy$$

$$= \tan y(x - x_0) - (x^3 - x_0^3) + x_0(\tan y - \tan y_0)$$

$$= x\tan y - x^3 + (x_0^3 - x_0 \tan y_0) = U_0 \quad (\text{定数})$$

ここで $x_0^3 - x_0 \tan y_0, U_0$ は定数なので，これらをまとめれば

$$x\tan y - x^3 = C \quad (C \text{ は定数})$$

と解を得る．

(2) $(7x - 3y + 2)\,dx - (3x - 4y + 5)\,dy = 0$ と書き直せば，$\dfrac{\partial}{\partial y}(7x - 3y + 2) = -\dfrac{\partial}{\partial x}(3x - 4y + 5) = -3$ となり，完全微分方程式であることがわかる．(2.19) で $x_0 = y_0 = 0$ とおけば

$$\int_0^x (7x - 3y + 2)\,dx - \int_0^y (4y + 5)\,dy = \frac{7}{2}x^2 - 3xy + 2x + 2y^2 - 5y = C$$

(C は定数)を得る．

補足 例題 5(2) は一次分数変換形であるから，その方法でも解ける．

問題

5.1 つぎの微分方程式を解け．
   (1) $(2xy - \cos x)\,dx + (x^2 - 1)\,dy = 0$
   (2) $(2x + y)\,dx + (x + 2y)\,dy = 0$
   (3) $(y + e^x \sin y)\,dx + (x + e^x \cos y)\,dy = 0$
   (4) $(x^3 - 2xy - y)\,dx + (y^3 - x^2 - x)\,dy = 0$
   (5) $(2x - y + 1)\,dx + (2y - x - 1)\,dy = 0$

---例題 6---　　　　　　　　　　　　　　　　　　　完全微分方程式・積分因子---

つぎの微分方程式を解け．
$$(1 - 2x^2 y)\, dx + x(2y - x^2)\, dy = 0$$

解答　$P(x,y) = 1 - 2x^2 y$, $Q(x,y) = x(2y - x^2)$ とすると
$$\frac{1}{Q}\left(\frac{\partial P}{\partial y} - \frac{\partial Q}{\partial x}\right) = \frac{-2x^2 - (2y - 3x^2)}{x(2y - x^2)} = -\frac{1}{x}$$

となって x のみの関数になるので，定理 3 から
$$\exp\left(\int \left(-\frac{dx}{x}\right)\right) = \frac{1}{x}$$

はこの微分方程式の積分因子である．よってこの微分方程式の両辺に $\dfrac{1}{x}$ をかけた
$$\left(\frac{1}{x} - 2xy\right) dx + (2y - x^2)\, dy = 0$$

は完全微分方程式になる（定理 1 の条件を確かめよう）．これを解けば
$$\int_{x_0}^{x}\left(\frac{1}{x} - 2xy\right) dx + \int_{y_0}^{y}(2y - x_0^2)\, dy$$
$$= \log|x| - x^2 y + y^2 + (x_0^2 y_0 - y_0^2 - \log|x_0|)$$

から
$$\log|x| - x^2 y + y^2 = C \quad (C は定数)$$

と解を得る．

補足　定理 3 が直接使えない場合でも，積分因子をみつけることができる場合がある．技巧的になるので本書では詳しく取り扱わないが，たとえば「演習　微分方程式」（サイエンス社）p.17 などを参照されたい．

問 題

6.1 適当な積分因子をみつけることによってつぎの微分方程式を解け．
(1) $(y - \log x)\, dx + x \log x\, dy = 0$
(2) $(y + xy + \sin y)\, dx + (x + \cos y)\, dy = 0$
(3) $3x^2 y\, dx - (4y^2 - 2x^3)\, dy = 0$
(4) $2xy\, dx - (x^2 - y^2)\, dy = 0$
(5) $(2y + 3xy^2)\, dx + (x + 2x^2 y)\, dy = 0$
(6) $(y + xy^2)\, dx + (x - x^2 y)\, dy = 0$

2.4 リッカティの微分方程式

● 広義のリッカティの微分方程式 ●

$$\frac{dy}{dx} + P(x)y^2 + Q(x)y + R(x) = 0 \qquad (2.24)$$

の形の微分方程式を，**広義のリッカティ**[*]**の微分方程式**という．これは一般に**求積法**（有限回の積分で解を表す）では解けないが，特殊解がわかれば一般解が求められる．

特殊解が 1 つわかる場合　その特殊解を $y = y_1(x)$ とする．このとき $y = y_1 + u$ とおいて (2.24) に代入してみると，

$$y_1' + u' + P(x)(y_1 + u)^2 + Q(x)(y_1 + u) + R(x) = 0$$

y_1 は (2.24) の 1 つの解であるから，$y_1' + P(x)y_1^2 + Q(x)y_1 + R(x) = 0$ となることを用いると，u は微分方程式

$$u' + P(x)u^2 + (2P(x)y_1 + Q(x))u = 0 \qquad (2.25)$$

をみたすことがわかる．これはベルヌーイ形 ($n = 2$) であるから，その一般解を求めれば $y = y_1 + u$ として解を得ることができる．

特殊解が 2 つわかる場合　その特殊解を $y = y_1(x), y = y_2(x)$ とすれば，このとき $u = y_2 - y_1$ は (2.25) の特殊解であることがわかる．ベルヌーイ形の微分方程式 (2.25) は変数変換によって 1 階線形微分方程式に変換される．その特殊解 u が 1 つわかっているから，例題 3 (2) の方法が使える．

特殊解が 3 つわかる場合　上の方法で (2.24) の一般解を実際に求めて整理すると

$$y = \frac{Cf_1(x) + f_2(x)}{Cf_3(x) + f_4(x)} \qquad (2.26)$$

という形になることがわかる．わかっている特殊解 $y_i \ (i = 1, 2, 3)$ は

$$y_i = \frac{C_i f_1(x) + f_2(x)}{C_i f_3(x) + f_4(x)} \qquad (C_i \text{ は定数}, \ i = 1, 2, 3) \qquad (2.27)$$

と表せる．(2.26) において f_1, f_2, f_3, f_4 を消去すると

$$y = \frac{a(y_3 - y_2)y_1 - (y_3 - y_1)y_2}{a(y_3 - y_2) - (y_3 - y_1)} \quad (a \text{ は定数}) \qquad (2.28)$$

という形で (2.24) の一般解が求められる．

---

[*]　リッカティ：Jacopo Francesco Riccati (1676–1754)

● **狭義のリッカティの微分方程式** ● リッカティの微分方程式のうちつぎのような特別な場合を，特に狭義のリッカティの微分方程式という．

$$\frac{dy}{dx} + ay^2 = bx^m \qquad (a, b, m \text{ は定数}) \qquad (2.29)$$

このような場合でも求積法によって解くことは一般にはできないが，特に

$$m = -2 \quad \text{または} \quad m = \frac{4k}{1-2k} \quad (k = 0, 1, 2, 3, \cdots)$$

の場合には特殊解がみつからなくても，以下のように求積法によって解くことができる．

a, b, m のうちどれか 1 つでも 0 になれば，この方程式は変数分離形になる．このような場合には特に考察する必要はないから，$abm \neq 0$ と仮定する．このとき $y = \dfrac{z}{x^2} + \dfrac{1}{ax}$ とおけば，(2.29) は

$$\frac{dz}{dx} + az^2 \frac{1}{x^2} = bx^{m+2} \qquad (2.30)$$

となる．$m = -2$ ならば右辺は定数となってこれは同次形 (⇨p.7) になり，求積法で解ける．

$m \neq -2$ とする．さらに $m \neq -3$ を仮定する．このとき $x = x_1^{\frac{1}{m+3}}$, $z = \dfrac{1}{y_1}$ とおくと，(2.30) は

$$\frac{dy_1}{dx_1} + a_1 y_1^2 = b_1 x_1^{m_1} \qquad (2.31)$$

$$a_1 = \frac{b}{m+3}, \quad b_1 = \frac{a}{m+3}, \quad m_1 = -\frac{m+4}{m+3} \qquad (2.32)$$

となる．これは係数は変わっているものの，再び狭義のリッカティの微分方程式になっている．ということは，(2.31) は $m_1 = 0$ または $m_1 = -2$，すなわち $m = -4$, $m = -2$ のときに解ける．つまり (2.29) は解けることになる．これでも解けない場合には (2.31) をまた同じように変数変換してみる．

この操作を k 回繰り返して解ける形に帰着されるのが $m = \dfrac{4k}{1-2k}(k = 1, 2, 3, \cdots)$ の場合である．

一方，解ける形の狭義リッカティ形微分方程式に対してこの操作を k 回繰り返して得られるリッカティ形微分方程式は $m = \dfrac{4k}{1-2k}(k = -1, -2, -3, \cdots)$ の場合である．つまりこの場合も解ける．

合わせれば，$m = \dfrac{4k}{1-2k}$ (k は整数) の場合に (2.29) が解けることがわかる．

例題 7 ―――――――――――――――― リッカティの微分方程式

$y = x$ がその 1 つの特殊解であることを使って微分方程式
$$xy' + 2y^2 - y - 2x^2 = 0 \qquad ①$$
を解け.

解答 $y = x$ が 1 つの特殊解であることから，$y = x + u$ とおいて①に代入すると

$$x\left(1 + \frac{du}{dx}\right) + 2(x+u)^2 - (x+u) - 2x^2 = 0$$

整理して

$$\frac{du}{dx} + \left(4 - \frac{1}{x}\right)u = -\frac{2}{x}u^2$$

となる．これはベルヌーイの微分方程式（$n = 2$ の場合）であるので

$$v = u^{1-2}$$

とおけば線形微分方程式

$$\frac{dv}{dx} - \left(4 - \frac{1}{x}\right)v = \frac{2}{x}$$

を得る．これを解くことによって

$$v = \frac{1}{x}\left(Ce^{4x} - \frac{1}{2}\right)$$

すなわち

$$y = x + \frac{2x}{2Ce^{4x} - 1}$$

と解を得る．

―― 問 題 ――

7.1 つぎの微分方程式の一般解を，（ ）内の特殊解が存在することを用いて求めよ．
- (1) $y' - y^2 - 3y + 4 = 0 \quad (y = 1)$
- (2) $y' = (y-1)(xy - y - x) \quad (y = 1)$
- (3) $y' + xy^2 - (2x^2 + 1)y + x^3 + x - 1 = 0 \quad (y = x)$
- (4) $y' - y^2 + y\sin x - \cos x = 0 \quad (y = \sin x)$

―― 例題 8 ――――――――――――――――――――― 狭義のリッカティの微分方程式 ――

つぎの狭義のリッカティの微分方程式を解け.
$$y' + y^2 = x^{-\frac{4}{3}} \qquad ①$$

解答 これは p.20 の (2.29) で $k = -1$ の場合である.したがって $m = 0$ の場合,すなわち $y' + ay^2 = b$ を (2.32) を 1 回使って変換するとこの式が得られるはずである.(2.32) において

$$1 = \frac{b}{m+3}, \quad 1 = \frac{a}{m+3}, \quad -\frac{4}{3} = -\frac{m+4}{m+3}$$

したがって,$a = 3, b = 3$,すなわち

$$y' + 3y^2 = 3 \qquad ②$$

を得る.これは変数分離形なので容易に解けて,

$$y = \frac{1 - Ce^{6x}}{1 + Ce^{6x}} \qquad ③$$

と解を得る.②を (2.32) を使って変換すれば①の微分方程式が得られるのだから,①の解は③を

$$y = \frac{z}{x^2} + \frac{1}{ax}, \quad x = x_1^{\frac{1}{m+3}}, \quad z = \frac{1}{y_1}$$

と変換して得られる

$$y = \frac{3(1 + Ce^{6x^{\frac{1}{3}}})}{3x^{\frac{2}{3}}(1 - Ce^{6x^{\frac{1}{3}}}) - x^{\frac{1}{3}}(1 + Ce^{6x^{\frac{1}{3}}})} \qquad ④$$

であることがわかる.

問 題

8.1 つぎの狭義のリッカティの微分方程式を解け.
 (1) $y' + y^2 = \frac{1}{x^2}$ (2) $y' + y^2 = \frac{2}{x^2}$

8.2* 狭義のリッカティの微分方程式
$$x^4(y' + y^2) = 1$$
を解け.

---

 * $k = 1$ の場合である.すなわちこれを (2.30) のように 1 回変換すれば解ける形になる.

2.5 その他の形

この節では，これまで取り上げなかった形の微分方程式をいくつかを考える．

● x, y, y' について解ける場合 ●　微分方程式

$$F\left(x, y, \frac{dy}{dx}\right) = 0 \tag{2.33}$$

がつぎのような都合のいい形をしている場合を考える．以下 $p = \frac{dy}{dx}$ と表す．

● y' について解ける場合 ●　たとえば (2.33) の左辺が因数分解されて

$$(p - f_1(x,y))(p - f_2(x,y)) \cdots (p - f_n(x,y)) = 0$$

となるとき，各因数 $= 0$ すなわち

$$\frac{dy}{dx} - f_i(x,y) = 0 \quad (i = 1, 2, \cdots, n) \tag{2.34}$$

の解はそれぞれ (2.33) をみたす．各 i に対して (2.34) の一般解が $\varphi_i(x, y, C_i) = 0$ (C_i は任意定数) と表されるとき，(2.33) の解は

$$\varphi_1(x, y, C_1)\varphi_2(x, y, C_2) \cdots \varphi_n(x, y, C_n) = 0 \tag{2.35}$$

である．

● x, y について解ける場合 ●　(2.33) が

$$x = f(y, p) \tag{2.36}$$

と解ける場合に，つぎのようにするとうまく解けることがある．(2.36) では，x が y の関数であると考え，両辺を y で偏微分すると

$$\frac{dx}{dy} = \frac{1}{p} = \frac{\partial f}{\partial y} + \frac{\partial f}{\partial p}\frac{\partial p}{\partial y} \tag{2.37}$$

となる．$\frac{\partial f}{\partial p}$ と $\frac{\partial p}{\partial y}$ は y と p の関数であるから，(2.37) は y の関数 p に関する微分方程式である．

(2.37) の一般解が $\varphi(y, p, C) = 0$ であるときこれと (2.36) から p を消去*すれば (2.36) の一般解が求まる．

$y = g(x, p)$ と変形できる場合も，両辺を x で微分すれば同様である．

---

*　式の形によってはこの計算が難しい場合もある．このときには，この連立方程式そのものがこの微分方程式の解を表すとみなす．

● **クレーロー=ラグランジュの微分方程式** ● y について解かれた形の微分方程式のうち

$$y = xf(p) + g(p) \qquad \left(p = \frac{dy}{dx}\right) \tag{2.38}$$

という形の微分方程式を**ラグランジュの微分方程式***とよぶ．特に $f(p) = p$ のときには**クレーローの微分方程式****とよばれる．

$$y = xp + g(p) \tag{2.39}$$

(2.38) の両辺を x で微分してみると

$$p = f(p) + xf'(p)\frac{dp}{dx} + g'(p)\frac{dp}{dx} \tag{2.40}$$

となる．

$f(p) = p$ (クレーローの微分方程式) のときには (2.40) から

$$\frac{dp}{dx} = 0 \quad \text{または} \quad x + g'(p) = 0$$

が得られる．$\frac{dp}{dx} = 0$ から $p = C$ (定数) となるので，これを (2.39) へ代入すれば，

$$y = Cx + g(C) \tag{2.41}$$

と一般解が得られる．$x + g'(p) = 0$ をみたす解は，これと (2.39) から p を消去すれば得られる．一般にこれは特異解となる．

$f(p) \not\equiv p$ の場合には (2.40) で $f(p)$ を移項し，両辺を $(p - f(p))\frac{dp}{dx}$ で割ると

$$\frac{dx}{dp} - \left[\frac{f'(p)}{p - f(p)}\right] x = \left[\frac{g'(p)}{p - f(p)}\right]$$

を得る．この微分方程式は，x が p の関数であるとみれば，1 階線形微分方程式 (⇨p.11) である．したがってこれを解けば

$$x = \exp\left(\int \frac{f'(p)}{p - f(p)} dp\right) \left(\int \frac{g'(p)}{p - f(p)} \exp\left(-\int \frac{f'(p)}{p - f(p)}\right) dp + C\right)$$

という関係式が得られる．これと (2.38) から p を消去することによって，一般解が求められる．

---

* ラグランジュ：Joseph Louis Lagrange (1736–1813)
** クレーロー：Alexis Clairaut (1713–65)

2.5 その他の形

例題 9 ───────────────── x または y について解ける場合 ─

つぎの微分方程式を解け．ただし，$p = \dfrac{dy}{dx}$ である．

(1) $xp^2 - 2yp + 4x = 0$ (2) $x + yp = y\sqrt{1+p^2}$

[解答] (1) この式を y について解くと $y = \dfrac{p^2+4}{2p}x$ となる．その両辺を x で微分して整理すれば $(p^2-4)(p - x\dfrac{dp}{dx}) = 0$ となるので，$\dfrac{dp}{dx} = \dfrac{p}{x}$ または $p = \pm 2$ を得る．$\dfrac{dp}{dx} = \dfrac{p}{x}$ を解けば，$p = C_1 x$ となるので，これを元の微分方程式に代入すると $y = Cx^2 + \dfrac{1}{C}$ （C は定数）と一般解を得る．

$p = \pm 2$ を元の微分方程式に代入すると $y = \pm 2x$ を得る．これは一般解からは得られない**特異解**である．

(2) この式を x について解くと $x = y(\sqrt{1+p^2} - p)$ となる．この両辺を y で微分すると，

$$\frac{dx}{dy}\left(= \frac{1}{p}\right) = \sqrt{1+p^2} - p + \left(\frac{p}{\sqrt{1+p^2}} - 1\right)y\frac{dp}{dy}$$

となる．これを整理すれば $\dfrac{dy}{dp} = -\dfrac{p}{1+p^2}y$ となる．これは p を独立変数とみれば変数分離形であるから容易に解くことができて，その解は $y = \dfrac{C}{\sqrt{1+p^2}}$ とわかる．これと元の微分方程式から p を消去して一般解

$$x^2 + y^2 - 2Cx = 0 \quad (\text{C は定数})$$

を得る．

問 題

9.1 つぎの微分方程式を解け．
 (1) $xy'^2 + (x^2y - y)y' - xy^2 = 0$
 (2) $y'^3 - (2x+y)y'^2 + 2xyy' = 0$
 (3) $x^2y'^2 - 3x^2y^3y' + 2y' - 6y^3 = 0$
 (4) $y'^3 - (x+y)y'^2 + xyy' = 0$
 (5) $y'^2 + \dfrac{2y}{\tan x}y' = y^2$

9.2 つぎの微分方程式を解け．ただし $p = \dfrac{dy}{dx}$ である．
 (1) $2y - 4 - \log(p^2+1) = 0$ (2) $y = p\cos p - \sin p$
 (3) $x = 5 + \log(p + \sqrt{1+p^2})$
 (4) $\log(1+p^2) - 2\log p - 2x + 4 = 0$

---**例題 10** ─────────────── クレーロー＝ラグランジュの微分方程式 ───

つぎの微分方程式を解け．
(1) $y = xp - p^2$　　(2) $y = xp^2 + p^2$

---

(1) はクレーローの微分方程式，(2) は一般のラグランジュの微分方程式である．

[解答] (1) 両辺を微分して整理すると
$$(x - 2p)\frac{dp}{dx} = 0 \quad \text{すなわち} \quad x - 2p = 0 \quad \text{または} \quad \frac{dp}{dx} = 0$$
を得る．ここで $\frac{dp}{dx} = 0$ を解けば $p = C$（C は定数）を得る．これを (1) に代入することによって一般解
$$y = Cx + C^2 \qquad (C \text{ は定数}) \qquad\qquad ①$$
を得る．一方，$x - 2p = 0$ と (1) から p を消去すれば $y = \dfrac{x^2}{4}$ と**特異解**を得る．

(2) 両辺を x で微分すると
$$p = p^2 + 2xp\frac{dp}{dx} + 2p\frac{dp}{dx} \quad \text{すなわち} \quad p(1-p) = 2p(x+1)\frac{dp}{dx}$$
を得る．よって
$$1 - p = 2(x+1)\frac{dp}{dx} \qquad \text{または} \qquad p = 0 \qquad\qquad ②$$
であることがわかる．前者は x と p の微分方程式とみれば 1 階線形で変数分離形であるから容易に解くことができて，$(p-1)\sqrt{x+1} = C$（C は定数）を得る．これと (2) から p を消去すれば一般解
$$y = (C + \sqrt{x+1})^2 \qquad\qquad ③$$
が得られる．

$p = 0$ からは，(2) にこれを代入することによって $y = 0$ という**特異解**を得る．

問題

10.1* つぎのクレーローの微分方程式を解け．ただし $p = \frac{dy}{dx}$ である．
  (1) $y = xp + 2p^2 - p$　　(2) $y = xp + \sqrt{1 + p^2}$
  (3) $y = xp - \sin p$　　(4) $\exp(y - xp) = p^2$

10.2 つぎのラグランジュの微分方程式を解け．ただし $p = \frac{dy}{dx}$ である．
  (1) $y = 2xp - p^2$　　(2) $y = x(1+p) + p^2$

---

* (4) 両辺の対数をとればクレーローの微分方程式である．

2.6 幾何学的な応用

●**接線・法線**　曲線の性質を調べるとき，その曲線を何らかの関数のグラフとみなして考えると多くの場合に都合がよい．このとき，曲線の向き（接線の傾き）や曲率半径などはその関数の微分係数を用いて表される．したがって曲線の図形的な性質を表した関係式は微分方程式になることが多い．

下図右において，線分 PT, PN の長さを，それぞれ点 $P(x,y)$ における曲線 C の**接線の長さ**，**法線の長さ**とよぶ．さらに線分 PT, PN の x 軸への射影 MT MN をそれぞれ**接線影**，**法線影**とよぶ．この曲線が $y = y(x)$ と表されているとき，つぎのことが容易にわかる．

$$\text{接線の長さ} = \left|\frac{y\sqrt{1+y'^2}}{y'}\right| \quad \text{接線影の長さ} = \left|\frac{y}{y'}\right|$$

$$\text{法線の長さ} = \left|y\sqrt{1+y'^2}\right| \quad \text{法線影の長さ} = |y'y|$$

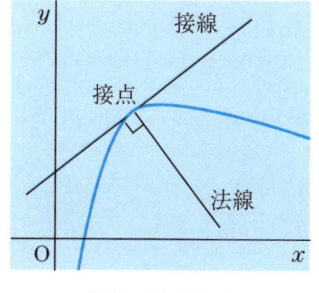

接線，法線とは

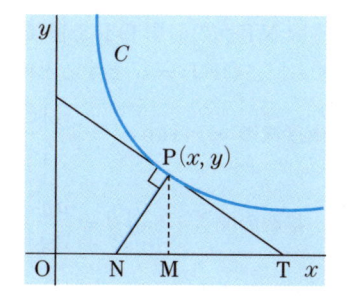

接線，法線，接線影，法線影の長さ

●**極座標系**　極座標系について復習しよう．平面上に定点 O（**原点**とよぶ）をとる．原点を始点とする半直線（**始線**とよぶ）を 1 本とる．このとき，平面上の任意の点 P は線分 OP（**動径**とよぶ）の長さ r と，始線と動径のなす角 θ によって表される．ただしこの角の大きさは，始線から左回り（反時計回り）を正の向きとみることにする．このような座標の取り方を，**極座標系**とよぶ．これに対して 2 本の直交する数直線への射影を用いて平面上の点を表す座標系を**直交座標系**とよぶ．

x-y 直交座標系において，x 軸の正の向きを始線として r-θ 極座標系を導入するとき，$x = r\cos\theta, y = r\sin\theta$ である．極座標系では曲線を $F(r,\theta) = 0, r = f(\theta)$ と

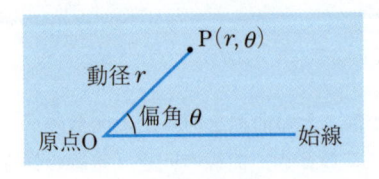

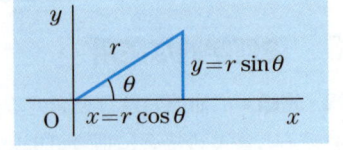

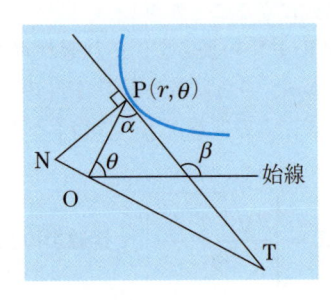

いった式で表すことができる．

曲線上の点 P 上の接線 PT および法線 PN を考える．OP ⊥ NT としたとき，接線 PT の直線 NT への射影 OT を**極接線影**，法線 PN の直線 NT への射影 ON を**極法線影**とよぶ．∠OPT = α とするとつぎのことがわかる（各自確かめてみよう）．

$$\text{極接線影} = r|\tan\alpha| = r^2\left|\frac{d\theta}{dr}\right| \qquad \text{極法線影} = r|\cot\alpha| = \left|\frac{dr}{d\theta}\right|$$

$$\text{接線の向き}: \tan\beta = \frac{dy}{dx} = \frac{r'\sin\theta + r\cos\theta}{r'\cos\theta - r\sin\theta} \quad \left(r' = \frac{dr}{d\theta}\right)$$

●**等交曲線の方程式**● 微分方程式の解として与えられる曲線群の各曲線と一定の角度 α で交わる曲線をこの曲線群の **α-等交曲線**，特に $\alpha = \frac{\pi}{2}$ のとき**直交曲線**という．

<u>直交座標系の場合</u> 曲線群 $f(x, y, y') = 0$ の α-等交曲線は微分方程式

$$f\left(x, y, \frac{y' - \tan\alpha}{1 + y'\tan\alpha}\right) = 0 \tag{2.42}$$

をみたす．実際，求める曲線を $y = g(x)$ とし，これと与えられた曲線群の曲線 C との交点を $P(x, y)$ とする．曲線 $y = g(x)$ の P における接線と x 軸とのなす角を θ とすると，その接線の傾きは $\tan\theta = g'(x)$ である．一方，点 P における C の接線と x 軸とのなす角は $\theta - \alpha$ となり，$\frac{dy}{dx} = \tan(\theta - \alpha)$ である．ここで $\alpha \neq \frac{\pi}{2}$ のとき

$$\tan(\theta-\alpha) = \frac{\tan\theta - \tan\alpha}{1+\tan\theta\tan\alpha} = \frac{g'(x) - \tan\alpha}{1+g'(x)\tan\alpha}$$

を得る.すなわち $y=g(x)$ は (2.42) をみたすことがわかる.

$\alpha = \dfrac{\pi}{2}$ のときには $\tan(\theta-\alpha) = -\dfrac{1}{\tan\theta} = -\dfrac{1}{g(x)'}$ であるから,$y=g'(x)$ は

$$f\left(x, y, -\frac{1}{y'}\right) = 0 \tag{2.43}$$

をみたすことがわかるが,(2.43) は (2.42) において $\alpha \to \dfrac{\pi}{2}$ とした極限とみることができる.

極座標系の場合　曲線群 $f(r,\theta,r')=0$ の α-等交曲線は微分方程式

$$f\left(r, \theta, \frac{r^2\tan\alpha + rr'}{r - r'\tan\alpha}\right) = 0 \tag{2.44}$$

をみたす.ただし $r' = \dfrac{dr}{d\theta}$ である.実際,求める曲線を $r=g(\theta)$ とし,これと与えられた曲線群の曲線 C との交点を $\mathrm{P}(r,\theta)$ とする.曲線 $r=g(\theta)$ の P における接線と動径 OP とのなす角を ϕ,点 P における C の接線と OP のなす角を ψ とすると

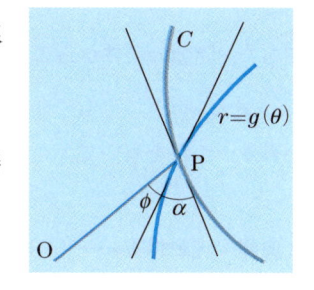

$$\psi = \phi + \alpha, \quad \tan\phi = \frac{r}{r'}, \quad \tan\psi = \frac{g(\theta)}{g'(\theta)}$$

であるから,$\alpha \neq \dfrac{\pi}{2}$ のとき

$$\tan\alpha = \tan(\psi - \phi) = \frac{\tan\psi - \tan\phi}{1 + \tan\phi\tan\psi}$$
$$= \frac{g(\theta)/g'(\theta) - r/r'}{1 + rg(\theta)/r'g'(\theta)} = \frac{r'g(\theta) - rg'(\theta)}{r'g'(\theta) + rg(\theta)}$$

を得る.したがって $r=g(\theta)$ は (2.44) をみたすことがわかる.

$\alpha = \pi/2$ のときには,直交座標の場合と同様に考えると,等交(直交)曲線を $r=g(\theta)$ で表せばこれは

$$f\left(r, \theta, -\frac{r^2}{r'}\right) = 0 \tag{2.45}$$

をみたすことがわかるが,これも (2.44) において $\alpha \to \dfrac{\pi}{2}$ とした極限である.

例題 11 — 接線・法線

ある曲線上の任意の点 P における法線に，原点 O から下した垂線の長さが P の y 座標の絶対値に等しいという．この曲線の式を求めよ．

解答 点 P の座標を (x, y) とする．このとき P を通るこの曲線の法線の方程式は，法線上の点の座標を (X, Y) で表すならば

$$\frac{Y-y}{X-x} = -\frac{1}{y'} \quad \text{すなわち} \quad X - x + y'(Y - y) = 0$$

となる．点 $O(0, 0)$ からこの直線へ引いた垂線の長さ（点 O と直線の距離）は

$$\overline{OQ} = \frac{|0 - x + y'(0 - y)|}{\sqrt{1 + y'^2}}$$

であり，問題の条件からこれが y と等しいので

$$x^2 + 2xyy' + y^2 = 0$$

を得る．これを解いて

$$x^2 + y^2 = Cx \quad (C は定数)$$

と曲線の式を得る．

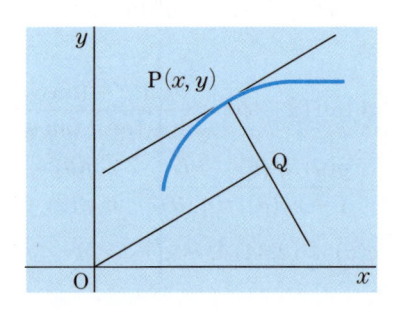

問題

11.1 ある曲線上の各点における接線の傾きが，その点の x 座標と y 座標の和に等しいという．この曲線の式を求めよ．

11.2 ある曲線に接線を引くと，その接線の x 切片と接点を結ぶ線分が常に y 軸で 2 等分されるという．この曲線の式を求めよ．

2.6 幾何学的な応用

――**例題 12**――――――――――――――――――――――――極座標系――

ある曲線上の各点における接線とその接点の動径のなす角が，常に接点の偏角に等しいという．この曲線はどのような図形か求めよ．

[解答] p.28 の図の記号をそのまま用いれば問題文の条件は $\theta = \alpha$ である．微分方程式を立てやすくするために，この条件を β の条件に直す．三角形の外角の性質から $\beta = \alpha + \theta$ なので

$$\tan\theta = \tan\alpha = \tan(\beta - \theta) = \frac{\tan\beta - \tan\theta}{1 + \tan\beta\tan\theta}$$

となる．ここに

$$\tan\beta = \frac{r'\sin\theta + r\cos\theta}{r'\cos\theta - r\sin\theta} = \frac{r'\tan\theta + r}{r' - r\tan\theta}$$

を代入すれば

$$\tan\theta = \frac{r}{r'} = r\frac{d\theta}{dr}$$

である．これは変数分離形であるから容易に解けて

$$r = C\sin\theta \quad (C は定数)$$

を得る．両辺を r 倍し，$r^2 = x^2 + y^2$，$y = r\sin\theta$ を用いて x-y 座標系に変換すれば

$$x^2 + y^2 = Cy$$

となる．すなわち y 軸上に中心をもち，x 軸に接する円である．

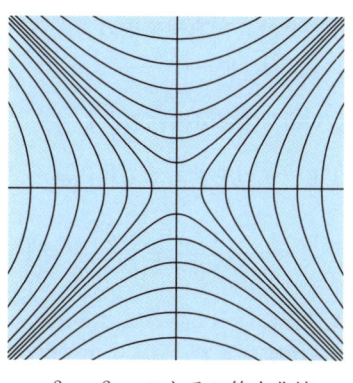

$x^2 - y^2 = C$ とその等交曲線

例題 13 ──────────────────────────── 等交曲線 ─

曲線群
$$x^2 - y^2 = C \quad (C \text{ は正の定数}) \qquad ①$$
の直交曲線を求め，図示せよ．

[解答] この曲線群は，$y = \pm x$ を漸近線とした双曲線である．まずこの曲線群を特徴づける微分方程式を求める．

①の両辺を x で微分すると
$$2x - 2y\frac{dy}{dx} = 0, \quad \text{すなわち} \quad \frac{dy}{dx} = \frac{x}{y} \qquad ②$$

となる．ここに (2.43) を適用する．すなわち，$\dfrac{dy}{dx}$ の代わりに $-\dfrac{1}{y'}$ を代入すると，微分方程式

$$\frac{dy}{dx} = -\frac{y}{x} \qquad ③$$

を得る．これが求める直交曲線の微分方程式である．これは変数分離形だから容易に解くことができて，その解は $xy = C'$ (C は正の定数) となる．すなわち，x-y 軸を漸近線とした双曲線が，①の直交曲線である．これらを図示すると前ページの図のようになる．

～～～ **問 題** ～～～～～～～～～～～～～～～～～～～～～～～～～～

13.1 つぎの曲線群に対してその直交曲線を求めよ．
 (1) $y^2 = cx$ (2) $y = cx^n$

13.2 曲線群 $y = \dfrac{c}{x-1}$ の 45°-等交曲線を求めよ．

13.3 a, b を正の定数とする．焦点を共有する楕円群

$$\frac{x^2}{a^2 + c} + \frac{y^2}{b^2 + c} = 1$$

 は，それ自身の直交曲線になっていることを示せ．

13.4 極座標系で表された曲線群 $r = C(1 + \cos\theta)$ (C は定数) の直交曲線を求めよ．

13.5 円群 $x^2 + y^2 = c^2$ (C は定数) の 45°-等交曲線を，直交座標，極座標を用いて求めよ．

3 高階常微分方程式

　この章から微分の階数が 2 階以上のの常微分方程式
$$F(x,y,y',y'',\cdots,y^{(n)})=0 \tag{3.1}$$
の解法を扱う．そのときにまず考えるべきことは，2 章で学んだことによって
「1 階ならば解ける場合をたくさん知っている」
ということである．それならば
「2 階以上の微分方程式は，階数を下げて 1 階にしてしまえば解ける」
かもしれない．この章では「何らかの方法で階数を下げる」ことができる場合について考える．

3.1 繰り返し積分に帰着される場合

　つぎの微分方程式を解くことは単純である．
$$y^{(n)}=f(x) \tag{3.2}$$
実際，(3.2) の両辺を x について n 回積分を繰り返せば
$$y=\overbrace{\int dx \int dx \cdots \int f(x)dx}^{n\text{回}}+C_1 x^n+C_2 x^{n-1}+\cdots+C_{n-1}x+C_n \tag{3.3}$$
と一般解が求められる．すなわち容易に階数が下げられる場合である．
　この解法に直接帰着する形でいくつかの微分方程式が解ける．まず，
$$y^{(n)}=f(y^{(n-1)}) \tag{3.4}$$
を考える．ここでは $y^{(n-1)}=p$ とおいてみる．すると (3.4) は
$$p'=f(p)$$
となり，これは変数分離形だから p.7 の方法で解ける．その一般解を $p=G(x,C)$ で

表すと，元の微分方程式は

$$y^{(n-1)} = G(x, C)$$

と (3.2) の形になる．

一見 (3.2) と似たようなつぎの形も，$n = 1, 2$ のときには解ける．

$$y^{(n)} = f(y) \tag{3.5}$$

実際，$n = 1$ のときはすぐにわかるように変数分離形 (⇨p.7) だから解ける．

$n = 2$ のときを書き直すと

$$\frac{d^2 y}{dx^2} = f(y) \tag{3.6}$$

となる．この場合には，両辺に $2y'$ をかけると

$$2y'y'' = 2f(y)y'$$

となる．$\dfrac{d}{dx}(u^2) = 2u\dfrac{du}{dx}$ であることに注意してこの両辺を x で積分すると，

$$(y')^2 = 2\int f(y) \frac{dy}{dx} dx + C$$

すなわち

$$y' = \pm\sqrt{2 \int f(y)\, dy + C} \tag{3.7}$$

を得る．これは変数分離形の微分方程式になっているので解くことができる．

(3.2) と (3.5) からつぎのような形も解くことができる．

$$y^{(n)} = f(y^{(n-2)}) \tag{3.8}$$

$y^{(n-2)} = p$ とおけば (3.8) は $p'' = f(p)$ となり，これは (3.6) の形であるから，(3.7) を用いれば

$$\pm \int \frac{dp}{\sqrt{2 \int f(p)\, dp + C_1}} = x + C_2 \tag{3.9}$$

となる．

(3.9) の左辺を計算して p について解き，$p = g(x)$ という解を得たとする．すると結局微分方程式 $y^{(n-2)} = g(x)$ が得られたことになり，これは (3.2) の形になったので解くことができる．

3.1 繰り返し積分に帰着される場合

例題 1 ─────────────── 繰り返し積分に帰着される形 ─

つぎの微分方程式を解け.
(1) $y''' + 2y'' = 0$
(2) $y'' + \dfrac{1}{y^3} = 0$

[解答] (1) $y'' = p$ とおくとこの微分方程式は $p' + 2p = 0$ と書き変えられる. これは変数分離形なので容易に解くことができて

$$p = y'' = Ce^{-2x}$$

を得る. この両辺を x で 2 回積分すれば一般解

$$y = C_1 e^{-2x} + C_2 x + C_3 \quad (C_1, C_2, C_3 \text{ は定数}) \qquad ①$$

が得られる.

(2) 両辺に $2y'$ をかけて移項すると $2y'y'' = -\dfrac{2y'}{y^3}$ となる. この両辺を x で積分すると

$$(y')^2 = \dfrac{1}{y^2} + C_1, \quad \text{変形して} \quad y' = \pm\sqrt{\dfrac{1}{y^2} + C_1} = \pm\sqrt{\dfrac{1 + C_1 y^2}{y^2}}$$

となる. これは変数分離形になっているのでこれを解いて整理し,

$$C_1 y^2 = (C_1 x + C_2)^2 - 1 \quad (C_1, C_2 \text{ は定数}) \qquad ②$$

と一般解を得る.

問 題

1.1 つぎの微分方程式を解け.
  (1) $y'' = ax$　　(2) $e^x y'' = e^{2x} - 1$　　(3) $y''' = xe^x$
  (4) $xy''' = 1$　　(5) $y''' = x^2 e^x$

1.2 つぎの微分方程式を解け.
  (1) $y'' = y'$　　　　　(2) $y''' y' = 1$
  (3) $y'' - y'^2 - 1 = 0$　　(4) $y'' = y'\sqrt{1 - y'^2}$

1.3 つぎの微分方程式を解け.
  (1) $y'' = 2y$　　(2) $y'' = (y')^2$　　(3) $y'' = \sqrt{1 + (y')^2}$
  (4) $y'' = e^y$　　(5) $\sqrt{y}\, y'' = 1$

3.2 x または y を含まない形

(3.1) において x または y に関する項を含まない形

$$F(x, y', y'', \cdots, y^{(n)}) = 0 \tag{3.10}$$

$$F(y, y', y'', \cdots, y^{(n)}) = 0 \tag{3.11}$$

はつぎのようにして階数を下げることができる．

すぐにわかるように (3.10) は $y' = p(x)$ とおいて代入すると

$$F(x, p, p', p'', \cdots, p^{(n-1)}) = 0 \tag{3.12}$$

となるのでこれは $n-1$ 階の微分方程式である．

(3.11) についてもやはり $y' = p$ とおく．x の項がないところから y が独立変数，p が従属変数（p が y の関数である）とみることにする．このとき

$$y'' = \frac{d^2y}{dx^2} = \frac{dp}{dx} = \frac{dp}{dy}\frac{dy}{dx} = p\frac{dp}{dy} \tag{3.13}$$

$$y''' = \frac{d}{dx}(y'') = \frac{d}{dx}\left(p\frac{dp}{dy}\right)$$

$$= \frac{dp}{dx}\frac{dp}{dy} + p\frac{d}{dx}\left(\frac{dp}{dy}\right)$$

$$= p\left(\frac{dp}{dy}\right)^2 + p\frac{d^2p}{dy^2}\frac{dy}{dx} = p\left(\frac{dp}{dy}\right)^2 + p^2\frac{d^2p}{dy^2} \tag{3.14}$$

$$y'''' = \cdots\cdots\cdots\cdots\cdots\cdots\cdots$$

となる．(3.13) の左辺は x について 2 階微分であるが，右辺では p についての 1 階微分である．(3.14) の左辺は x について 3 階微分であるが，右辺では p についての 2 階微分である．このそれぞれを (3.11) に代入すれば y-p についての $n-1$ 階の微分方程式が得られることになる．

---例題 2-------------------------------------x または y を含まない形---

つぎの微分方程式を解け.
$$yy'' - 2(y')^2 - yy' = 0 \qquad ①$$

解答　これは x を含まない形なので, $y' = p$ とおく. このとき (3.13) を用いると ①は

$$yp\frac{dp}{dy} - 2p^2 - yp = p\left(y\frac{dp}{dy} - 2p - y\right) = 0 \qquad ②$$

となる. よって

$$p = 0 \quad \text{または} \quad y\frac{dp}{dy} - 2p - y = 0$$

を得る.

$y\dfrac{dp}{dy} - 2p - y = 0$ は 1 階線形微分方程式であるから, p.11 の解法を用いて

$$p = \frac{dy}{dx} = y(Cy - 1)$$

となる. これを x-y の微分方程式とみれば, 変数分離形であるから一般解

$$y = \frac{1}{C_1 e^x + C_2} \qquad ③$$

を得る.

一方, $p = 0$ を解くと $y = C$ (C は定数) となる. $C \neq 0$ の場合は③の $C_1 = 0$, かつ $C_2 = C^{-1}$ の場合に他ならない. $C = 0$ の場合, すなわち解 $y = 0$ は③からは求められない**特異解**である.

問　題

2.1 つぎの微分方程式を解け.
  (1)　$xy'' + y' = x^2$　　　　　　(2)　$xy'' + 2y' = 2x$
  (3)　$xy'' = 2y' + x$　　　　　　(4)　$(1+x^2)y'' + 1 + y'^2 = 0$
  (5)　$(x+2)y'' + 2y' = 12x^2$　(6)　$x(1-x^2)y'' - y' = x^3 \ (x > 0)$

2.2 つぎの微分方程式を解け.
  (1)　$y^2 y'' - (y')^3 = 0$　　　(2)　$y'' + 2yy' = 0$
  (3)　$yy'' + (y')^2 + 1 = 0$　　(4)　$(1+y)y'' + (y')^2 = 0$

3.3 同次形の微分方程式

n 階の微分方程式

$$F(x, y, y', y'', \cdots, y^{(n)}) = 0 \tag{3.15}$$

について，なんらかの**同次条件**といわれるものが成立する場合を考える．以下 m, r は実数とする．

y について同次形である場合 (3.15) において，どんな $\rho > 0$ に対しても

$$F(x, \rho y, \rho y', \rho y'', \cdots, \rho y^{(n)}) = \rho^r F(x, y, y', y'', \cdots, y^{(n)}) \tag{3.16}$$

という関係式が成り立つとき，F は（この微分方程式は）y について r 次同次であるという．この場合には，$y = e^z$ とおいて代入し，その両辺を $e^z \neq 0$ で割ると変数 x と z の微分方程式とみれば z がない，すなわち前節の (3.10) の形になるので，$z' = p$ とおいて代入すれば，$n - 1$ 階の微分方程式に直すことができる．

x について同次形である場合 (3.15) において，どんな $\rho > 0$ に対しても

$$F\left(\rho x, y, \frac{y'}{\rho}, \frac{y''}{\rho^2}, \cdots, \frac{y^{(n)}}{\rho^n}\right) = \rho^r F(x, y, y', y'', \cdots, y^{(n)}) \tag{3.17}$$

という関係式が成り立つとき，F は（この微分方程式は）x について r 次同次であるという．この場合には $x = e^t$ とおいて代入してみると y について同時である場合と同様に変形ができて，t と y の微分方程式とみれば，t がない，すなわち前節の (3.11) の形になるので，その方法を使えば階数を $n - 1$ 階に下げることができる．

x と y について同次形である場合 (3.15) において，どんな $\rho > 0$ に対しても

$$F(\rho x, \rho^m y, \rho^{m-1} y', \rho^{m-2} y'', \cdots, \rho^{m-n} y^{(n)}) = \rho^r F(x, y, y', y'', \cdots, y^{(n)}) \tag{3.18}$$

という条件が成り立つとき，F は（この微分方程式は）x と y について r 次同次であるという．これは前の 2 つをあわせたような場合である．この場合には $x = e^t$, $y = e^{mt} z$ とおいて変数 t と z の微分方程式に書き直すと，(3.11) の形になるので，$\dot{z} = \dfrac{dz}{dt} = p$ とおけば，階数が $n - 1$ になる．

(3.15) の左辺に $x = \rho u$ を代入すると (3.17) の左辺の形が，(3.15) の左辺に $y = \rho u$ を代入すると (3.16) の左辺の形が出てくることがわかる．つまり F が r 次同次であるとは「x を ρ 倍する」または「y を ρ 倍する」ことが「ρ の r 乗倍」として効いてくるような形の F だということである．

3.3 同次形の微分方程式

例題 3 ──────────────────────────────────── 同次形 ──

つぎの微分方程式を解け．
$$xy^2y'' + y'(1+y^2) = 0 \qquad ①$$

[解答] x の代わりに ρx, y' の代わりに $\rho^{-1}y'$, y'' の代わりに $\rho^{-2}y$ を①に代入すると $\rho^{-1}(xy^2y'' + y'(1+y^2)) = 0$ となり，①は x について 1 次同次形とわかる．そこで $x = e^t$ を代入する．このとき微分の変数変換の公式から $\dfrac{d}{dx} = e^{-t}\dfrac{d}{dt}$ であるから①は

$$e^t y^2 e^{-2t}\left(\frac{d^2y}{dt^2} - \frac{dy}{dt}\right) + e^{-t}\frac{dy}{dt}(1+y^2) = 0 \quad \text{すなわち} \quad y^2\frac{d^2y}{dt^2} + \frac{dy}{dt} = 0$$

と変形できる．これは t がない形なのでさらに $\dfrac{dy}{dt} = p$ とおいて p.36 の議論を用いれば，$y^2 p\dfrac{dp}{dy} + p = 0$ と変形できるので「$y^2\dfrac{dp}{dy} + 1 = 0$ または $p = 0$」を得る．

$y^2\dfrac{dp}{dy} + 1 = 0$ は p と y の微分方程式とみて変数分離形だから

$$p\left(=\frac{dy}{dt}\right) = -\int \frac{1}{y^2}\,dy = \frac{1}{y} + C$$

と解ける．これは t と y の微分方程式とみて変数分離形だから同様に解いて

$$C_1 y - C_1^2 \log|y + C_1| = \log x + C_2 \qquad ②$$

と一般解を得る．$p = 0$ からは $y = C$（C は定数）を得る．これは一般解②からは得られない**特異解**である．

問題

3.1 つぎの微分方程式を解け．
(1) $yy'' - y'^2 - 2y^2 = 0$ (2) $xyy'' + xy'^2 = 3yy'$

3.2 つぎの微分方程式を解け．
(1) $xyy'' = y'(xy'-y)$ (2) $x^2y'' = xy' + 1$
(3) $x^2y'' + xy' + y = 0$ (4) $xy''' + 2y'' = 0$

3.3 つぎの微分方程式を解け．
(1) $x^3 y'' - (y - xy')^2 = 0$ (2) $x^4 y'' - (y - xy')^2 = 0$
(3) $xy'' + 2y' = x^2 y'^2 - y^2$

3.4 完全微分方程式

微分方程式

$$F(x, y, y', y'', \cdots, y^{(n)}) = 0 \tag{3.19}$$

に対して，

$$\frac{d}{dx}f(x, y, y', y'', \cdots, y^{(n-1)}) = F(x, y, y', y'', \cdots, y^{(n)}) \tag{3.20}$$

をみたす関数 f が存在するとき，(3.19) を**完全微分方程式**という．

このときは (3.19) から

$$\frac{d}{dx}f(x, y, y', y'', \cdots, y^{(n-1)}) = 0 \tag{3.21}$$

となるので，

$$f(x, y, y', y'', \cdots, y^{(n-1)}) = C \quad （C は積分定数） \tag{3.22}$$

が得られることがわかる．すなわち階数を 1 つ下げることができた．ここでの問題は (3.20) をみたす f（これを**第 1 積分**とよぶ）をみつけることであるが，その方法についてはつぎの定理が知られている．

定理 1 線形微分方程式

$$p_0(x)y^{(n)} + p_1(x)y^{(n-1)} + \cdots + p_{n-1}(x)y' + p_n(x)y = X(x) \tag{3.23}$$

が完全微分方程式であるための必要十分条件は

$$p_n - p'_{n-1} + p''_{n-2} - \cdots + (-1)^n p_0^n = 0 \tag{3.24}$$

が成り立つことである．さらにこのとき

$$q_0 = p_0, \, q_1 = p_1 - q'_0, \, q_2 = p_2 - p'_1, \, \cdots, \, q_n = p_n - q'_{n-1}$$

と帰納的に決めると

$$f = q_0 y^{(n-1)} + q_1 y^{(n-2)} + \cdots + q_{n-2} y' + q_{n-1} y - \int X \, dx = C \tag{3.25}$$

と第 1 積分が求められる．

2.3 節の議論と同様に，適当な関数 $\mu(x, y, y', y'', \cdots, y^{(n)})$（積分因子）が存在して

$$\mu(x, y, y', y'', \cdots, y^{(n)}) F(x, y, y', y'', \cdots, y^{(n)}) = 0 \tag{3.26}$$

が完全微分方程式になる場合も考えられる．

3.4 完全微分方程式

─ 例題 4 ─────────────────────────── 完全微分方程式（1）─

つぎの微分方程式を解け．
$$(x^3 - x)y''' + (8x^2 - 3)y'' + 14xy' + 4y = 0 \qquad ①$$

[解答] 定理 1 の記号に合わせて y, y', y'', y''' の係数をそれぞれ p_3, p_2, p_1, p_0 とすると $p_3 - p_2' + p_1'' - p_0''' = 4 - 14 + 16 - 6 = 0$ となるから，①は完全微分方程式であることがわかる．定理 1 から

$$q_0 = p_0 = x^3 - x, \quad q_1 = p_1 - p_0' = (8x^2 - 3) - (3x^2 - 1) = 5x^2 - 2$$

$$q_2 = p_2 - p_1' + p_0'' = 14x - 16x + 6x = 4x$$

と計算して，①の第 1 積分は

$$(x^3 - x)y'' + (5x^2 - 2)y' + 4xy = C_1 \qquad ②$$

と求められる．ここでさらに (3.24) を確かめてみると $q_2 - q_1' + q_0'' = 4x - 10x + 6x = 0$ となって，②が再び完全微分方程式になることがわかる．よって

$$r_0 = q_0 = x^3 - x, \quad r_1 = q_1 - q_0' = (5x^2 - 2) - (3x^2 - 1) = 2x^2 - 1$$

を用いて①の第 2 積分＝②の第 1 積分を求めると

$$(x^3 - x)y' + (2x^2 - 1)y = C_1 x + C_2 \quad \text{すなわち} \quad y' + \frac{2x^2 - 1}{x^3 - x}y = \frac{C_1 x + C_2}{x^3 - x}$$

という 1 階線形微分方程式を得ることができる．これを解いて

$$y = \frac{1}{x\sqrt{x^2 - 1}}\left(C_1\sqrt{x^2 - 1} + C_2 \log\left|x + \sqrt{x^2 - 1}\right| + C_3\right) \qquad ③$$

と解を得る．

─── 問 題 ───────────────────────────────

4.1 つぎの微分方程式を解け．
- (1) $x(1 - x^2)y'' - 2x^2 y' + 2xy = 0$
- (2) $x(x - 1)y'' + (3x - 2)y' + y = 0$
- (3) $(x^2 + 1)y'' + 4xy' + 2y = -\sin x$
- (4) $y'' \sin 2x + 2(1 + \cos 2x)y' = -2\sin 2x$
- (5) $(x^3 + x^2 - 3x + 1)y''' + (9x^2 + 6x - 9)y'' + (18x + 6)y' + 6y = x^3$

―例題 5―――――――――――――――――――完全微分方程式（2）――

つぎの微分方程式を解け．
$$x^2yy'' + x^2y'^2 + 4xyy' + y^2 = 6x \qquad ①$$

[解答] これは線形でないので，定理 1 は使えないが，完全微分方程式であるとみてつぎのように考える．

①の第 1 項をみて，これは x^2yy' の微分ではないかと見当をつける．実際には，
$$\frac{d}{dx}(x^2yy') = 2xyy' + x^2y'^2 + x^2yy''$$
であるから，これを代入すると①は
$$\frac{d}{dx}(x^2yy') + 2xyy' + y^2 = 6x \qquad ②$$
となる．②の第 2 項をみて，これは xy^2 の微分ではないかと見当をつける．実際には
$$\frac{d}{dx}(xy^2) = 2xyy' + y^2$$
であるから，これを用いれば②すなわち①は
$$\frac{d}{dx}(x^2yy' + xy^2) = 6x \qquad ③$$
と書き直せることがわかる．したがって①の第 1 積分は
$$x^2yy' + xy^2 = 3x^2 + C \quad (C \text{ は定数}) \qquad ④$$
となる．④はベルヌーイ形の微分方程式(⇨p.12)なので解くことができて，
$$y^2 = \frac{1}{x^2}(2x^3 + 2Cx + C') \quad \text{すなわち} \quad x^2y^2 = 2x^3 + C_1x + C_2$$
と一般解を得る．

―― 問 題 ――

5.1 つぎの微分方程式を解け．
  (1) $xyy'' + xy'^2 + yy' = 1$ (2) $3y^2y'' + 6yy'^2 + \cos x = 0$
  (3) $x^2yy'' + x^2y'^2 + 4xyy' + y^2 = x$ (4) $3y^2y'' + 6yy'^2 - 3y^2y' = 0$

5.2 つぎの微分方程式を解け．
  (1) $3xy^2y'' + 2y'^2 + 2yy' + 6xyy'^2 + 6y^2y' = 0$
  (2) $3y^2y''' + 18yy'y'' - 6y^2y'' - 12yy'^2 + 6y'^3 = 0$

4 線形微分方程式

微分方程式の中で，理論が整いしかも応用の広いのが線形と呼ばれるものである．ここでは，その線形の場合の基礎を学習する．

4.1 線形微分方程式とその基本性質

● **1階線形微分方程式** ● 2.2 節で述べたように，y', y について 1 次式であるような微分方程式

$$y' + P(x)y = Q(x) \tag{4.1}$$

を **1 階線形微分方程式** といい，(4.1) に対して

$$y' + P(x)y = 0 \tag{4.2}$$

を，(4.1) の同伴な同次微分方程式と名付けた．(4.2) の解の基本性質としてつぎの結果が得られた．

定理 1 線形微分方程式 (4.1) の 1 つの解 y_0 を固定するとき，(4.1) の一般解は，これと (4.2) の解 Y との和 $y = y_0 + Y$ と表される．また Y は，(4.2) の 0 でない 1 つの解 y_1 を固定するとき，$Y = c_1 y_1$（c_1 は定数）と表される．

● **2 階線形微分方程式** ● つぎの微分方程式を **2 階線形微分方程式** という

$$y'' + P(x)y' + Q(x)y = R(x) \tag{4.3}$$

これは y, y', y'' について 1 次式であるので，**線形**とよばれるのである．1 階線形の場合と同じように，(4.3) に対して

$$y'' + P(x)y' + Q(x)y = 0 \tag{4.4}$$

を (4.3) に同伴な同次微分方程式という．定理 1 と類似に

定理 2 線形微分方程式 (4.1) の 1 つの解 y_0 を固定するとき，微分方程式 (4.3) の一般解は，これと (4.4) の解 Y との和

$$y = y_0 + Y$$

で表される．

証明 y を (4.3) の任意の解とすると，y, y_0 はそれぞれつぎの式をみたす．

$$y'' + P(x)y' + Q(x)y = R(x), \quad y_0'' + P(x)y_0' + Q(x)y_0 = R(x)$$

これら 2 式の差を作り

$$(y - y_0)'' + P(x)(y - y_0)' + Q(x)(y - y_0) = 0$$

これは $y - y_0$ が同伴な微分方程式 (4.4) の解 Y であることを示している.

$$y - y_0 = Y \quad \text{ゆえに} \quad y = y_0 + Y$$

● **ロンスキー行列式と基本解** ● ここで定理1と定理2とを比べると, この Y がどのようにかけるかが問題となろう. それに答えるのがつぎの定理3である. まず x の関数 y_1, y_2 に対して行列式

$$W(y_1, y_2) = \begin{vmatrix} y_1 & y_2 \\ y_1' & y_2' \end{vmatrix} = y_1 y_2' - y_1' y_2$$

を y_1, y_2 の**ロンスキー行列式**という.

定理3 y_1, y_2 が

$$y'' + P(x)y' + Q(x)y = 0 \tag{4.4}$$

の解で $W(y_1, y_2) \not\equiv 0$ ならば, (4.4) の任意の解 Y は

$$Y = c_1 y_1 + c_2 y_2 \quad (c_1, c_2 \text{は定数})$$

と表される ($\Rightarrow$例題8).

(4.4) の $W(y_1, y_2) \not\equiv 0$ のような2つの解 y_1, y_2 を (4.4) およびはじめの微分方程式

$$y'' + P(x)y' + Q(x)y = R(x) \tag{4.3}$$

の**基本解**という. また (4.3) の任意の解 y_0 を1つ取り上げたとき, これを (4.3) の**特殊解**という. このいい方をすると定理2と定理3から

定理4 線形微分方程式 (4.3) では, その1組の基本解 y_1, y_2 と1つの特殊解 y_0 を知れば, 一般解は

$$y = y_0 + c_1 y_1 + c_2 y_2 \quad (c_1, c_2 \text{は定数})$$

のように表される.

特に (4.4) の一般解は

$$Y = c_1 y_1 + c_2 y_2 \quad (c_1, c_2 \text{は定数})$$

である. これを (4.3) の**余関数**という.

● **2階線形微分方程式の解き方** ● これにより, 2階線形微分方程式を解くには, つぎの2つを知ればよいことがわかる ($\Rightarrow$例題 2, 6).

(i) 1組の基本解, すなわち (4.4) の解で $W(y_1, y_2) \not\equiv 0$ のようなもの.
(ii) 1つの特殊解, すなわち (4.3) の解の1つ. このとき (4.3) の一般解は

$$y = y_0 + c_1 y_1 + c_2 y_2 \quad (c_1, c_2 \text{は定数})$$

4.1 線形微分方程式とその基本性質

● **特別な場合** ● 2階線形の場合には，1階線形の場合のように，その基本解を求積法で求めることは出来ない．しかしつぎのことがわかる．

I 係数 $P(x), Q(x)$ が定数のときには基本解を下で述べるように，2次方程式を解くことで，定型的に求めることが出来る（⇨例題 3, 4, 5）．

II $Q(x) = 0$ のときには $y' = u$ とおくと，u の 1 階線形微分方程式となり，u を求積法で定めることが出来る．

III 視察とか未定係数法など何らかの方法により，(4.4) の 0 でない 1 つの解 y_1 を知ったときには，$Y = uy_1$ が (4.3) の一般解であるような u を求積法で定めることが出来る（⇨例題 7）．

IV $P(x), Q(x)$ が特別な条件をみたす場合には，III の y_1 はつぎのように与えられる（⇨例題 7，問題 7.1）．

P, Q の条件	$L(y) = 0$ の特殊解
$P + xQ = 0$	$y = x$
$m(m-1) + mxP + x^2Q = 0$	$y = x^m$
$1 + P + Q = 0$	$y = e^x$
$1 - P + Q = 0$	$y = e^{-x}$
$m^2 + mP + Q = 0$	$y = e^{mx}$

● **定数係数の 2 階線形常微分方程式** ● 上の I で述べた $P(x), Q(x)$ が定数のとき，すなわち

$$y'' + py' + qy = R(x) \tag{4.5}$$

のときには，つぎのようにして基本解を求めることができる（⇨例題 3, 4, 5）．まずつぎの 2 次方程式を考える．

$$t^2 + pt + q = 0 \tag{4.6}$$

微分方程式 $y'' + py' + qy = 0$ の基本解は，(4.6) が
(I)　相異なる実数解 α, β をもてば：$y_1 = e^{\alpha x}$, 　$y_2 = e^{\beta x}$
(II)　重複解 α をもてば：$y_1 = e^{\alpha x}$, 　$y_2 = xe^{\alpha x}$
(III)　虚数解 $a + bi \, (b \neq 0)$ をもてば：

$$y_1 = e^{\alpha x} \cos bx, \quad y_2 = e^{\alpha x} \sin bx$$

方程式 (4.6) を微分方程式 (4.5) の**特性方程式**という．

―― 例題 1 ――――――――――――――――――――――――ロンスキー行列――

つぎの各組のロンスキー行列式を求めよ．
（1） $y_1 = e^x, \quad y_2 = xe^x$
（2） $y_1 = e^{-x}\cos x, \quad y_2 = e^{-x}\sin x$

[解答] （1） $W(y_1, y_2) = \begin{vmatrix} e^x & xe^x \\ e^x & e^x + xe^x \end{vmatrix} = e^{2x}$

（2） $W(y_1, y_2) = \begin{vmatrix} e^{-x}\cos x & e^{-x}\sin x \\ -e^{-x}\cos x - e^{-x}\sin x & -e^{-x}\sin x + e^{-x}\cos x \end{vmatrix}$

$= e^{-x}\cos x \left(-e^{-x}\sin x + e^{-x}\cos x\right) - e^{-x}\sin x (-e^{-x}\cos x - e^{-x}\sin x)$

$= e^{2x} \left(\cos^2 x + \sin^2 x\right) = e^{2x}$

追記 **一次独立** この章で取り扱う関数は，必要な回数だけ何回でも微分可能とする．ある区間で定義された n 個の関数 $y_1(x), y_2(x), \cdots, y_n(x)$ が「その区間で恒等的に
$$c_1 y_1(x) + c_2 y_2(x) + \cdots + c_n y_n(x) = 0$$
となるような定数 $c_1, c_2, \cdots, c_n$ があれば，実は
$$c_1 = c_2 = \cdots = c_n = 0$$
である」という性質をもつとき，関数 $y_1(x), y_2(x), \cdots, y_n(x)$ はその区間で**一次独立**であるという．一次独立でないときは，**一次従属**であるという．

定理 5 y_1, y_2 が一次独立であるための必要十分な条件は
$$W(y_1, y_2) \neq 0$$
なることである．

証明 $c_1 y_1 + c_2 y_2 = 0$ とすると $c_1 y_1' + c_2 y_2' = 0$ で，c_1, c_2 の連立方程式

$$\begin{cases} c_1 y_1 + c_2 y_2 = 0 \\ c_1 y_1' + c_2 y_2' = 0 \end{cases}$$

が $c_1 = 0, c_2 = 0$ 以外の解をもたないための必要十分条件は係数の作る行列式が 0 でないことである．よって上の結果となる．■

～～～ **問 題** ～～～～～～～～～～～～～～～～～～～～～～～～～

1.1 つぎの各組のロンスキー行列式を求めよ．
（1） $y_1 = e^{-x}\cos x, \quad y_2 = e^x \sin x$
（2） $y_1 = xe^{2x}, \quad y_2 = x^2 e^{2x}$

── 例題 2 ────────────────────────────── 基本解・特殊解 ──

微分方程式 $(1+x)y'' + (4x+5)y' + (4x+6)y = e^{-2x}$ の一般解は
$$y = C_1 e^{-2x} + C_2 e^{-2x} \log(1+x) + x e^{-2x}$$
であることを示せ.

[解答] 定理 3 にしたがって, つぎの 1.2.3. を確かめる.

1. $y_1 = e^{-2x}, y_2 = e^{-2x} \log(1+x)$ が同伴方程式の解であること.
$$y_1 = e^{-2x}, \quad y_1' = -2e^{-2x}, \quad y_1'' = 4e^{-2x}$$

を代入して
$$(1+x) \cdot 4e^{-2x} + (4x+5) \cdot (-2e^{-2x}) + (4x+6)e^{-2x} = 0$$

同様に
$$y_2 = e^{-2x} \log(1+x)$$
$$y_2' = -2e^{-2x} \log(1+x) + e^{-2x} \frac{1}{1+x}$$
$$y_2'' = 4e^{-2x} \log(1+x) - 4e^{-2x} \frac{1}{1+x} - e^{-2x} \frac{1}{(1+x)^2}$$

を代入すると 0 であることがわかる.

2. $W(y_1, y_2) \neq 0$ であること.
$$W(e^{-2x}, e^{-2x} \log(1+x)) = \begin{vmatrix} e^{-2x} & e^{-2x} \log(1+x) \\ -2e^{-2x} & \frac{e^{-2x}}{1+x} - 2e^{-2x} \log(1+x) \end{vmatrix}$$
$$= \frac{e^{-4x}}{1+x} \neq 0$$

3. $y_0 = x e^{-2x}$ が与えられた方程式の特殊解であること.
$$y_0' = e^{-2x}(1-2x),$$
$$y_0'' = 4e^{-2x}(x-1)$$

を与えられた方程式の左辺に代入すると e^{-2x} であることがわかる.

[注意] 結果が示されているから, このように確かめるだけのことである.

〜〜〜 問 題 〜〜〜

2.1 微分方程式 $y'' - 2y' - 8y = e^{2x}$ の一般解は, $y = C_1 e^{-2x} + C_2 e^{4x} - e^{2x}/8$ であることを示せ.

2.2 微分方程式 $x^2 y'' + x y' - y = 2x^2 \, (x \neq 0)$ の一般解は $y = C_1 x + \dfrac{C_2}{x} + \dfrac{2}{3} x^2$ であることを示せ.

---**例題 3** ────────────────────── 定数係数の場合（I）───

（1）微分方程式 $y'' + py' + qy = 0$ において，その特性方程式
$$t^2 + pt + q = 0$$
が相異なる実数解 α, β をもつときは，
$$y_1 = e^{\alpha x}, \quad y_2 = e^{\beta x}$$
が 1 組の基本解であることを証明せよ．

（2）つぎの微分方程式を解け．
$$y'' + y' - 2y = 0$$

[解答]（1）つぎの 2 つを確かめる．

1. y_1, y_2 が解であること．
$$y_1 = e^{\alpha x}, \quad y_1' = \alpha e^{\alpha x}, \quad y_1'' = \alpha^2 e^{\alpha x}$$
を与えられた微分方程式の左辺に代入すると
$$\alpha^2 e^{\alpha x} + p\alpha e^{\alpha x} + q e^{\alpha x} = (\alpha^2 + p\alpha + q)e^{\alpha x}$$
α は特性方程式の解であるから
$$\alpha^2 + p\alpha + q = 0$$
よって $y_1 = e^{\alpha x}$ は解である．$y_2 = e^{\beta x}$ も同様である．

2. $W(y_1, y_2) \neq 0$ であること．
$$W(y_1, y_2) = \begin{vmatrix} e^{\alpha x} & e^{\beta x} \\ \alpha e^{\alpha x} & \beta e^{\beta x} \end{vmatrix} = (\beta - \alpha)e^{(\alpha+\beta)x}$$
$\beta \neq \alpha$ であるから，この値は 0 でない．

よって y_1, y_2 は 1 組の基本解である．

（2）特性方程式は
$$t^2 + t - 2 = 0$$
であり，相異なる実数解 $\alpha = 1, \beta = -2$ をもつので，微分方程式の解は
$$y = c_1 e^x + c_2 e^{-2x} \quad (c_1, c_2 \text{ は定数})$$

問題

3.1 つぎの微分方程式を解け．
  （1）$y'' + y' = 0$
  （2）$y'' + 2y' - 8y = 0$

3.2 y_1, y_2 が 1 組の基本解のときには，$y_1, y_1 + cy_2$（c は定数）もまた 1 組の基本解であることを示せ．

4.1 線形微分方程式とその基本性質

──例題 4──────────────────── 定数係数の場合（II）──

（1） 微分方程式 $y'' + py' + qy = 0$ において，その特性方程式
$$t^2 + pt + q = 0$$
が重解 α をもつときは，
$$y_1 = e^{\alpha x}, \quad y_2 = xe^{\alpha x}$$
が1組の基本解であることを証明せよ．

（2） つぎの微分方程式を解け．
$$y'' - 4y' + 4y = 0$$

[解答] (1) 前例題と同じように，つぎの2つを確かめる．

1. y_1, y_2 が解であること．

2. $W(y_1, y_2) = \begin{vmatrix} e^{\alpha x} & xe^{\alpha x} \\ \alpha e^{\alpha x} & e^{\alpha x} + \alpha x e^{\alpha x} \end{vmatrix} = e^{2\alpha x} \neq 0$

(2) $y = c_1 e^{2x} + c_2 x e^{2x}$

[追記] 例題3と例題4では，定理3と定理4をその根拠としている．しかし定数係数のときには，つぎのように直接に解くこともできる．

特性方程式が相異なる実数解 α, β をもつとき，解と係数の関係
$$\alpha + \beta = -p, \quad \alpha\beta = q$$
を用いると与えられた微分方程式は
$$y'' - (\alpha + \beta)y' + \alpha y = 0 \quad \text{から} \quad y'' - \beta y' = \alpha(y' - \beta y)$$
$y' - \beta y = z$ とおくと $z' = \alpha z$ となり，$z = c_1 e^{\alpha x}$
よって $y' - \beta y = c_1 e^{\alpha x}$．同様にして $y' - \alpha y = c_2 e^{\beta x}$．
差をとって
$$(\alpha - \beta)y = c_1 e^{\alpha x} - c_2 e^{\beta x}$$
$\alpha \neq \beta$ であるから，定数を書き直して $y = c_1 e^{\alpha x} + c_2 e^{\beta x}$

(II) (2) が重複解 α をもつとき
$$y'' - 2\alpha y' + \alpha^2 y = 0 \qquad\qquad ①$$
(I) と同様にまず $e^{\alpha x}$ が解であり，これを利用して，$y = ze^{\alpha x}$ とおくと
$$y' = (z' + \alpha z)e^{\alpha x}, \quad y'' = (z'' + 2\alpha z' + \alpha^2 z)e^{\alpha x}$$
これを①に代入すると $z'' = 0$ となり
$$z = c_1 + c_2 x \quad \text{よって} \quad y = c_1 e^{\alpha x} + c_2 x e^{\alpha x}$$

～～ **問 題** ～～～～～～～～～～～～～～～～～～～～～～～

4.1 つぎの微分方程式を解け．

(1) $y'' + 2y' + y = 0$ (2) $y'' - 8y' + 16y = 0$

---例題 5---定数係数の場合（III）---

(1) 微分方程式 $y'' + py' + qy = 0$ において，その特性方程式
$$t^2 + pt + q = 0$$
が虚数解 $a + bi\,(b \neq 0)$ をもつときは，
$$y_1 = e^{ax}\cos bx, \quad y_2 = e^{ax}\sin bx$$
が 1 組の基本解であることを証明せよ．

(2) つぎの微分方程式を解け．
$$y'' + 4y' + 5y = 0$$

[解答] (1) つぎの 2 つを確かめる．

1. y_1, y_2 が解であること．
$$y_1 = e^{ax}\cos bx, \quad y_1' = e^{ax}(a\cos bx - b\sin bx),$$
$$y_1'' = e^{ax}\{(a^2 - b^2)\cos bx - 2ab\sin bx\}$$

を与えられた微分方程式の左辺に代入すると
$$e^{ax}\{(a^2 - b^2 + pa + q)\cos bx + (-2ab - pb)\sin bx\}$$
となる．ところが $a + bi$ が特性方程式の解であることから
$$(a+bi)^2 + p(a+bi) + q = 0$$
$$(a^2 - b^2 + pa + q) + (-2ab - pb)i = 0$$
$$a^2 - b^2 + pa + q = 0$$
$$-2ab - pb = 0$$

となり，上の $\cos bx$ と $\sin bx$ の係数はともに 0 となる．

よって $y_1 = e^{ax}\cos bx$ は解である．$y_2 = e^{ax}\sin bx$ も同様である．

2. $W(y_1, y_2) \neq 0$ であること．
$$W(y_1, y_2) = \begin{vmatrix} e^{ax}\cos bx & e^{ax}\sin bx \\ e^{ax}(a\cos bx - b\sin bx) & e^{ax}(a\sin bx + b\cos bx) \end{vmatrix} = be^{2ax}$$

$b \neq 0$ であるから，この値は 0 でない．よって y_1, y_2 は 1 組の基本解である．

(2) 特性解は $-2 \pm i$ であるから，$y = c_1 e^{-2x}\cos x + c_2 e^{-2x}\sin x$

～～～ 問　題 ～～～

5.1 つぎの微分方程式を解け．

(1) $y'' + 6y' + 25y = 0$

(2) $y'' - 2y' + 10y = 0$

例題 6 ―― 特殊解を求めるための未定係数法

微分方程式 $y'' + 3y' + 2y = \cos x$ を解け.

[解答] 定理 4 を用いる．基本解は例題 3 によればよいので，特殊解を求める．ここでは未定係数を用いる．

与えられた微分方程式の同次方程式 $y'' + 3y' + 2y = 0$ の特性方程式は，
$$\lambda^2 + 3\lambda + 2 = (\lambda + 1)(\lambda + 2) = 0$$
ゆえに，余関数は $C_1 e^{-x} + C_2 e^{-2x}$ である．いま，与式の特殊解として $A\cos x + B\sin x$ の形のものを見出そう．これを与式の左辺に代入すると，
$$(A\cos x + B\sin x)'' + 3(A\cos x + B\sin x)' + 2(A\cos x + B\sin x)$$
$$= (A + 3B)\cos x + (B - 3A)\sin x$$
右辺と比較して，$A + 3B = 1, B - 3A = 0$ とおけば，$A = 1/10, B = 3/10$ を得る．ゆえに，特殊解は $y = \dfrac{1}{10}\cos x + \dfrac{3}{10}\sin x$ である．したがって，一般解は
$$y = C_1 e^{-x} + C_2 e^{-2x} + \frac{1}{10}(\cos x + 3\sin x)$$
である．

注意 微分方程式 $y'' + ay' + by = f(x)$（a, b は定数）の特殊解を求めるときには，$f(x)$ の形から特殊解の形を類推できることがある．

$f(x)$ の形	類推される特殊解の形
$a + be^{\alpha x}$	$A + Be^{\alpha x}$
$a\cos\alpha x + b\sin\alpha x$	$A\cos\alpha x + B\sin\alpha x$
$ae^{\alpha x}\sin\beta x,$ または $ae^{\alpha x}\cos\beta x$	$e^{\alpha x}(A\cos\beta x + B\sin\beta x)$
多項式	多項式

これら類推した形の関数を左辺に代入して計算し，$f(x)$ とその係数を比較して特殊解を求める（未定係数法）．$f(x)$ の形から特殊解を類推できないときは，定数変化法で特殊解を求めることができる（⇨例題 7）．

問題

6.1 つぎの微分方程式を解け．

(1) $y'' - 2y' - 3y = x^2$　　(2) $y'' + 4y = x^2$

(3) $y'' + 3y' + 2y = e^x$　　(4) $y'' - 2y' + y = e^x \cos x$

(5) $y'' + 4y' + 3y = 2e^{2x}$　　(6) $y'' + y' + y = x + e^x$

(7) $y'' + 3y' + 2y = e^x + \cos x$

―― 例題 7 ―――――――――――――――――― 特殊解を求めるための定数変化法 ――

微分方程式
$$(x^2+1)y'' - 2xy' + 2y = 6(x^2+1)^2$$
において，$y = x$ がこれに同伴な方程式の解であることを知って，これを解け．

[解答] $y = x$ が左辺を 0 にすることは容易に確かめられる．

$$y = ux \quad \text{とおくと，} \quad y' = u'x + u, \quad y'' = u''x + 2u'$$

これを与えられた微分方程式に代入して整理すると，

$$\frac{d^2u}{dx^2} + \left(\frac{2}{x} - \frac{2x}{x^2+1}\right)\frac{du}{dx} = \frac{6(x^2+1)}{x}, \quad \frac{dp}{dx} + \left(\frac{2}{x} - \frac{2x}{x^2+1}\right)p = \frac{6(x^2+1)}{x} \quad \left(p = \frac{du}{dx}\right)$$

から

$$p = \exp\left(\int \left(\frac{2x}{x^2+1} - \frac{2}{x}\right)dx\right)\left\{6\int \frac{x^2+1}{x}\exp\left(\int \left(\frac{2}{x} - \frac{2x}{x^2+1}\right)dx\right)dx + C_1\right\}$$

$$= \frac{x^2+1}{x^2}\left(6\int \frac{x^2+1}{x}\frac{x^2}{x^2+1}dx + C_1\right) = 3(x^2+1) + \frac{C_1(x^2+1)}{x^2}$$

したがって，

$$\frac{y}{x} = u = 3\int (x^2+1)dx + C_1\int \frac{x^2+1}{x^2}dx + C_2 = x^3 + (3+C_1)x - \frac{C_1}{x} + C_2$$

よって，一般解は $y = x^4 + (3+C_1)x^2 + C_2 x - C_1$ である．

● **特殊解の発見法** ● この例題の $y = x$ のような同次線形微分方程式
$$L(y) = y'' + P(x)y' + Q(x)y = 0$$
の特殊解をみつけるには，つぎの方法が有効である．

P, Q の条件	$L(y) = 0$ の特殊解
$P + xQ = 0$	$y = x$
$m(m-1) + mxP + x^2Q = 0$	$y = x^m$
$1 + P + Q = 0$	$y = e^x$
$1 - P + Q = 0$	$y = e^{-x}$
$m^2 + mP + Q = 0$	$y = e^{mx}$

〜〜〜 **問 題** 〜〜〜〜〜〜〜〜〜〜〜〜〜〜〜〜〜〜〜〜〜〜〜〜〜〜〜〜〜〜

7.1 つぎの微分方程式を解け．

 (1) $(1+x^2)y'' - 2xy' + 2y = 0$ (2) $4x^2 y'' + 4xy' - y = 0$
 (3) $(1-x)y'' + xy' - y = (1-x)^2$ (4) $y'' - \frac{x+3}{x}y' + \frac{3}{x}y = x^3 e^x$

> **―例題 8 ―――――――――――――――――――――定理 3 の証明 ―**
>
> 定理 3　y_1, y_2 が
> $$y'' + P(x)y' + Q(x)y = 0 \qquad ①$$
> の解で $W(y_1, y_2) \neq 0$ ならば，(4.4) の任意の解 y は
> $$y = c_1 y_1 + c_2 y_2 \quad (c_1, c_2 \text{ は定数})$$
> と表される．これを証明せよ．

解答　y_1, y_2, y は ① の解であるから

$$y_1'' + P(x)y_1' + Q(x)y_1 = 0 \qquad ②$$

$$y_2'' + P(x)y_2' + Q(x)y_2 = 0 \qquad ③$$

$$y'' + P(x)y' + Q(x)y = 0 \qquad ④$$

この 3 式から $Q(x), P(x)$ を消去する．

② $\times y_2 -$ ③ $\times y_1$ から

$$y_1'' y_2 - y_1 y_2'' + P(x)(y_1' y_2 - y_2' y_1) = 0$$

ここで $y_1' y_2 - y_2' y_1 = z$ とおくと，$y_1'' y_2 - y_1 y_2'' = z'$ であり

$$z' + P(x)z = 0 \quad \text{から} \quad z = C_1 e^{-\int p(x)dx}$$

よって

$$y_1' y_2 - y_2' y_1 = C_1 e^{-\int p(x)dx} \qquad ⑤$$

同様にして

$$y_1' y - y' y_1 = C_2 e^{-\int p(x)dx}, \quad y_2' y - y' y_2 = C_3 e^{-\int p(x)dx}$$

ここで $W(y_1, y_2) = y_1' y_2 - y_2' y_1 \neq 0$ であるから，後の 2 式から y を求め，さらに ③ を用いると

$$y = \frac{C_3 y_1 - C_2 y_2}{y_1' y_2 - y_2' y_1} e^{-\int p(x)dx} = \frac{C_3}{C_1} y_1 - \frac{C_2}{C_1} y_2$$

ここで定数を書きかえて $y = c_1 y_1 + c_2 y_2$ を得る．

問題

8.1　微分方程式 $y'' + P(x)y' + Q(x)y = R(x)$ において

$$y = u \exp\left(-\frac{1}{2}\int P\,dx\right)$$

とおくと，u は $u'' + Iu = J$ をみたすことを証明せよ．ただし

$$I = Q - \frac{1}{2}P' - \frac{1}{4}P^2, \quad J = R \exp\left(\frac{1}{2}\int P\,dx\right)$$

4.2 演算子法

● **微分演算子** ● 関数 $y=f(x)$ の導関数を Dy で表す．すなわち
$$Dy = y', \quad Df(x) = f'(x)$$
であり，D を微分演算子という．

さらに $D(Dy)$ を D^2y と表す．これは y'' のことであり，一般に
$$D(D^{n-1}y) = D^n y \quad (n = 1, 2, \cdots)$$
と表す．これは n 階の導関数 $y^{(n)}$ のことである．また多項式
$$P(t) = a_0 t^n + a_1 t^{n-1} + \cdots + a_n$$
に対して $P(D)y$ とは
$$(a_0 D^n + a_1 D^{n-1} + \cdots + a_n)y = a_0 y^{(n)} + a_1 y^{(y-1)} + \cdots + a_n y$$
のことである．たとえば
$$(a_0 D + a_1)y = a_0 y' + a_1$$
である．

定義から容易に

定理6 $P(t), Q(t)$ を t の多項式とするとき，演算子 D に対して，つぎのおのおのが成り立つ．
（Ⅰ） $P(D)(k_1 y_1 + k_2 y_2) = k_1 P(D)y_1 + k_2 P(D)y_2$
（Ⅱ） $\{P(D) + Q(D)\}y = P(D)y + Q(D)y$
（Ⅲ） $\{P(D)Q(D)\}y = P(D)\{Q(D)y\}$
が得られる．

● **微分演算子の公式** ● 演算子法の基礎になる公式がつぎの結果である．

演算子の基本性質（⇨例題9, 問題9.1）
Ⅰ (1) $P(D)e^{ax} = P(a)e^{ax}$
　(2) $P(D^2)\sin(ax+b) = P(-a^2)\sin(ax+b)$
　(3) $P(D^2)\cos(ax+b) = P(-a^2)\cos(ax+b)$
Ⅱ (4) $P(D)\{e^{ax}f(x)\} = e^{ax}P(D+a)f(x)$
　(5) $P(D)\{x\cdot f(x)\} = P'(D)f(x) + x\cdot P(D)f(x)$

● **逆演算子** ● $P(t)$ を t の多項式とする．関数 $g(x)$ に対して
$$P(D)y = g(x) \text{ となる関数 } y \text{ を } \frac{1}{P(D)}g(x)$$

で表す．$\dfrac{1}{P(D)}$ を演算子 $P(D)$ の**逆演算子**という．特に

$$\dfrac{1}{D}f(x) = \int f(x)\,dx$$

である．さらにつぎのように定める．

$$\dfrac{R(D)}{P(D)}g(x) = \dfrac{1}{P(D)}\{R(D)g(x)\}$$

● **逆演算子の公式** ● まず $\dfrac{1}{P(D)}g(x)$ は $P(D)h(x) = 0$ となる $h(x)$ を除いて定まる値である．ここで逆演算子についての一般公式を調べる．

定理7 （I）$\left(\dfrac{1}{P(D)} + \dfrac{1}{Q(D)}\right)g(x) = \dfrac{1}{P(D)}g(x) + \dfrac{1}{Q(D)}g(x)$

（II）$\dfrac{1}{P(D)Q(D)}g(x) = \dfrac{1}{P(D)}\left(\dfrac{1}{Q(D)}g(x)\right)$

逆演算子の基本性質（⇨ 例題 10, 問題 10.1）

（I）$\dfrac{1}{P(D)}\{e^{ax}f(x)\} = e^{ax}\dfrac{1}{P(D+a)}f(x)$　ただし $P(D+a) \neq 0$

（II）$\dfrac{1}{P(D)}\{xf(x)\} = x\cdot\dfrac{1}{P(D)}f(x) + \left(\dfrac{1}{P(D)}\right)'f(x)$

（III）$\dfrac{1}{P(D^2)}\sin(bx+c) = \dfrac{1}{P(-b^2)}\sin(bx+c)$　ただし $P(-b^2) \neq 0$

（IV）$\dfrac{1}{P(D^2)}\cos(bx+c) = \dfrac{1}{P(-b^2)}\cos(bx+c)$　ただし $P(-b^2) \neq 0$

線形微分方程式への応用としてしばしば用いられるのがつぎの公式群である．

（V）$\dfrac{1}{D-a}f(x) = e^{ax}\int e^{-ax}f(x)\,dx$（⇨ 例題 11）

$\dfrac{1}{(D-a)^m}e^{bx} = \dfrac{1}{(b-a)^m}e^{bx}$　$(a \neq b)$　（⇨ 例題 11）

$\dfrac{1}{(D-a)^m}e^{bx} = \dfrac{1}{m!}x^m e^{ax}$　$(a = b)$　（⇨ 例題 11）

(VI) $\dfrac{1}{D^2+a^2}\sin ax = -\dfrac{1}{2a}x\cos ax$ （⇨問題 13.2）

$\dfrac{1}{D^2+a^2}\cos ax = \dfrac{1}{2a}x\sin ax$ （⇨問題 13.2）

$\dfrac{1}{D^2+a^2}x\sin ax = \dfrac{1}{4a^2}(x\sin ax - ax^2\cos ax),$

$\dfrac{1}{D^2+a^2}x\cos ax = \dfrac{1}{4a^2}(x\cos ax + ax^2\sin ax)$

(VII) $f(x)$ を k 次の多項式とする．
$$P(t) = t^m \cdot Q(t), \quad Q(0) \neq 0$$
のように t の累乗をくくり出し
$$\dfrac{1}{Q(t)} = a_0 + a_1 t + \cdots + a_k t^k + \cdots,$$
をマクローリン展開とする．このときつぎが成り立つ．

$$\dfrac{1}{P(D)}f(x) = \dfrac{1}{D^m}(a_0 + a_1 D + \cdots + a_k D^k)f(x) \quad (\Rightarrow 問題 13.3)$$

追記 さらに詳しく，つぎの諸結果が示される．

定理 8 任意の関数 $f(x)$ と任意の正の整数 m に対して

$$P(D)[x^m f(x)] = \sum_{k=0}^{m}\binom{m}{k}x^{m-k}P^{(k)}(D)f(x),$$

$$\dfrac{1}{P(D)}[x^m f(x)] = \sum_{k=0}^{m}\binom{m}{k}x^{m-k}\left(\dfrac{1}{P(D)}\right)^{(k)}f(x),$$

$$\dfrac{1}{(D-a)^2+b^2}f(x) = \dfrac{e^{ax}\sin bx}{b}\int e^{-ax}\cos bx f(x)\,dx$$
$$\qquad -\dfrac{e^{ax}\cos bx}{b}\int e^{-ax}\sin bx f(x)\,dx \quad (b \neq 0)$$

$$\dfrac{1}{D^2+b^2}f(x) = \dfrac{\sin bx}{b}\int \cos bx f(x)\,dx - \dfrac{\cos bx}{b}\int \sin bx f(x)\,dx \quad (b \neq 0)$$

はじめの 2 式は II, (5) と (II) を一般にしたものであり，m についての帰納法で示される．あとの 2 式は逆演算子の定義による．

例題 9 ─────────────────── 演算子の基本性質 II の証明 ─

つぎの結果を確かめよ．
(1) $P(D)\{e^{ax}f(x)\} = e^{ax}P(D+a)f(x)$
(2) $P(D)\{x \cdot f(x)\} = P'(D)f(x) + x \cdot P(D)f(x)$

解答 (1) $P(D) = D^n$ のときを示す．一般に x の関数 u, v に対して

$$D^n(uv) = D^n u \cdot v + \cdots + {}_nC_r D^{n-r} u \cdot D^r v + \cdots + u \cdot D^n v$$

特に $u = e^{ax}, v = f(x)$ のときつぎのようになる．

$$\begin{aligned}
D^n(e^{ax}f(x)) &= e^{ax}\{a^n f(x) + na^{n-1} \cdot Df(x) + \cdots \\
&\quad + {}_nC_r a^{n-r} \cdot D^r f(x) + \cdots + D^n f(x)\} \\
&= e^{ax}\{a^n + na^{n-1}D + \cdots + {}_nC_r a^{n-r} D^r + \cdots + D^n\}f(x) \\
&= e^{ax} \cdot (D+a)^n f(x)
\end{aligned}$$

一般に $P(D)$ が D の多項式のときは，これを定数倍して加えればよい．

(2) これも $P(D) = D^n$ のときを示す．ここでも

$$D^n(uv) = D^n u \cdot v + \cdots + {}_nC_r D^{n-r} u \cdot D^r v + \cdots + nDu D^{n-1} v + u \cdot D^n v$$

を用いて

$$D^n(x \cdot f(x)) = nD^{n-1} f(x) + x \cdot D^n f(x)$$

一般に $P(D)$ が D の多項式のときは，これを定数倍して加えればよい．

〜〜 **問　題** 〜〜〜〜〜〜〜〜〜〜〜〜〜〜〜〜〜〜〜〜〜〜〜〜〜〜〜〜〜〜〜〜〜

9.1 $P(D) = D^m$ のとき，つぎの結果を確かめよ．
(1) $P(D)e^{ax} = P(a)e^{ax}$
(2) $P(D^2)\sin(ax+b) = P(-a^2)\sin(ax+b)$
(3) $P(D^2)\cos(ax+b) = P(-a^2)\cos(ax+b)$

9.2 $P(D) = D^m$ のとき，例題の結果を用いてつぎの各値を計算せよ．
(1) $P(D)(x^2 e^{ax})$
(2) $P(D^2)(x \sin ax)$

---例題 10--------------------------------逆演算子の基本性質（I）・（II）---

前例題の結果を用いて，つぎの各々を証明せよ．

（1） $\dfrac{1}{P(D)}\{e^{ax}f(x)\} = e^{ax}\dfrac{1}{P(D+a)}f(x), \quad P(D+a) \neq 0$

（2） $\dfrac{1}{P(D)}\{xf(x)\} = x\cdot\dfrac{1}{P(D)}f(x) + \left(\dfrac{1}{P(D)}\right)' f(x)$

注意 (2) で $\left(\dfrac{1}{P(D)}\right)'$ は，$-\dfrac{P'(D)}{P(D)^2}$ を指す．

解答 $\dfrac{1}{P(D)}g(x) = h(x) \iff P(D)h(x) = g(x)$ を用いる．

(1) $P(D) \cdot$（右辺）を作る．前例題の (1) から

$$P(D)\left\{e^{ax}\dfrac{1}{P(D+a)}f(x)\right\} = e^{ax}P(D+a)\cdot\dfrac{1}{P(D+a)}f(x)$$
$$= e^{ax}f(x)$$

(2) これも $P(D) \cdot$（右辺）を作る．前例題の (2) から

$$P(D)\left\{x\cdot\dfrac{1}{P(D)}f(x) - \dfrac{P'(D)}{P(D)^2}f(x)\right\}$$
$$= P'(D)\dfrac{1}{P(D)}f(x) + x\cdot f(x) - \dfrac{P'(D)}{P(D)}f(x)$$
$$= x\cdot f(x)$$

とくに $f(x) = 1$ のとき，つぎの結果をうる．

$$\dfrac{1}{P(D)}e^{ax} = e^{ax}\cdot\dfrac{1}{P(a)} \qquad (P(a) \neq 0)$$

$$\dfrac{1}{P(D)}x = \dfrac{1}{P(0)}x - \dfrac{P'(0)}{P(0)^2} \qquad (P(0) \neq 0)$$

問題

10.1 つぎを証明せよ（逆演算子の基本性質 (III)・(IV)）．

(1) $\dfrac{1}{P(D^2)}\sin(bx+c) = \dfrac{1}{P(-b^2)}\sin(bx+c)$ ただし $P(-b^2) \neq 0$

(2) $\dfrac{1}{P(D^2)}\cos(bx+c) = \dfrac{1}{P(-b^2)}\cos(bx+c)$ ただし $P(-b^2) \neq 0$

―― 例題 11 ―――――――――――――――――― 逆演算子の基本性質（V）――

任意の関数 $f(x)$ に対して
$$\frac{1}{D-a}f(x) = e^{ax}\int e^{-ax}f(x)\,dx$$
となることを証明せよ．これを用いてつぎが成り立つことを示せ．
$$\frac{1}{(D-a)^m}e^{bx} = \frac{1}{(b-a)^m}e^{bx} \quad (a \neq b)$$
$$\frac{1}{(D-a)^m}e^{bx} = \frac{1}{m!}x^m e^{ax} \quad (a = b)$$

[解答]　前例題を $P(D) = D - a$ に適用すると，
$$\frac{1}{D-a}f(x) = \frac{1}{D-a}\{e^{ax}e^{-ax}f(x)\} = e^{ax}\frac{1}{D}\{e^{-ax}f(x)\} = e^{ax}\int e^{-ax}f(x)\,dx$$
特に，$f(x) = e^{bx}$ とすると
$$\frac{1}{D-a}e^{bx} = e^{ax}\int e^{-ax}e^{bx}\,dx = \begin{cases} e^{bx}/(b-a) & (a \neq b) \\ xe^{ax} & (a = b) \end{cases}$$
また，$a \neq b$ のときは
$$\frac{1}{(D-a)^2}e^{bx} = \frac{1}{D-a}\left\{\frac{1}{D-a}e^{bx}\right\} = \frac{1}{b-a}\frac{1}{D-a}e^{bx} = \frac{1}{(b-a)^2}e^{bx}$$
一般には帰納法により，結論が得られる．

$a = b$ のときも，$m = k$ まで正しいと仮定して前半の結果を用いると
$$\frac{1}{(D-a)^{k+1}}e^{ax} = \frac{1}{D-a}\left\{\frac{1}{(D-a)^k}e^{ax}\right\} = \frac{1}{D-a}\left\{\frac{1}{k!}x^k e^{ax}\right\}$$
$$= \frac{1}{k!}e^{ax}\int x^k\,dx = \frac{1}{(k+1)!}x^{k+1}e^{ax}$$
となり，$m = k+1$ のときも成り立つ．

❈❈ 問　題 ❈❈❈❈❈❈❈❈❈❈❈❈❈❈❈❈❈❈❈❈❈❈❈❈❈❈❈❈

11.1 つぎの等式を示せ．ただし $a^2 \neq b^2$ とする．

(1) $\dfrac{1}{D^2 + a^2}\sin bx = \dfrac{\sin bx}{a^2 - b^2}$ 　　(2) $\dfrac{1}{D^2 + a^2}\cos bx = \dfrac{\cos bx}{a^2 - b^2}$

11.2 つぎの計算をせよ．

(1) $\dfrac{1}{D-a}x$ 　　(2) $\dfrac{1}{(D-a)^2}x$ 　　(3) $\dfrac{1}{D^2 - 3D + 2}xe^x$

(4) $\dfrac{1}{D^2 - 2D + 1}e^x \sin x$ 　　(5) $\dfrac{1}{D^2 - 2D + 2}e^x \cos x$

例題 12 ─────────────────────────── 部分分数法 ─

$P(t) = (t-a)(t-b)$ で $a \neq b$ とすると
$$\frac{1}{P(D)}f(x) = \frac{1}{a-b}\left\{\frac{1}{D-a}f(x) - \frac{1}{D-b}f(x)\right\}$$
であることを示せ. つぎに, これを用いて
$$\frac{1}{(D+1)(D-1)(D-2)}e^x$$
を計算せよ.

─────────────────────────────────────

解答 $P(D) = (D-a)(D-b)$ であるから,

$$P(D)\left\{\frac{1}{a-b}\frac{1}{D-a}f(x) - \frac{1}{a-b}\frac{1}{D-b}f(x)\right\} = \frac{1}{a-b}\{(D-b)f(x) - (D-a)f(x)\} = f(x)$$

$$\therefore \quad \frac{1}{P(D)}f(x) = \frac{1}{a-b}\left\{\frac{1}{D-a}f(x) - \frac{1}{D-b}f(x)\right\}$$

つぎに $\frac{1}{(t+1)(t-1)} = \frac{1}{2}\left(\frac{1}{t-1} - \frac{1}{t+1}\right)$ であるから,

$$\frac{1}{(D+1)(D-1)(D-2)}e^x = \frac{1}{2}\left\{\frac{1}{D-1}\left(\frac{1}{D-2}e^x\right) - \frac{1}{D+1}\left(\frac{1}{D-2}e^x\right)\right\}$$

さらに,

$$\frac{1}{(t-1)(t-2)} = \frac{1}{t-2} - \frac{1}{t-1}, \quad \frac{1}{(t+1)(t-2)} = \frac{1}{3}\left(\frac{1}{t-2} - \frac{1}{t+1}\right)$$

より

$$\frac{1}{(D+1)(D-1)(D-2)}e^x = \frac{1}{2}\left(\frac{1}{D-2}e^x - \frac{1}{D-1}e^x\right) - \frac{1}{6}\left(\frac{1}{D-2}e^x - \frac{1}{D+1}e^x\right)$$

$$= \frac{1}{2}(-e^x - xe^x) - \frac{1}{6}\left(-e^x - \frac{1}{2}e^x\right) = -\frac{1}{4}e^x(1+2x)$$

注意 $P(t)$ が 1 次式に分解される場合である. 一般に, $P(t) = (t-t_1)(t-t_2)\cdots(t-t_n)$ で $t_1, t_2, \cdots, t_n$ が相異なるときは,

$$\frac{1}{P(D)}f(x) = \sum_{k=1}^{n}\frac{1}{P'(t_k)}\frac{1}{D-t_k}f(x)$$

が成り立つ (⇨ 例題 15, 注意).

～～～ **問 題** ～～～～～～～～～～～～～～～～～～～～～～～～～

12.1 つぎの式を計算せよ.

(1) $\dfrac{1}{(D-2)(D-3)}e^{2x}$ (2) $\dfrac{1}{D^2-3D+2}xe^{2x}$ (3) $\dfrac{1}{D^2-3D+2}\cos x$

(4) $\dfrac{1}{D^2-2D-3}x$ (5) $\dfrac{1}{(D-1)(D-2)(D-3)}e^x$

4.2 演算子法

―― **例題 13** ――――――――― 基本性質 (VII)・(II)・(III)・(IV) の利用 ――

つぎの各式を計算せよ.

(1) $\dfrac{1}{(D+1)^2}(x^2+x)$　　(2) $\dfrac{1}{D^2+4}x\cos x$

[解答] (1) $\dfrac{1}{(\lambda+1)^2} = 1 - 2\lambda + 3\lambda^2 - \cdots$

と展開できるから,

$$\dfrac{1}{(D+1)^2}(x^2+x) = (1 - 2D + 3D^2)(x^2+x)$$
$$= x^2 + x - 2(2x+1) + 3\cdot 2 = x^2 - 3x + 4$$

(2) $f(x) = \cos x$ として (II) を適用すると,

$$\dfrac{1}{D^2+4}x\cos x = x\dfrac{1}{D^2+4}\cos x - \dfrac{2D}{(D^2+4)^2}\cos x$$

ここで, $P(D) = D + 4$ として (IV) を利用すると,

$$x\dfrac{1}{D^2+4}\cos x = x\dfrac{1}{-1+4}\cos x = \dfrac{1}{3}x\cos x$$

また, $P(D) = (D+4)^2$ として (IV) を利用して

$$\dfrac{2D}{(D^2+4)^2}\cos x = 2D\left[\dfrac{1}{(-1+4)^2}\cos x\right] = \dfrac{2}{9}D\cos x = -\dfrac{2}{9}\sin x$$

$$\therefore \dfrac{1}{D^2+4}x\cos x = \dfrac{1}{3}x\cos x + \dfrac{2}{9}\sin x$$

問題

13.1 つぎの各式を計算せよ.

(1) $\dfrac{1}{D^2+D+1}x^2$　　(2) $\dfrac{1}{D-1}x^3$　　(3) $\dfrac{1}{D^3+1}(x^3+2x)$

(4) $\dfrac{1}{D^2+1}x\sin 2x$　　(5) $\dfrac{1}{(D^2+a^2)^2}\cos ax$　　(6) $\dfrac{1}{D^2-D+1}\sin 2x$

13.2 つぎの結果を確かめよ.

(1) $\dfrac{1}{D^2+a^2}\sin ax = -\dfrac{1}{2a}x\cos ax$

(2) $\dfrac{1}{D^2+a^2}\cos ax = \dfrac{1}{2a}x\sin ax$

13.3 基本公式 (VII) を証明せよ.

●定数係数の線形微分方程式への応用● 　定数係数の線形微分方程式

$$y'' + py' + qy = R(x)$$

は，$P(t) = t^2 + pt + q$ を用いて

$$P(D)y = R(x) \tag{4.7}$$

のように表される．これを解く手続きは，つぎの 1. と 2. である．

1. まずこれに同伴な方程式

$$P(D)y = 0 \tag{4.8}$$

の基本解 y_1, y_2 を求める．

2. つぎに (4.7) をみたす解の 1 つ（特殊解）y_0 を求める．それが

$$y_0 = \frac{1}{P(D)} R(x)$$

である．

●高階の定数係数の線形微分方程式●

$$y^{(n)} + p_1(x) y^{(n-1)} + \cdots + p_{n-1}(x) y' + p_n(x) y = r(x)$$

のような微分方程式を **n 階線形微分方程式**という．特に $n = 3$ のときはつぎの形となる．

$$y''' + p_1(x) y'' + p_2(x) y' + p_3(x) y = R(x)$$

となる．

ここでは特に係数が定数のときを，演算子法の応用として取り上げる．

$$y''' + p_1 y'' + p_2 y' + p_3 y = R(x)$$

定数係数では 2 階の場合と同じように，つぎの方程式を**特性方程式**という．

$$P(t) = t^3 + p_1 t^2 + p_2 t + p_3 = 0$$

このとき微分方程式は $P(D)y = R(x)$ となり，解は 2 階のときと同じように求めればよい．

1. $P(t)$ を因数分解して，基本解 y_1, y_2, y_3 を求める．

2. 特殊解は $y_0 = \dfrac{1}{P(D)} R(x)$

●特殊解の計算●

ここで，$R(x)$ の形にしたがって，特殊解の計算法を整理しておく．

I 　$R(x) = e^{ax}$（a は定数）の場合：（⇨例題 14）

II 　$R(x)$ が x の多項式の場合：（⇨例題 15）

III $R(x) = e^{ax}f(x)$ （a は定数で，$f(x)$ は x の多項式）の場合：

$$\frac{1}{P(D)}e^{ax}f(x) = e^{ax}\frac{1}{P(D+a)}f(x)$$

を用い，II の方法を用いる．

IV $R(x) = \cos(ax+b), \sin(ax+b)$ （a,b は定数）の場合：$\dfrac{1}{P(D)} = \dfrac{P_2(D)}{P_1(D^2)}$
と変形しておけば，

$$\frac{1}{P(D)}R(x) = P_2(D)\left[\frac{1}{P_1(D^2)}R(x)\right]$$

ここで，$P_1(-a^2) \neq 0$ ならば，(III) を適用する．$P_1(-a^2) = 0$ のときは，

$$P_1(D^2) = (D^2 + a^2)^m P_3(D^2), \quad P_3(-a^2) \neq 0$$

と変形して，

$$\frac{1}{P_1(D^2)}R(x) = \frac{1}{(D^2+a^2)^m P_3(D^2)}R(x) = \frac{1}{P_3(-a^2)}\frac{1}{(D^2+a^2)^m}R(x)$$

を得る：(⇨ 例題 16)

V $R(x) = e^{ax}\cos(bx+c), e^{ax}\sin(bx+c)$ （a,b,c は定数）の場合：

$$\frac{1}{P(D)}e^{ax}\cos(bx+c) = e^{ax}\frac{1}{P(D+a)}\cos(bx+c),$$

$$\frac{1}{P(D)}e^{ax}\sin(bx+c) = e^{ax}\frac{1}{P(D+a)}\sin(bx+c)$$

を用いる．

● **定数係数連立線形微分方程式**● $P_{ij}(D)(i,j=1,2)$ を定数係数の D に関する多項式とし，$R_i(x)(i=1,2)$ を与えられた関数とするとき，

$$\begin{cases} P_{11}(D)y + P_{12}(D)z = R_1(x) \\ P_{21}(D)y + P_{22}(D)z = R_2(x) \end{cases} \tag{4.9}$$

のような形の組み合わされた微分方程式を，**定数係数連立線形微分方程式**という．

I $P_{22}(D)$ を第 1 式に，$P_{12}(D)$ を第 2 式に作用させて両辺をそれぞれ引く，

$$\Delta(D)y = P_{22}(D)R_1(x) - P_{12}(D)R_2(x)$$

ただし，

$$\Delta(D) = P_{11}(D)P_{22}(D) - P_{12}(D)P_{21}(D)$$

II y についてと全く同じ方法，あるいは，上で求めた y を (4.9) の方程式の 1 つに代入して z を求める．

III 上で求めた y, z が与えられた連立微分方程式の解となるように，任意定数の間の関係を求める．

例題 14 ─────────────────── 演算子法（1）

演算子法を用いて，つぎの微分方程式を解け．
（1） $y''' - y' = e^x$　　（2） $y''' + 4y'' + 4y' = e^{-2x}$

[解答] （1） $(D^3 - D)y = e^x$, $D(D-1)(D+1)y = e^x$ とかけるから，余関数は
$$C_1 + C_2 e^x + C_3 e^{-x}$$
である．また，
$$\frac{1}{D^3 - D}e^x = \frac{1}{D-1}\left\{\frac{1}{D(D+1)}e^x\right\} = \frac{1}{D-1}\left\{\frac{1}{1(1+1)}e^x\right\}$$
$$= \frac{1}{2}\frac{1}{D-1}e^x = \frac{1}{2}xe^x \quad (\Rightarrow \text{p.56 基本性質 (V)})$$
ゆえに，一般解は
$$y = C_1 + C_2 e^x + C_3 e^{-x} + \frac{1}{2}xe^x$$
である．

（2） $(D^3 + 4D^2 + 4D)y = e^{-2x}$, $D(D+2)^2 y = e^{-2x}$ とかけるから，余関数は
$$C_1 + (C_2 + C_3 x)e^{-2x}$$
である．また，
$$\frac{1}{D^3 + 4D^2 + 4D}e^{-2x} = \frac{1}{(D+2)^2}\left(\frac{1}{D}e^{-2x}\right) = \frac{1}{(D+2)^2}\left(-\frac{1}{2}e^{-2x}\right)$$
$$= -\frac{1}{2}\frac{1}{(D+2)^2}e^{-2x} = -\frac{1}{2} \cdot \frac{1}{2!}x^2 e^{-2x} \quad (\Rightarrow \text{基本性質 (V)})$$
$$= -\frac{1}{4}x^2 e^{-2x}$$
をゆえに，一般解は
$$y = C_1 + (C_2 + C_3 x)e^{-2x} - \frac{1}{4}x^2 e^{-2x}$$
である．

問題

14.1 つぎの微分方程式を解け．
（1） $(D^3 + 2D^2 - D - 2)y = e^{2x}$　　（2） $(D^3 - 3D^2 + 3D - 1)y = e^x$
（3） $(D^2 - 4)(D+3)y = e^{5x}$　　（4） $(D^3 - 6D^2 + 11D - 6)y = e^{4x}$

14.2 つぎの微分方程式を解け．
（1） $(D^2 + 5D + 6)y = e^{5x} + e^{-x}$　　（2） $(D^2 - 4)y = 3e^{2x} + 4e^{-x}$

---例題 15--演算子法（2）---

つぎの微分方程式を解け．
$$(D^3 + D^2 - 2D)y = x^2$$

[解答] この方程式は $D(D-1)(D+2)y = x^2$ とかき直せるから，余関数は
$$C_1 + C_2 e^x + C_3 e^{-2x}$$
である．$P_1(\lambda) = (\lambda - 1)(\lambda + 2)$ とおくと

$$\frac{1}{P_1(\lambda)} = \frac{1}{3}\left(\frac{1}{\lambda - 1} - \frac{1}{\lambda + 2}\right) = \frac{1}{3}\left\{(-1 - \lambda - \lambda^2 - \cdots) - \left(\frac{1}{2} - \frac{\lambda}{4} + \frac{\lambda^2}{8} - \cdots\right)\right\}$$

$$= -\frac{1}{2}\left(1 + \frac{1}{2}\lambda + \frac{3}{4}\lambda^2 + \cdots\right)$$

ゆえに，基本性質 (VII) (⇨p.56) を適用して，

$$\frac{1}{D^3 + D^2 - 2D} x^2 = \frac{1}{D}\left\{\frac{1}{(D-1)(D+2)} x^2\right\} = \frac{1}{D}\left\{-\frac{1}{2}\left(1 + \frac{1}{2}D + \frac{3}{4}D^2\right)x^2\right\} \quad (\Rightarrow \text{定理 8})$$

$$= \frac{1}{D}\left(-\frac{1}{2}x^2 - \frac{1}{2}x - \frac{3}{4}\right) = -\left(\frac{1}{6}x^3 + \frac{1}{4}x^2 + \frac{3}{4}x\right)$$

したがって，一般解は
$$y = C_1 + C_2 e^x + C_3 e^{-2x} - \left(\frac{1}{6}x^3 + \frac{1}{4}x^2 + \frac{3}{4}x\right)$$
である．

[注意] p.60 の注意を用いて，つぎのように計算することもできる．
$$P(D) = D^3 + D^2 - 2D = D(D-1)(D+2)$$
とおくと
$$\frac{1}{P(D)}x^2 = \frac{1}{P'(0)}\left(\frac{1}{D}x^2\right) + \frac{1}{P'(1)}\left(\frac{1}{D-1}x^2\right) + \frac{1}{P'(-2)}\left(\frac{1}{D+2}x^2\right)$$

$$= -\frac{1}{2}\frac{x^3}{3} + \frac{1}{3}(-x^2 - 2x - 2) + \frac{1}{6}\left(\frac{x^2}{2} - \frac{x}{2} + \frac{1}{4}\right)$$

$$= -\left(\frac{1}{6}x^3 + \frac{1}{4}x^2 + \frac{3}{4}x\right) - \frac{15}{24}$$

となる．定数は C_1 と一緒にして，上と同じようになる．

問題

15.1 つぎの微分方程式を解け．

(1) $(D-1)y = x^3 + 2x$ 　　　　(2) $D(D^2 - 4)y = 5x^3 + 2$

(3) $(D^3 - 7D^2 + 6)y = x^2$ 　　　(4) $(D^3 + 4D^2 + 3D)y = x^3$

(5) $(D^3 - 3D^2 + 4D - 2)y = x^2 + e^x$ 　(6) $(D^3 - 2D)y = e^{2x} - x$

(7) $(D^5 - 2D^4 + D^3)y = x^2 + e^{2x}$

---例題 16---演算子法 (3)---

つぎの微分方程式を解け．
$$(D^2 - D + 1)y = \sin 2x$$

[解答] つぎの結果を用いる．(⇨ 問題 10.1)

(1) $\dfrac{1}{P(D^2)} \sin(bx + c) = \dfrac{1}{P(-b^2)} \sin(bx + c)$ ただし $P(-b^2) \neq 0$

(2) $\dfrac{1}{P(D^2)} \cos(bx + c) = \dfrac{1}{P(-b^2)} \cos(bx + c)$ ただし $P(-b^2) \neq 0$

同次方程式の特性方程式は $\lambda^2 - \lambda + 1$ であり，2 根は $\dfrac{1}{2} \pm \dfrac{\sqrt{3}}{2}i$ であるから，余関数は

$$e^{\frac{x}{2}} \left(C_1 \cos \frac{\sqrt{3}}{2}x + C_2 \sin \frac{\sqrt{3}}{2}x \right)$$

である．特殊解は

$$\frac{1}{D^2 - D + 1} \sin 2x = \frac{1}{(D^2 + 1) - D} \sin 2x = \frac{(D^2 + 1) + D}{(D^2 + 1)^2 - D^2} \sin 2x$$

$$= \frac{D^2 + 1}{(D^2 + 1)^2 - D^2} \sin 2x + \frac{1}{(D^2 + 1)^2 - D^2}(D \sin 2x)$$

$$= \frac{(D^2 + 1)}{(D^2 + 1)^2 - D^2} \sin 2x + \frac{2}{(D^2 + 1)^2 - D^2} \cos 2x$$

$$= \frac{-4 + 1}{(-4 + 1)^2 + 4} \sin 2x + \frac{2}{(-4 + 1)^2 + 4} \cos 2x \quad (\Rightarrow \text{(IV)})$$

$$= -\frac{1}{13}(3 \sin 2x - 2 \cos 2x)$$

ゆえに，一般解は

$$y = e^{\frac{x}{2}} \left(C_1 \cos \frac{\sqrt{3}}{2}x + C_2 \sin \frac{\sqrt{3}}{2}x \right) - \frac{1}{13}(3 \sin 2x - 2 \cos 2x)$$

で与えられる．

～～ 問　題 ～～～～～～～～～～～～～～～～～～～～～～

16.1 つぎの微分方程式を解け．

(1) $(D^2 - 5D + 6)y = \cos 2x$ (2) $(D^4 + 2D^2 + 1)y = \sin x$

(3) $(D^4 + 5D^2 + 4)y = \sin 3x$ (4) $(D^3 + 3D^2 - 4D - 12)y = \cos 4x$

(5) $(D^3 + 6D^2 + 11D + 6)y = 2\sin 3x$

(6) $(D^2 - 3D + 2)y = e^x + \cos x$ (7) $(D^3 + D^2 - D - 1)y = \sin^2 x$

例題 17 ──────────────────────── 連立微分方程式 (1)

つぎは x の関数 y, z の連立微分方程式である．x の関数 y, z を求めよ．

(1) $\begin{cases} (D-1)y - 2z = 0 \\ y + (D-4)z = 0 \end{cases}$ (2) $\begin{cases} Dy + 2z = \cos x \\ -y + Dz = -\sin x \end{cases}$

解答 (1) 第 1 式に $D-4$ を作用させたものと第 2 式を 2 倍したものの和を作る．

$$(D-1)(D-4)y - 2(D-4)z = 0$$
$$+) \qquad\qquad 2y + 2(D-4)z = 0$$
$$\overline{\qquad (D^2 - 5D + 6)y = 0 \qquad}$$

これは $(D-2)(D-3)y = 0$ とかき直せるから，$y = C_1 e^{2x} + C_2 e^{3x}$ を得る．つぎに，これを第 1 式に代入すると

$$z = \frac{1}{2}(D-1)(C_1 e^{2x} + C_2 e^{3x}) = \frac{1}{2}C_1 e^{2x} + C_2 e^{3x}$$

(2) 第 1 式に D を作用させたものと第 2 式を 2 倍したものの差を作る．

$$D^2 y + 2Dz = D\cos x = -\sin x$$
$$-) \quad -2y + 2Dz \qquad\quad = -2\sin x$$
$$\overline{\qquad (D^2 + 2)y = \sin x \qquad}$$

この微分方程式の余関数は $C_1 \cos\sqrt{2}x + C_2 \sin\sqrt{2}x$ で，特殊解は

$$\frac{1}{D^2 + 2}\sin x = \frac{1}{-1+2}\sin x = \sin x \quad (\Rightarrow 問題 10.1)$$

$$\therefore \quad y = C_1 \cos\sqrt{2}x + C_2 \sin\sqrt{2}x + \sin x$$

これを第 1 式に代入して，

$$z = \frac{1}{2}\cos x - \frac{1}{2}D(C_1 \cos\sqrt{2}x + C_2 \sin\sqrt{2}x + \sin x)$$
$$= \frac{\sqrt{2}}{2}(C_1 \sin\sqrt{2}x - C_2 \cos\sqrt{2}x)$$

問題

17.1 つぎの連立微分方程式を解け．

(1) $\begin{cases} Dy - z = 0 \\ y + (D-2)z = 0 \end{cases}$ (2) $\begin{cases} (D-3)y - 2z = 0 \\ y + (D-1)z = 0 \end{cases}$

(3) $\begin{cases} (D+1)y - 2z = x^2 \\ y + (D-1)z = 1 \end{cases}$ (4) $\begin{cases} (D+2)y + 5z = e^{2x} \\ 4y + (D+3)z = e^x \end{cases}$

(5) $\begin{cases} (D+2)y + (D+1)z = x \\ 5y + (D+3)z = e^x \end{cases}$ (6) $\begin{cases} (D+3)y + Dz = \sin x \\ (D-1)y + z = \cos x \end{cases}$

---例題 18--------------------連立微分方程式 (2)---

つぎは x の関数 y, z の連立微分方程式である．x の関数 y, z を求めよ．

$$\begin{cases}(D^2+D+1)y+D^2z=x\\ Dy+(D-1)z=x^2\end{cases}$$

[解答] 第1式に $D-1$ を作用させると

$$(D-1)(D^2+D+1)y+D^2(D-1)z$$
$$=(D-1)x=1-x$$

第2式に D^2 を作用させると

$$D^3y+D^2(D-1)z=D^2x^2=2$$

この2式の差を作ると

$$\{(D-1)(D^2+D+1)-D^3\}y=-x-1,$$
$$\therefore\ -y=-x-1$$
$$\therefore\ y=x+1$$

これを第1式に代入すると

$$(D^2+D+1)(x+1)+D^2z=x$$

これを整理すると

$$D^2z=x-(x+2)=-2$$
$$\therefore\ z=-x^2+C_1x+C_2$$

さらに，この y, z を第2式に代入して係数を比較する．

$$Dy+(D-1)z=D(x+1)+(D-1)(-x^2+C_1x+C_2)$$
$$=x^2-(C_1+2)x+(C_1-C_2+1)$$
$$=x^2$$
$$\therefore\ C_1=-2,\quad C_2=-1,\quad z=-x^2-2x-1=-(x+1)^2$$

[注意] z を求めるには，y を求めたのと全く同じ方法を用いてもよい．第1式に D を，第2式に D^2+D+1 を作用させて差を作る．

$$D(D^2+D+1)y+D^3z=Dx=1$$
$$\underline{-)D(D^2+D+1)y+(D^2+D+1)(D-1)z=(D^2+D+1)x^2=x^2+2x+2}$$
$$z=-x^2-2x-1=-(x+1)^2$$

4.2 演算子法

|追記| 基本解を求めるのにも逆演算子を利用することができる．まず 1 階線形微分方程式
$$(D-a)y=0$$
の解は ce^{ax} である．つぎに 2 階線形微分方程式
$$(D^2+pD+q)y=0$$
において
$$D^2+pD+q=(D-a)(D-b) \qquad (a,b \text{ は実数})$$
であるとする．するとこの方程式は
$$(D-a)\{(D-b)y\}=0$$
と表されるので
$$(D-b)y=c_1 e^{ax} \qquad (1\text{ 階線形})$$
$$y=\frac{1}{D-b}c_1 e^{ax}=c_1 e^{bx}\int e^{-bx}e^{ax}\,dx=c_1 e^{bx}\int e^{(a-b)x}\,dx$$
そこで $a \ne b$ ならば $y=c_1 e^{bx}\cdot\left(\frac{1}{a-b}e^{(a-b)x}+c_2\right)$
$$(\text{定数をかきかえて})=c_1 e^{ax}+c_2 e^{bx}$$
となる．

またこれをくりかえして n 階線形微分方程式
$$P(D)y=0$$
において，特性方程式が相異なる n 個の解をもつ，すなわち
$$P(D)=(D-a_1)(D-a_2)\cdots(D-a_n) \qquad (\alpha_i \ne \alpha_j)$$
であるとすると，この微分方程式の解はつぎのようになる．
$$y=c_1 e^{a_1 x}+c_2 e^{a_2 x}+\cdots+c_n e^{a_n x}$$

問題

18.1 つぎの連立微分方程式を解け．

(1) $\begin{cases} (D^2+D+1)y+(D^2+1)z=e^{2x} \\ (D+1)y+Dz=1 \end{cases}$

(2) $\begin{cases} (D^2+1)y+(D^2+D+1)z=x \\ Dy+(D+1)z=e^x \end{cases}$

(3) $\begin{cases} (D^2+1)y+z=e^{2x} \\ D^4 y+(D^2-1)z=x \end{cases}$

(4) $\begin{cases} (D-1)x+4y-z=0 \\ (D+2)y-z=0 \\ (D-4)z=0 \end{cases}$

5 微分方程式の級数解

これまでにも述べたように，2階線形微分方程式の階は，一般には求積法で求めることはできない．しかし特殊解を1つ知ればよいことに着目すると，解の級数展開を用いる方法が考えられる．それがこの章の考えである．

5.1 級 数 解

●**解析的な係数のとき**● 関数 $f(x)$ が，点 $x=a$ において，

$$f(x) = \sum_{n=0}^{\infty} a_n (x-a)^n$$

と整級数（テーラー級数）に展開され，右辺の級数が，

$$|x-a| < r \quad (r > 0)$$

で収束するとき，$f(x)$ は点 $x=a$ で**解析的**であるという．

定理1 微分方程式

$$y^{(n)} + P_1(x)y^{(n-1)} + \cdots + P_{n-1}(x)y' + P_n(x)y = R(x) \tag{5.1}$$

において，$P_1(x), P_2(x), \cdots, P_n(x)$ および $R(x)$ が，点 $x=a$ で解析的ならば，その任意の解は**解析的**である．

$P_1(x), P_2(x), \cdots, P_n(x)$ および $R(x)$ がすべて解析的であるような点を，この微分方程式の**正則点**，そうでない点を**特異点**という．

この定理を基にして，つぎのような解法ができる．

証明 微分方程式 (5.1) の各係数が，定理1の条件をみたせば，$P_1(x), P_2(x), \cdots, P_n(x)$ および $R(x)$ を $x=a$ のまわりの整級数に展開しておいて，

$$y = \sum_{n=0}^{\infty} c_n (x-a)^n \tag{5.2}$$

を方程式 (5.1) に代入して，未定係数法によって，係数 $c_0, c_1, \cdots, c_n, \cdots$ を求めることができるからである．

●**確定特異点をもつとき**● 同次微分方程式
$$y^{(n)} + P_1(x)y^{(n-1)} + \cdots + P_{n-1}(x)y' + P_n(x)y = 0 \tag{5.3}$$
において，$P_1(x), P_2(x), \cdots, P_n(x)$ は点 $x=a$ で解析的ではないが，
$$(x-a)P_1(x), \quad (x-a)^2 P_2(x), \quad \cdots, \quad (x-a)^n P_n(x)$$
はすべて，点 $x=a$ で解析的であるとき，点 $x=a$ はこの微分方程式の**確定特異点**（または**正則特異点**）であるという．

この場合
$$p_1(x) = (x-a)P_1(x),$$
$$p_2(x) = (x-a)^2 P_2(x),$$
$$\cdots,$$
$$p_n(x) = (x-a)^n P_n(x)$$
とおけば，与えられら微分方程式 (5.3) は
$$(x-a)^n y^{(n)} + (x-a)^{n-1} p_1(x) y^{(n-1)} + \cdots + (x-a) p_{n-1}(x) y' + p_n(x) y = 0 \tag{5.4}$$
となり，$p_1(x), p_2(x), \cdots, p_n(x)$ はすべて，$x=a$ で解析的である．

定理 2 微分方程式 (5.3) において，$x=a$ が確定特異点ならば，この微分方程式は，
$$y = (x-a)^\lambda \sum_{n=0}^\infty c_n (x-a)^n \qquad (c_0 \neq 0)$$
の形の解をもつ．

$n=2$ の場合は，つぎの定理によって λ を求めることができる．

定理 3 2 階同次線形微分方程式
$$(x-a)^2 y'' + (x-a) p(x) y' + q(x) y = 0 \tag{5.5}$$
において，$p(x), q(x)$ は点 $x=a$ で解析的で

$$p(x) = \sum_{n=0}^{\infty} a_n (x-a)^n,$$
$$q(x) = \sum_{n=0}^{\infty} b_n (x-a)^n \tag{5.6}$$

であるとする．このとき，微分方程式 (5.5) は

$$y = (x-a)^\lambda \sum_{n=0}^{\infty} c_n (x-a)^n$$

の形の解をもつ．

これらの級数を (5.5) に代入して，$(x-a)^\lambda$ の項の係数をみると，λ は

$$\lambda^2 + (a_0 - 1)\lambda + b_0 = 0 \tag{5.7}$$

の解である．(5.7) を微分方程式 (5.5) の**指数方程式**または**決定方程式**という．また，決定方程式 (5.7) の 2 つの解 λ_1, λ_2 とする．この解を**指数**という．

(ⅰ) $\lambda_1 - \lambda_2$ が整数でないときは，λ_1, λ_2 に対応する整級数解

$$y_1 = (x-a)^{\lambda_1} \sum_{n=0}^{\infty} c_n (x-a)^n,$$

$$y_2 = (x-a)^{\lambda_2} \sum_{n=0}^{\infty} d_n (x-a)^n$$

は一次独立で，一般解は y_1, y_2 の一次結合で表される．

(ⅱ) $\lambda_1 - \lambda_2 \geqq 0$ が整数のときは，

$$y_1 = (x-a)^{\lambda_1} \sum_{n=0}^{\infty} c_n (x-a)^n,$$

$$y_2 = c y_1(x) \log x + (x-a)^{\lambda_2} \sum_{n=0}^{\infty} d_n (x-a)^n$$

の形の一次独立な解をもち，一般解は y_1, y_2 の一次結合である．

λ_1 または λ_2 に対応する解を求めて，第 4 章の 4.1 節の方法を用いてもよい．

5.1 級数解

―― 例題 1 ――――――――――――――――――――― 整級数による解法 (1) ――

$x=0$ のまわりの整級数を用いて，微分方程式 $y'=x^2+y$ を解け．

[解答] $x=0$ はこの微分方程式の正則点であるから，$x=0$ のまわりの整級数解をもつ．いま，

$$y = \sum_{n=0}^{\infty} c_n x^n, \qquad y' = \sum_{n=1}^{\infty} n c_n x^{n-1}$$

を与えられた微分方程式に代入すると，

$$y' - x^2 - y = \sum_{n=1}^{\infty} n c_n x^{n-1} - x^2 - \sum_{n=0}^{\infty} c_n x^n$$

$$= (c_1 - c_0) + (2c_2 - c_1)x + (3c_3 - c_2 - 1)x^2 + \cdots$$

$$+ (n c_n - c_{n-1}) x^{n-1} + \cdots = 0$$

ゆえに，

$c_1 - c_0 = 0,\ 2c_2 - c_1 = 0,\ 3c_3 - c_2 - 1 = 0,\ \cdots,\ n c_n - c_{n-1} = 0 \quad (n \geq 4)$

したがって，

$$c_1 = c_0,\ c_2 = \frac{c_0}{2},\ c_3 = \frac{1+c_2}{3} = \frac{2+c_0}{3!},\ \cdots,$$

一般に

$$c_n = \frac{c_{n-1}}{n} = \cdots = \frac{2+c_0}{n!} \qquad (n \geq 4)$$

である．よって一般解は（c_0 を任意定数として）

$$y = c_0 + c_0 x + \frac{c_0}{2} x^2 + \frac{2+c_0}{3!} x^3 + \cdots + \frac{2+c_0}{n!} x^n + \cdots$$

$$= (2+c_0)\left(1 + x + \frac{x^2}{2!} + \frac{x^3}{3!} + \cdots + \frac{x^n}{n!} + \cdots \right) - x^2 - 2x - 2$$

$$= c e^x - x^2 - 2x - 2 \quad (c = c_0 + 2)$$

～～ **問 題** ～～～～～～～～～～～～～～～～～～～～～～～～～～～～～～

1.1 $x=0$ のまわりの整級数を用いて，つぎの微分方程式を解け．
   (1) $(1+x)y' - y = x(x+1)$ (2) $y' + 2xy = 1$
   (3) $y' - 2xy = x$ (4) $x(x+2)y' + (x+1)y = 1$

1.2 初期条件「$x=0$ のとき $y=1$」のもとで，つぎの微分方程式を，整級数を用いて解け．
   (1) $y' = 1 + x + y$ (2) $y' = y^2$

1.3 $x=1$ のまわりの整級数を用いて，微分方程式 $xy' = x + y$ を解け．

── 例題 2 ──────────────────── 整級数による解法 (2) ──

x の整級数を用いて,微分方程式 $y'' + xy' + 2y = x$ を解け.

[解答] $y = c_0 + c_1 x + c_2 x^2 + \cdots + c_n x^n + \cdots$ とおくと,

$$y' = c_1 + 2c_2 x + 3c_3 x^2 + \cdots + nc_n x^{n-1} + \cdots$$

$$y'' = 2c_2 + 2 \cdot 3c_3 x + 3 \cdot 4c_4 x^2 + \cdots + (n-1)nc_n x^{n-2} + \cdots$$

となる.これらを,与えられた微分方程式に代入すれば,

$$y'' + xy' + 2y = 2c_2 + 2 \cdot 3c_3 x + 3 \cdot 4c_4 x^2 + \cdots + n(n+1)c_{n+1} x^{n-1} + \cdots$$
$$+ c_1 x + 2c_2 x^2 + 3c_3 x^3 + \cdots + (n-1)c_{n-1} x^{n-1} + \cdots$$
$$+ 2c_0 + 2c_1 x + 2c_2 x^2 + \cdots + 2c_{n-1} x^{n-1} + \cdots$$
$$= 2(c_0 + c_2) + (2 \cdot 3c_3 + 3c_1)x + (3 \cdot 4c_4 + 4c_2)x^2 + \cdots$$
$$+ [n(n+1)c_{n+1} + \{(n-1)+2\}c_{n-1}]x^{n-1} + \cdots = x$$

係数を比べて,

$c_0 + c_2 = 0,\ 2 \cdot 3c_3 + 3c_1 = 1,\ \cdots,\ n(n+1)c_{n+1} + (n+1)c_{n-1} = 0 \quad (n \geq 3).$

これから順に,

$$c_2 = -c_0,\quad c_3 = \frac{1-3c_1}{2 \cdot 3} = \frac{1}{1 \cdot 2}\left(\frac{1-3c_1}{3}\right),\quad c_4 = (-1)^2 \frac{c_0}{3},\quad c_5 = \frac{-1}{2 \cdot 4}\left(\frac{1-3c_1}{3}\right),\cdots$$

一般に, $\quad c_{2n} = (-1)^n \dfrac{c_0}{1 \cdot 3 \cdots (2n-1)} \quad (n = 0, 1, 2, \cdots)$

$$c_{2n+1} = (-1)^{n-1} \frac{1}{1 \cdot 2 \cdot 4 \cdots (2n)} \cdot \frac{1-3c_1}{3} \quad (n = 1, 2, 3, \cdots)$$

よって,一般解は

$$y = c_0 \sum_{n=0}^{\infty} (-1)^n \frac{x^{2n}}{1 \cdot 3 \cdots (2n-1)} + \frac{1-3c_1}{3} \sum_{n=1}^{\infty} (-1)^{n-1} \frac{x^{2n+1}}{1 \cdot 2 \cdots (2n)} + c_1 x$$

$$= c_0 \sum_{n=0}^{\infty} (-1)^n \frac{2^n n!}{(2n)!} x^{2n} + d_0 \sum_{n=0}^{\infty} (-1)^{n+1} \frac{x^{2n+1}}{2^n \cdot n!} + \frac{x}{3} \quad \left(d_0 = \frac{1-3c_1}{3}\right)$$

で与えられる.

≈≈ 問　題 ≈≈≈≈≈≈≈≈≈≈≈≈≈≈≈≈≈≈≈≈≈≈≈≈≈≈

2.1 x の整級数を用いて,つぎの微分方程式を解け.

(1) $y'' - y = 0$ 　　(2) $y'' + xy' + y = 0$ 　　(3) $y'' - xy' + 2y = 0$

(4) $y'' - xy = 0$ 　　(5) $y'' + x^2 y = 0$

──例題 3────────────────────確定特異点をもつ場合──
整級数を用いてつぎの微分方程式を解け.
$$x^2y'' + (x^2+x)y' - y = 0$$

[解答] $x=0$ が確定特異点で,決定方程式は $\lambda^2 - 1 = 0$ である.したがって,指数は $\lambda_1 = 1, \lambda_2 = -1$ でその差は整数である.$y_1 = x\sum_{n=0}^{\infty} c_n x^n$ とおいて,与えられた微分方程式に代入すると,

$$(3c_1+c_0)x^2 + (8c_2+2c_1)x^3 + \cdots + \{(n^2+2n)c_n + nc_{n-1}\}x^{n+1} + \cdots = 0$$

よって,$3c_1+c_0 = 0, 8c_2 + 2c_1 = 0, \cdots, (n^2+2n)c_n + nc_{n-1} = 0, \cdots$
ゆえに

$$c_1 = -\frac{c_0}{3},\ c_2 = -\frac{c_1}{4} = \frac{c_0}{3\cdot 4},\cdots, c_n = -\frac{c_{n-1}}{n+2} = \cdots = (-1)^n \frac{c_0}{3\cdot 4\cdots(n+2)},\cdots$$

したがって,1 つの整級数解は

$$y_1 = c_0 x\left(1 - \frac{x}{3} + \frac{x^2}{3\cdot 4} - \cdots + (-1)^n \frac{x^n}{3\cdot 4\cdots(n+2)} + \cdots\right)$$

$$= \frac{2c_0}{x}\left[\left(1 - x + \frac{x^2}{2!} - \frac{x^3}{3!} + \cdots + (-1)^n \frac{x^{n+2}}{(n+2)!} + \cdots\right) - (1-x)\right]$$

$$= \frac{2c_0(e^{-x} - 1 + x)}{x}$$

つぎに,
$$y_2 = c\frac{e^{-x}-1+x}{x}\log x + x^{-1}\sum_{n=0}^{\infty} d_n x^n$$

を与えられた微分方程式に代入して係数を決定すると,

$$c = 0,\ d_1 = -d_0,\ d_2 = d_3 = \cdots = 0$$

となるから,$y_2 = x^{-1}(d_0 - d_0 x) = d_0 x^{-1}(1-x)$ となる.よって,一般解は

$$y = \frac{a_1(e^{-x}-1+x)}{x} + \frac{a_2(1-x)}{x} = a\frac{e^{-x}}{x} + b\frac{1-x}{x}$$

〜〜 **問　題** 〜〜〜〜〜〜〜〜〜〜〜〜〜〜〜〜〜〜〜〜〜〜〜〜〜〜〜〜〜

3.1 つぎの微分方程式を解け.
(1) $2xy'' + (1-2x)y' - y = 0$　　(2) $2x^2(1+x^2)y'' + xy' - 12x^2 y = 0$
(3) $xy'' + y = 0$

3.2 つぎの微分方程式の 1 つの解を整級数を用いて求め,これに第 4 章の 4.1 節の方法を用いて一般解を求めよ.
(1) $x^2 y'' + 3xy' - 3y = 0$　　(2) $x^2 y'' - (x^2 + 4x)y' + 4y = 0$
(3) $xy'' + 2y' + xy = 0$

5.2 級数解としてよく知られた微分方程式

● **ベッセルの微分方程式** ● 2階線形微分方程式

$$x^2 y'' + xy' + (x^2 - \alpha^2)y = 0 \quad (\alpha \geq 0 \text{ は定数})$$

をベッセルの微分方程式という．$x=0$ はこの微分方程式の確定特異点であり，決定方程式は $\lambda^2 - \alpha^2 = 0$ であり，$\lambda = \alpha$ を用いて解を

$$y = x^\alpha (a_0 + a_1 x + a_2 x^2 + \cdots) = x^\alpha \sum_{k=0}^{\infty} a_k x^k$$

とおき，a_k を決定する．すると $a_0 = \frac{1}{2^\alpha \Gamma(\alpha+1)}$ として

$$a_1 = a_3 = a_5 = \cdots = 0, \quad a_{2m} = \frac{(-1)^m}{2^{\alpha+2m} m! \, \Gamma(\alpha+m+1)}$$

となり，1つの特殊解としてつぎの $y = J_0(\lambda)$ が得られる．

$$y = x^\alpha \left\{ \frac{1}{2^\alpha \Gamma(\alpha+1)} - \frac{x^2}{2^{\alpha+2} \Gamma(\alpha+2)} + \frac{x^4}{2^{\alpha+4} 2! \Gamma(\alpha+3)} - \cdots \right\}$$

ここで $\Gamma(p)$ はガンマ関数 $\Gamma(p) = \int_0^\infty t^{p-1} e^{-t} dt$ である．したがって，p が正の整数のときには $\Gamma(p+1) = p!$ である．

この関数 $J_\alpha(x)$ を（第1種）**α 次ベッセル関数**という．グラフはつぎのようになる．

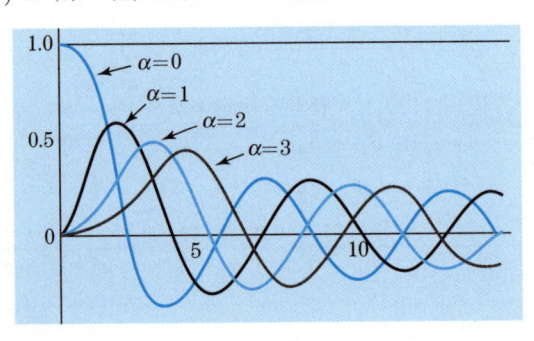

$J_n(x)$ のグラフ

● **ルジャンドルの微分方程式** ● 次の微分方程式をルジャンドルの微分方程式という．

$$(1-x^2)y'' - 2xy' + \alpha(\alpha+1)y = 0 \quad (\alpha \text{ は任意の実数})$$

これはつぎのように書き換えられる．

$$y'' - \frac{2x}{1-x^2} y' + \frac{\alpha(\alpha+1)}{1-x^2} y = 0$$

5.2 級数解としてよく知られた微分方程式

よって $x=0$ で解析的であり，$x=0$ のまわりで整級数展開できる．
特に α が整数 $n\,(\geqq 0)$ のときにはつぎの多項式 $P_n(x)$ が得られる．
$$y = \frac{(2n-1)(2n-3)\cdots 3\cdot 1}{n!}$$
$$\cdot\left\{x^n - \frac{n(n-1)}{2(2n-1)}x^{n-2} + \frac{n(n-1)(n-2)(n-3)}{2\cdot 4\cdot(2n-1)(2n-3)}x^{n-4} + \cdots\right\}$$
となる．これを**ルジャンドルの多項式**という．$P_n(x)$ のグラフはつぎのようになる．

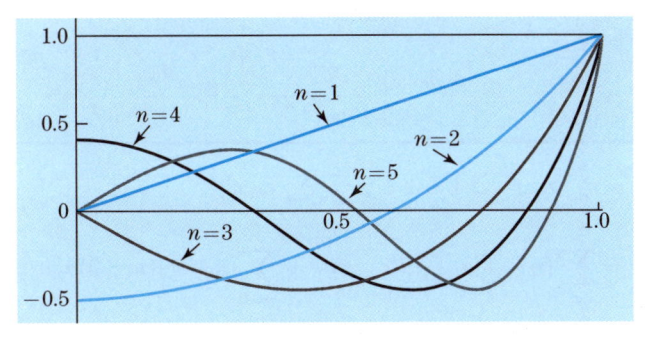

$P_n(x)$ のグラフ

● **ガウスの方程式** ● つぎの微分方程式を**ガウスの微分方程式**という
$$x(x-1)y'' + ((\alpha+\beta+1)x - \gamma)y' + \alpha\beta y = 0$$
これは $x(x-1)$ で割って，つぎの形になる．
$$y'' + \frac{(\alpha+\beta+1)x-\gamma}{x(x-1)}y' + \frac{\alpha\beta}{x(x-1)}y = 0$$
$x=0$ はこの微分方程式の確定特異点であるから，整級数展開の方法で解を求める．

（ⅰ）γ が整数でないときには
$$y_1 = F(\alpha,\beta,\gamma,x) = 1 + \frac{\alpha\beta}{1\cdot\gamma}x + \frac{\alpha(\alpha+1)\beta(\beta+1)}{1\cdot 2\cdot\gamma(\gamma+1)}x^2 + \cdots$$
$$+ \frac{\alpha(\alpha+1)\cdots(\alpha+n-1)\cdot\beta(\beta+1)\cdots(\beta+n-1)}{n!\cdot\gamma(\gamma+1)\cdots(\gamma+n-1)}x^n + \cdots$$
とするとき，解はつぎのようになる．
$$y = c_1 F(\alpha,\beta,\gamma,x) + c_2 x^{1-\gamma}F(\alpha+1-\gamma,\ \beta+1-\gamma,\ 2-\gamma,\ x)$$

（ⅱ）γ が整数のときにも，$\gamma > 0$ のときには，上の y_1 が解の 1 つである．$\gamma \leqq 0$ のときには
$$y_1 = x^{1-\gamma}F(\alpha+1-\gamma,\ \beta+1-\gamma,\ 2-\gamma,\ x)$$
が解の 1 つである．これと 1 次独立な解は第 4 章の方法による．（⇨例題 6 (2)）

---例題 4--ベッセルの微分方程式の例---

$\alpha = 0$ のときのベッセルの微分方程式
$$xy'' + y' + xy = 0$$
では整級数解 $y_1 = a_0 + a_1 x + a_2 x^2 + \cdots$ を求めると
$$a_1 = a_3 = a_5 = \cdots = 0, \quad a_{2m} = \frac{(-1)^m}{2^{2m}(m!)^2} a_0$$
となり, $a_0 = 1$ とするとつぎの解が得られることを示せ.
$$y_1 = J_0(x) = \sum_{m=0}^{\infty} \frac{(-1)^m}{2^{2m}(m!)^2} x^{2m}$$

[解答] $y_1 = \sum_{n=0}^{\infty} a_n x^n$ とすると $xy_1 = \sum_{n=0}^{\infty} a_n x^{n+1}$

$$y_1' = \sum_{n=0}^{\infty} (n+1) a_{n+1} x^n, \quad xy_1'' = \sum_{n=0}^{\infty} (n+1)(n+2) a_n x^{n+1}$$

となり, これらを方程式に代入して, 定数項と x^{n-1} の係数を取り上げる.
$$a_1 = 0, \quad n^2 a_n = -a_{n-2} \quad (n = 2, 3, \cdots)$$
これから, まず n が奇数のとき
$$3^2 a_3 = -a_1 = 0, \quad 5^2 a_5 = -a_3 = 0, \cdots$$
となり
$$a_1 = a_3 = a_5 = \cdots = a_{2m-1} = \cdots = 0$$
つぎに, n が偶数のとき
$$2^2 a_2 = -a_0, \quad 4^2 a_4 = -a_2, \quad \cdots, \quad (2m)^2 a_{2m} = -a_{2m-2}$$
これから, $a_0 = 1$ として, 上の結果となる.

[追記] $y_1 = J_0(x)$,
$$y_2 = Y_0(x) = -\sum_{n=1}^{\infty} \frac{(-1)^n}{(n!)^2} \left(1 + \frac{1}{2} + \cdots + \frac{1}{n}\right) \left(\frac{x}{2}\right)^{2n} + J_0(x) \log x$$
は 0 次のベッセルの微分方程式の 1 組の基本解である. 一般の α 次の場合は, たとえば小泉澄之著「常微分方程式」(サイエンス社) を参照されたい.

～～ **問　題** ～～～～～～～～～～～～～～～～～～～～～～～～～～～～

4.1 つぎのベッセルの微分方程式の解 $J_0(x)$ をかけ.

(1) $y'' + \dfrac{1}{x} y' + \left(1 - \dfrac{4}{x^2}\right) y = 0$　　(2) $y'' + \dfrac{1}{x} y' + \left(1 - \dfrac{1}{4x^2}\right) y = 0$

5.2 級数解としてよく知られた微分方程式

例題 5 ──────────────────────── ルジャンドルの微分方程式 ──

ルジャンドルの微分方程式
$$(1-x^2)y'' - 2xy' + \alpha(\alpha+1)y = 0 \quad (\alpha \text{ は任意の実数})$$
の解を，$x=0$ のまわりで整級数展開して $y = \sum_{m=0}^{\infty} c_n x^n$ とするとき，つぎの関係が成り立つことを証明せよ．

$$c_{2n} = \frac{(-1)^n(\alpha+2n-1)(\alpha+2n-3)\cdots(\alpha+1)\alpha(\alpha-2)\cdots(\alpha-2n+2)}{(2n)!}c_0$$

$$c_{2n+1} = \frac{(-1)^n(\alpha+2n)(\alpha+2n-2)\cdots(\alpha+2)(\alpha-1)(\alpha-3)\cdots(\alpha-2n+1)}{(2n+1)!}c_1$$

[解答] y, y', y'' を作り，方程式に代入する．

$$0 = (1-x^2)y'' - 2xy' + \alpha(\alpha+1)y$$
$$= \sum_{n=0}^{\infty}[(n+2)(n+1)c_{n+2} - n(n-1)c_n - 2nc_n + \alpha(\alpha+1)c_n]x^n$$
$$= \sum_{n=0}^{\infty}[(n+2)(n+1)c_{n+2} + (\alpha+n+1)(\alpha-n)c_n]x^n$$

係数を較べて

$$c_2 = -\frac{1}{2!}(\alpha+1)\alpha c_0, \quad c_3 = -\frac{1}{3!}(\alpha+2)(\alpha-1)c_1,$$

$$c_4 = \frac{1}{4!}(\alpha+3)(\alpha+1)\alpha(\alpha-2)c_0, \quad c_5 = \frac{1}{5!}(\alpha+4)(\alpha+2)(\alpha-1)(\alpha-3)c_1, \cdots$$

となり，一般に上の関係となる．

[追記] $c_0 = 1, c_1 = 0$ とすると $y_1 = \sum_{n=0}^{\infty} c_{2n}x^{2n}$, $c_0 = 0, c_1 = 1$ とすると $y_2 = \sum_{n=0}^{\infty} c_{2n+1}x^{2n+1}$ なる解が得られ，一般解は

$$y = C_1 y_1 + C_2 y_2 \quad (C_1, C_2 \text{ は任意})$$

で与えられる．

特に α が整数 $n(\geqq 0)$ のときには，y_1 または y_2 の何れかは有限級数となる．それがルジャンドルの多項式である．またこの多項式はつぎの形に書ける．

$$P_n(x) = \frac{1}{n!\, 2^n}\frac{d^n}{dx^n}(x^2-1)^n \quad (\text{ロドリグの公式})$$

第5章　微分方程式の級数解

例題 6 ────────────────────────── ガウスの方程式の例 ──

つぎのガウスの微分方程式を解け．

(1) $(x^2-x)y'' + \left(2x-\dfrac{3}{2}\right)y' + \dfrac{y}{4} = 0$ (2) $(x^2-x)y'' + xy' - y = 0$

[解答] (1) $\alpha+\beta+1=2,\ \gamma=3/2,\ \alpha\beta=1/4$ から，$\alpha=\beta=1/2,\ \gamma=3/2$ とすると，解法 (i) が適用できる．ゆえに，一般解は

$$y = c_1 F\left(\frac{1}{2},\frac{1}{2},\frac{3}{2},x\right) + c_2 x^{-1/2} F\left(0,0,\frac{1}{2},x\right)$$

である．ここで，$F(0,0,1/2,x)=1$ であるから，一般解を

$$y = c_1 F\left(\frac{1}{2},\frac{1}{2},\frac{3}{2},x\right) + \frac{c_2}{\sqrt{x}}$$

とかいてもよい．

(2) $\alpha+\beta+1=1,\ \gamma=0,\ \alpha\beta=-1$ から，$\alpha=1,\ \beta=-1,\ \gamma=0$ とすると，解法 (ii) が適用できる．まず，1つの解として

$$xF(\alpha+1-\gamma,\beta+1-\gamma,2-\gamma,x) = xF(2,0,2,x) = x$$

が得られる．$y = ux$ とおいて，与えられた微分方程式をかき直すと，

$$(x^2-x)u'' + (3x-2)u' = 0, \quad \text{よって} \quad u'' + \left(\frac{2}{x}-\frac{1}{x-1}\right)u' = 0$$

ゆえに，

$$u' = c_1 \exp\left(-\int\left(\frac{2}{x}+\frac{1}{x-1}\right)dx\right) = c_1 e^{-\log x^2(x-1)} = \frac{c_1}{x^2(x-1)}$$

$$u = c_1\int\frac{dx}{x^2(x-1)} + c_2 = c_1\int\left(\frac{1}{x-1}-\frac{1}{x}-\frac{1}{x^2}\right)dx + c_2 = c_1\left(\log\frac{x-1}{x}+\frac{1}{x}\right)+c_2$$

したがって，一般解はつぎのように与えられる．

$$y = ux = c_1\left(x\log\frac{x-1}{x}+1\right) + c_2 x$$

～～ **問　題** ～～～～～～～～～～～～～～～～～～～～～～～～

6.1 つぎのガウスの微分方程式を解け．

(1) $x(x-1)y'' + \dfrac{1}{3}(2x-1)y' - \dfrac{20}{9}y = 0$ (2) $x(x-1)y'' + \left(\dfrac{7}{3}x-\dfrac{1}{3}\right)y' + \dfrac{1}{3}y = 0$

(3) $4x(x-1)y'' - 2(1-4x)y' + y = 0$ (4) $2x(x-1)y'' - y' - 4y = 0$

6.2 つぎのガウスの微分方程式を解け．

(1) $x(x-1)y'' - (x+1)y' + y = 0$ (2) $x(x-1)y'' + (3x-1)y' - 3y = 0$

6 全微分方程式と連立微分方程式

　$P(x,y)\,dx + Q(x,y)\,dy = 0$ については第 2 章で述べた．ここでは P, Q, R が 3 変数の関数の場合の全微分方程式およびそれらを連立させた微分方程式の解法について述べる．

6.1 全微分方程式と連立微分方程式

● **全微分方程式** ●　P, Q, R がいずれも x, y, z の関数であるとき，
$$P\,dx + Q\,dy + R\,dz = 0 \tag{6.1}$$
の形の微分方程式を **全微分方程式** という．

　全微分方程式 (6.1) に対して，1 つの関数 $F(x, y, z)$ が存在して，
$$P\,dx + Q\,dy + R\,dz = dF \tag{6.2}$$
が成り立つとき，この全微分方程式を **完全微分方程式** という．このとき (6.1) の一般解は
$$F(x, y, z) = c \quad (c \text{ は任意定数})$$
で与えられる．つぎの定理が成り立つ．

　定理 1　（完全微分方程式の条件）　全微分方程式 (6.1) が完全微分方程式であるための必要十分条件は
$$\frac{\partial P}{\partial y} = \frac{\partial Q}{\partial x}, \quad \frac{\partial Q}{\partial z} = \frac{\partial R}{\partial y}, \quad \frac{\partial R}{\partial x} = \frac{\partial P}{\partial z} \tag{6.3}$$

　全微分方程式 (6.1) に 1 つの関数 $\lambda(x, y, z)(\neq 0)$ を掛けて，これを完全微分方程式に直し得るとき，全微分方程式は **積分可能** であるという．つぎの定理が成り立つ．

　定理 2　（積分可能の条件）　全微分方程式 (6.1) が積分可能であるための必要十分条件は
$$P\left(\frac{\partial Q}{\partial z} - \frac{\partial R}{\partial y}\right) + Q\left(\frac{\partial R}{\partial x} - \frac{\partial P}{\partial z}\right) + R\left(\frac{\partial P}{\partial y} - \frac{\partial Q}{\partial x}\right) = 0 \tag{6.4}$$

● **全微分方程式の解法** ●

　解法 I（変数の 1 つを定数とおく方法）　全微分方程式 (6.1) が積分可能であるとき，変数の 1 つ，たとえば z を定数とすると，$dz = 0$ となる．よって (6.1) は
$$P\,dx + Q\,dy = 0$$

となり，第 2 章（⇨p.15）で述べた方法で解くことができる．いまその一般解を
$$f(x,y,z) = c$$
とする．つぎに
$$\frac{\partial f}{\partial x} = \mu P \quad \text{により } \mu \text{ を求め} \quad \frac{\partial f}{\partial z} - \mu R = g$$
とおく．g は f と z との関数となり，結局 (6.1) は $df - g\,dz = 0$ の形に帰着される．これを解いて (6.1) の一般解が得られる．

解法 II（**P, Q, R が同じ次数の同次式の場合**）　全微分方程式 (6.1) で P, Q, R が同じ次数の同次式であるとき，つぎのようにおいて解くと簡単である．
$$x = uz, \quad y = vz$$

● **連立微分方程式** ●　全微分方程式を 2 つ連立させた連立微分方程式
$$\begin{cases} P_1\,dx + Q_1\,dy + R_1\,dz = 0 \\ P_2\,dx + Q_2\,dy + R_2\,dz = 0 \end{cases} \tag{6.5}$$
は（$P_1, Q_1, R_1, P_2, Q_2, R_2$ は x, y, z の関数）
$$\frac{dx}{Q_1 R_2 - Q_2 R_1} = \frac{dy}{R_1 P_2 - R_2 P_1} = \frac{dz}{P_1 Q_2 - P_2 Q_1}$$
のように表すことができる．すなわち，つぎのようにかくことができる．
$$\frac{dx}{P(x,y,z)} = \frac{dy}{Q(x,y,z)} = \frac{dz}{R(x,y,z)} \tag{6.6}$$

● **連立微分方程式の解法** ●

解法 I（**両方の式が積分可能の場合**）　(6.5) の全微分方程式が両方とも積分可能のときは，その 2 つの解をそれぞれ求めて，連立させたものが解である．

解法 II（**1 つの式が積分可能の場合**）　(6.5) の一方だけが積分可能の場合は，まずその解を求め，他の方程式から 1 つの変数を消去して解く．

解法 III（**両方の式が積分可能でない場合**）　(6.5) の両方の式が積分可能でない場合は，任意の関数，l, m, n（x, y, z の関数）に対して，
$$\frac{dx}{P} = \frac{dy}{Q} = \frac{dz}{R} = \frac{l\,dx + m\,dy + n\,dz}{lP + mQ + nR}$$
を作り，l, m, n を適当にとって積分可能な方程式を導く．特に
$$lP + mQ + nR = 0$$
になれば，
$$l\,dx + m\,dy + n\,dz = 0$$
であるから，これが積分可能となるように，l, m, n を選ぶことを試みる．

6.1 全微分方程式と連立微分方程式

---**例題 1**--------------------------------**全微分方程式（解法 I）**---

つぎの全微分方程式を解け．
$$(x-y)\,dx + (2x^2y + x)\,dy + 2x^2z\,dz = 0$$

[解答] $P = x - y, Q = 2x^2y + x, R = 2x^2z$ とおくと，p.81 の定理 2(6.4) より

$$P\left(\frac{\partial Q}{\partial z} - \frac{\partial R}{\partial y}\right) + Q\left(\frac{\partial R}{\partial x} - \frac{\partial P}{\partial z}\right) + R\left(\frac{\partial P}{\partial y} - \frac{\partial Q}{\partial x}\right)$$
$$= (x-y) \times 0 + (2x^2y + x)(4xz) + 2x^2z(-1 - 4xy - 1) = 0$$

となる．よって与えられた全微分方程式は積分可能である．いま z を定数とみなせば与えられた微分方程式は，

$$(x-y)\,dx + (2x^2y + x)\,dy = 0 \qquad ①$$

となり 2 変数の全微分方程式となるので第 2 章の p.16 で述べた方法で解く．

$$\frac{\partial P}{\partial y} = -1, \quad \frac{\partial Q}{\partial x} = 4xy + 1$$

であるので ① は完全微分方程式ではない．
$\dfrac{1}{Q}\left(\dfrac{\partial P}{\partial y} - \dfrac{\partial Q}{\partial x}\right) = \dfrac{-2}{x}$ であるので，積分因数は $\exp\left(-\displaystyle\int \dfrac{2}{x}dx\right) = \dfrac{1}{x^2}$ となる．
よってこれを ① の両辺にかけると，

$$\frac{dx}{x} + \frac{x\,dy - y\,dx}{x^2} + 2y\,dy = 0$$

これは，

$$d\left(\log x + \frac{y}{x} + y^2\right) = 0$$

であるので，

$$f = \log x + \frac{y}{x} + y^2 = c$$

$\dfrac{\partial f}{\partial x} = \mu P$ となるように μ を求めると $\dfrac{x-y}{x^2} = \mu(x-y)$ より $\mu = \dfrac{1}{x^2}$ となる．

$\dfrac{\partial f}{\partial z} - \mu R = -2z = g$ とおくと，$df - g\,dz = 0$，すなわち $f + z^2 = C$．

ゆえに求める一般解は $\log x + y/x + y^2 + z^2 = C$.

～～～～～～～～～～～～ 問 題 ～～～～～～～～～～～～

1.1 つぎの全微分方程式を解け．
(1) $y^2z\,dx - z^3\,dy - y(xy - z^2)\,dz = 0$
(2) $y^2z\,dx + (2xyz + z^3)\,dy + (4yz^2 + 2xy^2)\,dz = 0$
(3) $(e^xy + e^z)\,dx + (e^yz + e^x)\,dy + (e^y - e^xy - e^yz)\,dz = 0$

―― 例題 2 ――――――――――――――――――――― 全微分方程式（解法 II）――

つぎの全微分方程式を解け．
$$(y^2 - yz)\,dx + (x^2 + xz)\,dy + (y^2 + xy)\,dz = 0$$

[解答] $P = y^2 - yz, Q = x^2 + xz, R = y^2 + xy$ とおくと，

$$P\left(\frac{\partial Q}{\partial z} - \frac{\partial R}{\partial y}\right) + Q\left(\frac{\partial R}{\partial x} - \frac{\partial P}{\partial z}\right) + R\left(\frac{\partial P}{\partial y} - \frac{\partial Q}{\partial x}\right)$$
$$= y(y-z)(-2y) + x(x+z)2y + y(y+x)2(y-x-z) = 0$$

したがって与えられた全微分方程式は積分可能である．

また，P, Q, R は x, y, z に関して 2 次の同次式であるので，p.82 の解法 II を用いる．$x = uz, y = vz$ とおくと，$dx = z\,du + u\,dz, dy = z\,dv + v\,dz$ であるので，これらを与えられた式に代入すると，

$$(v^2 z^2 - vz^2)(z\,du + u\,dz) + (u^2 z^2 + uz^2)(z\,dv + v\,dz)$$
$$+ (v^2 z^2 + uvz^2)\,dz = 0$$

となる．この両辺を z^2 で割り整理すると，

$$v(v-1)z\,du + u(u+1)z\,dv + v(u+v)(u+1)\,dz = 0$$

さらにこの両辺を $v(u+v)(u+1)z$ で割ると，

$$\frac{v-1}{(u+1)(u+v)}\,du + \frac{u}{v(u+v)}\,dv + \frac{1}{z}\,dz = 0$$

$$\left(\frac{1}{u+1} - \frac{1}{u+v}\right)du + \left(\frac{1}{v} - \frac{1}{u+v}\right)dv + \frac{1}{z}\,dz = 0$$

$$\frac{du}{u+1} + \frac{dv}{v} + \frac{dz}{z} - \frac{du+dv}{u+v} = 0$$

したがって，$\log(u+1) + \log v + \log z - \log(u+v) = \log c$. よって，

$$\frac{(u+1)vz}{u+v} = c$$

変数をもとにもどして，

$$y(x+z) = c(x+y)$$

～～ 問 題 ～～～～～～～～～～～～～～～～～～～～～～～～～～～～

2.1 つぎの全微分方程式を解け．
  (1) $2(y+z)\,dx - (x+z)\,dy + (2y - x + z)\,dz = 0$
  (2) $yz\,dx - z^2\,dy - xy\,dz = 0$

6.1 全微分方程式と連立微分方程式

─ 例題 3 ─────────────────── 連立微分方程式（解法 II, III）─

つぎの連立方程式を解け．

(1) $\begin{cases} yz\,dx + xz\,dy + xy\,dz = 0 & \text{①} \\ z^2(dx+dy) + (xz+yz-xy)\,dz = 0 & \text{②} \end{cases}$

(2) $\dfrac{dx}{y-z} = \dfrac{dy}{z-x} = \dfrac{dz}{y-x}$

【解答】 (1) ①は積分可能であり，その一般解は $xyz = c_1$ である．②において，$P = z^2, Q = z^2, R = xz + yz - xy$ とおくと，p.81 の定理 2(6.4) により，

$$P\left(\frac{\partial Q}{\partial z} - \frac{\partial R}{\partial y}\right) + Q\left(\frac{\partial R}{\partial x} - \frac{\partial P}{\partial z}\right) + R\left(\frac{\partial P}{\partial y} - \frac{\partial Q}{\partial x}\right) = z^2(x-y) \neq 0$$

であるので ②は積分可能でない．よって p.82 の連立微分方程式の解法 II を用いる．② $\times y -$ ① $\times z$ を作り，これを yz で割り，$xyz = c_1$ を代入すると，

$$z\,dy + y\,dz - c_1\left(\frac{dy}{y^2} + \frac{dz}{z^2}\right) = 0$$

となる．よって，$d(zy) + c_1 d\left(\dfrac{1}{y} + \dfrac{1}{z}\right) = 0$，ゆえに一般解は，$yz + c_1\left(\dfrac{1}{y} + \dfrac{1}{z}\right) = c_2$

(2) $(z-x)\,dx - (y-z)\,dy = 0, \quad (y-x)\,dx - (y-z)\,dz = 0$

は p.81 の定理 2 により積分可能でない．よって連立微分方程式の解法 III を用いる．$(y-z) + (z-x) = y-x$ に着目して，$l = m = 1, n = 0$ とすると，

$$\frac{dx}{y-z} = \frac{dy}{z-x} = \frac{dz}{y-x} = \frac{l\,dx + m\,dy + n\,dz}{l(y-z) + m(z-x) + n(y-z)} = \frac{dx+dy}{y-x}$$

第 3 式と第 5 式より $dz = dx + dy$．よって，$z + c_1 = x + y$．
つぎにこれを用いて，第 1 式と第 2 式の z を消去すれば $\dfrac{dx}{c_1 - x} = \dfrac{dy}{y - c_1}$ となり，$\log(x - c_1) + \log(y - c_1) = c_2$，すなわち，$(x-c_1)(y-c_1) = c_2$ を得る．はじめの解より c_1 をもとにもどせば，

$$(z-y)(z-x) = c_2$$

となり，求める一般解は $z + c_1 = x + y, \quad (z-y)(z-x) = c_1$

〰〰 問 題 〰〰〰〰〰〰〰〰〰〰〰〰〰〰〰〰〰〰〰〰〰〰〰〰〰〰

3.1 つぎの連立微分方程式を解け．

(1) $\begin{cases} dx + 2\,dy - (x+2y)\,dz = 0 \\ 2\,dx + dy + (x-y)\,dz = 0 \end{cases}$
(2) $\dfrac{dx}{y^2-z^2} = \dfrac{dy}{y-2z} = \dfrac{dz}{z-2y}$

(3) $\begin{cases} 2yz\,dx + x(z\,dy + y\,dz) = 0 \\ y\,dx - x^2 z\,dy + y\,dz = 0 \end{cases}$
(4) $\dfrac{dx}{y} = \dfrac{dy}{-x} = \dfrac{dz}{2x-3y}$

7 1階および2階偏微分方程式

$\frac{dy}{dx}$ を含むような常微分方程式でなく，$\left(\frac{\partial z}{\partial x}\right)^2 = \frac{\partial z}{\partial y}z$ のように，$\frac{\partial z}{\partial x}, \frac{\partial z}{\partial y}$ などを含む1階および2階の偏微分方程式を学習する．

7.1　1階偏微分方程式

●**解の種類**●　z が x, y の関数であるとき，$x^2\left(\frac{\partial z}{\partial x}\right)^2 - y\frac{\partial z}{\partial y} = 0$ のように，z の偏導関数と x, y, z を含む等式を**偏微分方程式**という．上式のように1階の偏導関数しか含まなければ，**1階偏微分方程式**とよばれる．与えられた偏微分方程式を満足する関数 $z(x, y)$ をその方程式の**解**といい，その解を求めることをその方程式を**解く**という．

1階偏微分方程式の解にはつぎのようなものがある．(⇨p.88 の例題1を参照)

（ⅰ）**完全解**　2つの任意定数を含む解 $F(x, y, z, a, b) = 0$ を**完全解**という．

（ⅱ）**一般解**　1つの任意関数を含む解を**一般解**という．与えられた偏微分方程式の完全解 $F(x, y, z, a, b) = 0$ がわかっており，a, b の間に関数関係 $b = \varphi(a)$ が存在するものとする（φ は任意関数）．$F(x, y, z, a, b) = 0, b = \varphi(a)$ および $\frac{\partial F}{\partial a} + \frac{\partial F}{\partial b}\varphi'(a) = 0$ の3つの式から a を消去すれば一般解が得られる．

（ⅲ）**特異解**　(ⅰ), (ⅱ) のどちらにも含まれない解を**特異解**という（これは必ずしも存在しない）．完全解 $F(x, y, z, a, b) = 0, \frac{\partial F}{\partial a} = 0$ および $\frac{\partial F}{\partial b} = 0$ の3つの式から a, b を消去すれば特異解が得られる．

●**1階準線形偏微分方程式**（ラグランジュの偏微分方程式）●

$$P(x, y, z)\frac{\partial z}{\partial x} + Q(x, y, z)\frac{\partial z}{\partial y} = R(x, y, z) \tag{7.1}$$

の形の偏微分方程式を **1階準線形偏微分方程式**またはラグランジュの偏微分方程式という．まず連立微分方程式

$$\frac{dx}{P} = \frac{dy}{Q} = \frac{dz}{R} \quad \text{または} \quad \frac{dx}{dt} = P, \quad \frac{dy}{dt} = Q, \quad \frac{dz}{dt} = R \tag{7.2}$$

の2つの独立な解 $u(x, y, z) = a, v(x, y, z) = b$ を求め，任意の2変数の関数 f に対して，$f(u, v) = 0$ が求める**一般解**である．あるいはこれを u について解いた形

$u = F(v)$ とかいてもよい（F は任意関数）. (7.2) を**補助方程式**という.

● **1階偏微分方程式の標準形** ● つぎの形のものを**1階偏微分方程式の標準形 I**という.

標準形 I
$$f\left(\frac{\partial z}{\partial x}, \frac{\partial z}{\partial y}\right) = 0 \tag{7.3}$$

上記(7.3)の $\frac{\partial z}{\partial x}, \frac{\partial z}{\partial y}$ にそれぞれ a, b を代入した式 $f(a,b) = 0$ を $b = \varphi(a)$ と表すとき
$$z = ax + \varphi(a)y + c \quad (a, c は任意定数) \tag{7.4}$$
が完全解である. つぎに (7.4) で c を $\psi(a)$ と書きかえた式と, その式を a で偏微分した式から a を消去した式が一般解である（ψ は任意関数）.

標準形 II
$$f\left(x, \frac{\partial z}{\partial x}, \frac{\partial z}{\partial y}\right) = 0 \tag{7.5}$$

の形の偏微分方程式を**標準形 II** という.

上記 (7.5) の $\frac{\partial z}{\partial y}$ に a（定数）を代入した式 $f(x, \frac{\partial z}{\partial x}, a) = 0$ を $\frac{\partial z}{\partial x} = F(x, a)$ と表す. いま,
$$z = \int F(x, a)\, dx + ay + b \quad (a, b は任意定数) \tag{7.6}$$
が完全解である. つぎに (7.6) で b を $\psi(a)$ と書きかえた式と, その式を a で偏微分した式から a を消去した式が一般解である（ψ は任意関数）.

標準形 III（**変数分離形**）$f\left(x, \frac{\partial z}{\partial x}\right) = g\left(y, \frac{\partial z}{\partial y}\right) \tag{7.7}$

の形の偏微分方程式を**標準形 III**（**変数分離形**）という. $f\left(x, \frac{\partial z}{\partial x}\right) = a$, $g\left(y, \frac{\partial z}{\partial y}\right) = a$（$a$ は定数）とおき, それぞれ, $\frac{\partial z}{\partial x} = P(x, a)$, $\frac{\partial z}{\partial y} = Q(y, a)$ と表す. いま,
$$z = \int P(x, a)\, dx + \int Q(y, a)\, dy + b \quad (a, b は任意定数) \tag{7.8}$$
が完全解である. つぎに (7.8) で b を $\psi(a)$ と書きかえた式と, その式を a で偏微分した式から a を消去した式が一般解である（ψ は任意関数）.

標準形 IV（**クレーロー形**）
$$z = \frac{\partial z}{\partial x}x + \frac{\partial z}{\partial y}y + f\left(\frac{\partial z}{\partial x}, \frac{\partial z}{\partial y}\right) \tag{7.9}$$

の形の偏微分方程式を**標準形 IV**（**クレーロー形**）という. 与えられた偏微分方程式 (7.9) の $\frac{\partial z}{\partial x}$ に a を, $\frac{\partial z}{\partial y}$ に b を代入した式
$$z = ax + by + f(a, b) \quad (a, b は任意定数) \tag{7.10}$$
が完全解である. つぎに (7.10) で b を $\psi(a)$ に書きかえた式と, その式を a で偏微分した式から a を消去した式が一般解である（ψ は任意関数）.

さらに, $z = ax + by + f(a, b)$, $x + f_a(a, b) = 0$ および $y + f_b(a, b) = 0$ の 3つの式から a, b を消去した式が特異解である.

―― 例題 1 ――――――― 1 階偏微分方程式の解の種類（完全解，一般解，特異解）――

（1） 1 階偏微分方程式

$$z^2\left\{\left(\frac{\partial z}{\partial x}\right)^2+\left(\frac{\partial z}{\partial y}\right)^2+1\right\}=1 \qquad ①$$

に対し，

$$(x-a)^2+(y-b)^2+z^2=1 \quad (a,b は任意定数) \qquad ②$$

は完全解であることを示せ．また，一般解，特異解を求めよ．

（2）
$$b\frac{\partial z}{\partial x}=a\frac{\partial z}{\partial y}$$

の一般解は $z=f(ax+by)$ で与えられることを示せ（$f(u)$ は u の任意関数）．

[解答] （1）
$$(x-a)^2+(y-b)^2+z^2=1 \qquad ②$$

を x,y について偏微分すると，

$$(x-a)+z\frac{\partial z}{\partial x}=0 \qquad ③$$

$$(y-b)+z\frac{\partial z}{\partial y}=0 \qquad ④$$

となる．②，③，④から a,b を消去すると，

$$z^2\left\{\left(\frac{\partial z}{\partial x}\right)^2+\left(\frac{\partial z}{\partial y}\right)^2+1\right\}=1$$

すなわち②は①の解であり，任意定数を 2 つもつので，②は①の完全解である．

つぎに①の一般解を求める．②において，$b=\varphi(a)$（φ は任意関数）として，a について偏微分すると，

$$(x-a)+(y-b)\varphi'(a)=0 \qquad ⑤$$

となる．

②と⑤と $b=\varphi(a)$ から a,b を消去したものが一般解である（φ は任意関数であるので，これ以上計算しない）．

最後に①の特異解を求める．

与えられた偏微分方程式①の完全解

$$(x-a)^2+(y-b)^2+z^2=1$$

7.1 1階偏微分方程式

を a と b で偏微分すれば，それぞれ

$$-2(x-a) = 0,$$
$$-2(y-b) = 0$$

となる．これを上記②に代入すると，$z^2 = 1$ すなわち $z = \pm 1$ となる．これが特異解である．

(2) $u = ax + by, v = y$ とおいて，z, u, v の微分方程式を作る．

$$x = \frac{1}{a}(u - bv),$$
$$y = v$$

を用いて，

$$\frac{\partial z}{\partial v} = \frac{\partial z}{\partial x}\frac{\partial x}{\partial v} + \frac{\partial z}{\partial y}\frac{\partial y}{\partial v}$$
$$= -\frac{b}{a}\frac{\partial z}{\partial x} + \frac{\partial z}{\partial y} = 0$$

(演習と応用 微分積分（サイエンス社）p.71 の合成関数の偏微分法を参照)．よって，z は u のみの関数で

$$z = f(u) = f(ax + by)$$

となる．任意関数を1つ含むので一般解である．

追記 前頁の例題 1(1) の一般解で任意関数を特に $\varphi(a) = ma + n$ とすると，つぎのようになる．
⑤より

$$x - a + (y - ma - n)m = 0 \text{ となり}, a = \frac{x + my - mn}{1 + m^2}$$

これを②に代入すると，

$$\left(x - \frac{x + my - mn}{1 + m^2}\right)^2 + \left(y - \frac{x + my - mn}{1 + m^2} - n\right)^2 + z^2 = 1$$

となり，これを整理すると $(mx - y - n)^2 = (1 - z^2)(1 + m^2)$ となる．

これが $\varphi(a) = ma + n$ としたときの一般解である．

問題

1.1 つぎの各式から a, b を消去して，それらを完全解とする偏微分方程式を求めよ．またその一般解を求めよ．

(1) $z = ax + by$

(2) $z = x^2 + a^2x + ay + b$

---例題 2---――――1 階準線形偏微分方程式（ラグランジュの偏微分方程式）---

つぎの 1 階準線形偏微分方程式の一般解を求めよ．

(1) $x(y-z)\dfrac{\partial z}{\partial x} + y(z-x)\dfrac{\partial z}{\partial y} = z(x-y)$ (2) $x\dfrac{\partial z}{\partial x} + z\dfrac{\partial z}{\partial y} = y$

解答 (1) 与えられた 1 階準線形偏微分方程式の補助方程式は

$$\dfrac{dx}{x(y-z)} = \dfrac{dy}{y(z-x)} = \dfrac{dz}{z(x-y)}$$

である．第 1, 第 2, 第 3 式より，

$$\dfrac{dx}{x(y-z)} = \dfrac{dx+dy+dz}{0} = \dfrac{dx/x + dy/y + dz/z}{0}$$

と変形されるから

$$dx + dy + dz = 0, \quad \dfrac{dx}{x} + \dfrac{dy}{y} + \dfrac{dz}{z} = 0$$

となる．これを解いて，$x + y + z = a, xyz = b$ を得る．ゆえに求める一般解は，

$$f(x+y+z, xyz) = 0 \quad (f は任意関数)$$

(2) 与えられた 1 階準線形偏微分方程式の補助方程式は，

$$\dfrac{dx}{x} = \dfrac{dy}{z} = \dfrac{dz}{y}$$

である．第 2, 第 3 式より $y\,dy = z\,dz$．よって，$y^2 - z^2 = a$ を得る．

また，第 1, 第 2, 第 3 式より

$$\dfrac{dx}{x} = \dfrac{dx+dy+dz}{x+y+z}$$

となるので，$\dfrac{d(x+y+z)}{x+y+z} - \dfrac{dx}{x} = 0$，よって，

$$\log(x+y+z) - \log x = \log b$$

となり，$\dfrac{x+y+z}{x} = b$ を得る．

よって求める一般解は $f\left(y^2 - z^2, \dfrac{x+y+z}{x}\right) = 0$（$f$ は任意関数）である．

問題

2.1 つぎの 1 階線形偏微分方程式の一般解を求めよ．

(1) $(y+z)\dfrac{\partial z}{\partial x} + (z+x)\dfrac{\partial z}{\partial y} = x+y$ (2) $y^2\dfrac{\partial z}{\partial x} + xy\dfrac{\partial z}{\partial y} = xz$

― 例題 3 ――――――――――――――――――― 1 階偏微分方程式の標準形 I ―

つぎの 1 階偏微分方程式の完全解，一般解を求めよ．

(1) $\dfrac{\partial z}{\partial x}\dfrac{\partial z}{\partial y} = \dfrac{\partial z}{\partial x} + \dfrac{\partial z}{\partial y}$ (2) $x^2\left(\dfrac{\partial z}{\partial x}\right)^2 - \dfrac{\partial z}{\partial y} = 0$

[解答] (1) 与えられた偏微分方程式は標準形 I であるので，p.86 の解法を用いる．2 つの定数 a, b を $ab = a + b$ を満足するように定めると，$b = a/(a-1)$ となる．よって求める完全解は，

$$z = ax + \{a/(a-1)\}y + c \quad (a, c \text{ は任意定数}) \qquad ①$$

となる．また一般解は，①で c を $\psi(a)$ と書き，

$$z = ax + \dfrac{a}{a-1}y + \psi(a), \quad x - \dfrac{y}{(a-1)^2} + \psi'(a) = 0 \quad (\psi \text{ は任意関数})$$

の 2 つの式から a を消去したものである．

(2) $x = e^X$ とおくと，$\dfrac{\partial z}{\partial X} = \dfrac{\partial z}{\partial x}\dfrac{\partial x}{\partial X} = \dfrac{\partial z}{\partial x}x$ より，$\left(\dfrac{\partial z}{\partial X}\right)^2 - \dfrac{\partial z}{\partial y} = 0$ となり，p.86 の 1 階偏微分方程式の標準形 I の形になる．よって 2 つの定数 a, b を $a^2 - b = 0$ を満足するように定める．よって求める完全解は

$$z = aX + a^2 y + c = a\log x + a^2 y + c \quad (a, c \text{ は任意定数})$$

である．つぎに，c を $\psi(a)$ を書きかえた式を

$$z = a\log x + a^2 y + \psi(a) \qquad ②$$

とし，②を a で偏微分した式を

$$\log x + 2ay + \psi'(a) = 0 \qquad ③$$

とするとき，②，③から a を消去したものが求める一般解である（ψ は任意関数）．

～～～ 問　題 ～～～～～～～～～～～～～～～～～～～～～～～～～～～～～～～～

3.1 つぎの偏微分方程式を解け．

(1)* $x^2\left(\dfrac{\partial z}{\partial x}\right)^2 - y\dfrac{\partial z}{\partial y} = 0$ (2)** $\left(\dfrac{\partial z}{\partial x}\right)^2 = \dfrac{\partial z}{\partial y}z$

(3)*** $x^2\left(\dfrac{\partial z}{\partial x}\right)^2 + y^2\left(\dfrac{\partial z}{\partial y}\right)^2 = z^2$

---

* $x = e^X, y = e^Y$ とおき上記標準形 I の形にする．

** 両辺を z^2 で割り，$(\partial z/\partial x/z)^2 = \dfrac{\partial z}{\partial y}/z$ と変形し，$z = e^Z$ とおき上記標準形 I の形にする．

*** 両辺を z^2 で割り，その後 $x = e^X, y = e^Y, z = e^Z$ とおき，上記標準形 I の形にする．

―― 例題 4 ―――――――――― 1 階偏微分方程式の標準形 II, III（変数分離形）――

つぎの 1 階偏微分方程式の完全解，一般解を求めよ．

(1) $\dfrac{\partial z}{\partial x} = \dfrac{\partial z}{\partial y} x$ 　　(2) $\dfrac{\partial z}{\partial x} - x = \dfrac{\partial z}{\partial y} + y$

[解答] (1) 1 階偏微分方程式の標準形 II の形である．よって p.87 の解法を用いる．$\dfrac{\partial z}{\partial y} = a$ とおけば，$\dfrac{\partial z}{\partial x} = ax$ であるので，求める完全解は

$$z = \int ax\,dx + ay + b = \dfrac{1}{2}ax^2 + ay + b \qquad ①$$

である（a, b は任意定数）．

つぎに一般解を求める．まず①で b を $\psi(a)$（ψ は任意関数）と書きかえて，

$$z = ax^2/2 + ay + \psi(a) \qquad ②$$

を得る．また②を a で偏微分して，

$$0 = x^2/2 + y + \psi'(a) \qquad ③$$

この②，③から a を消去したものが求める一般解である．

(2) 与えられた偏微分方程式は標準形 III（変数分離形）の形である．よって p.87 の解法を用いる．$\dfrac{\partial z}{\partial x} - x = a$, $\dfrac{\partial z}{\partial y} + y = a$（$a$ は定数）とおくと，$\dfrac{\partial z}{\partial x} = x + a$, $\dfrac{\partial z}{\partial y} = a - y$ となる．よって求める完全解は，

$$z = \int (x+a)\,dx + \int (a-y)\,dy + b = \dfrac{1}{2}x^2 + ax - \dfrac{1}{2}y^2 + ay + b$$

（a, b は任意定数）である．つぎに，完全解で b を $\psi(a)$ と書きかえた式

$$z = x^2/2 + ax - y^2/2 + ay + \psi(a) \qquad ④$$

と④を a で偏微分した式

$$0 = x + y + \psi'(a) \qquad ⑤$$

から a, b を消去したものが求める一般解である（ψ は任意関数）．

≈≈ 問 題 ≈≈≈≈≈≈≈≈≈≈≈≈≈≈≈≈≈≈≈≈≈≈≈≈≈≈≈≈≈

4.1 つぎの 1 階偏微分方程式を解け．

(1)* $\sqrt{\dfrac{\partial z}{\partial x}} - \sqrt{\dfrac{\partial z}{\partial y}} = x$ 　　(2)** $\left(\dfrac{\partial z}{\partial x}\right)^2 - x = \left(\dfrac{\partial z}{\partial y}\right)^2 - y$

(3)** $\left(\dfrac{\partial z}{\partial x}\right)^2 - \dfrac{\partial z}{\partial y} = x - 3y^2$

---

　* 1 階偏微分方程式の標準形 II である．
　** 1 階偏微分方程式の標準 III（変数分離形）である．

例題 5 ───1 階偏微分方程式の標準形 IV(クレーロー形)───

つぎの 1 階偏微分方程式を解け.
$$z = \frac{\partial z}{\partial x}x + \frac{\partial z}{\partial y}y + \left(\frac{\partial z}{\partial x}\right)^2 \left(\frac{\partial z}{\partial y}\right)^2$$

[解答] 与えられた偏微分方程式はクレーロー形であるので,p.87 の解法を用いる.よって,$\frac{\partial z}{\partial x}$ に a を,$\frac{\partial z}{\partial y}$ に b を代入したつぎの式が完全解である.
$$z = ax + by + a^2b^2 \quad (a, b \text{ は任意定数})$$

つぎに一般解は,まず,b を $\psi(a)$(ψ は任意関数)に書きかえた①とその式を a で偏微分した②を考える.

$$\begin{cases} z = ax + \psi(a)y + a^2\psi(a)^2 & \text{①} \\ 0 = x + \psi'(a)y + 2a\psi(a)^2 + 2a^2\psi(a)\psi'(a) & \text{②} \end{cases}$$

この①,②から a を消去したものが一般解である.また特異解は

$$\begin{cases} z = ax + by + a^2b^2 & \text{③} \\ 0 = x + 2ab^2 & \text{④} \\ 0 = y + 2a^2b & \text{⑤} \end{cases}$$

から a, b を消去したのである.つぎに③,④,⑤から a, b を消去する.

③×2 に ④×a を代入すると,
$$2z = ax + 2by \quad\quad\quad\quad ⑥$$

③×2 に ⑤×b を代入すると,
$$2z = 2ax + by \quad\quad\quad\quad ⑦$$

また④,⑤から $b = \frac{ax}{y}$ となり,これを⑥に代入すると,$a = \frac{2z}{3x}$ となる.同様に,$b = \frac{ax}{y}$ を⑦に代入すると,$b = \frac{2z}{3y}$ となる.これらを③に代入すると,
$$6z^3 = -27x^2y^2$$

となり,これが求める特異解である.

問題

5.1 つぎの 1 階偏微分方程式を解け.

(1)* $\quad z = \dfrac{\partial z}{\partial x}x + \dfrac{\partial z}{\partial y}y + \dfrac{\partial z}{\partial x}\dfrac{\partial z}{\partial y}$

(2)* $\quad z = \dfrac{\partial z}{\partial x}x + \dfrac{\partial z}{\partial y}y + \sqrt{\left(\dfrac{\partial z}{\partial x}\right)^2 + \left(\dfrac{\partial z}{\partial y}\right)^2 + 1}$

---
* クレーロー形の偏微分方程式である.

7.2　2階偏微分方程式

●**2階偏微分方程式**●　z が x, y の関数であるとき，

$$\frac{\partial^2 z}{\partial y^2} - 2x\frac{\partial z}{\partial y} + x^2 z = 1$$

のような z の1次または2次偏導関数 $\left(\dfrac{\partial z}{\partial x}, \dfrac{\partial z}{\partial y}, \dfrac{\partial^2 z}{\partial x^2}, \dfrac{\partial^2 z}{\partial x \partial y}, \dfrac{\partial^2 z}{\partial y^2}\right)$ および x, y, z を含む方程式を**2階偏微分方程式**という．

●**2階線形偏微分方程式（直接積分形）**●　つぎにあげる形の2階線形偏微分方程式は直接に積分して**一般解（任意関数を2個含む解）**を求めることができる．ここでは任意関数を f, g とする．

I　$\dfrac{\partial^2 z}{\partial x^2} = P(x)$ の形の場合．x について2回積分すると，つぎのような一般解を得る．

$$\frac{\partial z}{\partial x} = \int P(x)\,dx + f(y), \quad z = \int dx \int P(x)\,dx + f(y)x + g(y)$$

II　$\dfrac{\partial^2 z}{\partial x^2} + P(x,y)\dfrac{\partial z}{\partial x} = Q(x,y)$ の形の場合．y を定数とみれば，$\dfrac{\partial z}{\partial x}$ に関する1階線形微分方程式であるから，$\dfrac{\partial z}{\partial x} = \exp\left(-\int P\,dx\right)\left(\int Q e^{\int P\,dx}\,dx + f(y)\right)$ となり，さらに積分してつぎのような一般解が得られる．

$$z = \int \left[\exp\left(-\int P\,dx\right)(Q e^{\int P\,dx}\,dx + f(y))\right] dx + g(y)$$

III　$R\dfrac{\partial^2 z}{\partial x^2} + S\dfrac{\partial^2 z}{\partial x \partial y} + P\dfrac{\partial z}{\partial x} = F$（$R, S, P, F$ は x, y, z の関数）の形の場合．これは，$\dfrac{\partial z}{\partial x} = p$ とすると，$R\dfrac{\partial p}{\partial x} + S\dfrac{\partial p}{\partial y} = F - Pp$ となり，この偏微分方程式は p に関するラグランジュの偏微分方程式と考えられる．これを解いて $p\left(=\dfrac{\partial z}{\partial x}\right)$ を求め，それを x で積分すればよい．

IV　$R\dfrac{\partial^2 z}{\partial x^2} + P\dfrac{\partial z}{\partial x} + Zz = F$（$R, P, Z, F$ は x, y の関数）の形の場合．これは，y を定数と考えれば z に関する2階線形微分方程式と考えられる．その一般解を求めてそのうちの任意定数を y の任意関数と考えれば，それが求める解である．

●**定数係数2階線形同次偏微分方程式**●　a, b, c が定数のとき，

$$a\frac{\partial^2 z}{\partial x^2} + b\frac{\partial^2 z}{\partial x \partial y} + c\frac{\partial^2 z}{\partial y^2} = f(x, y) \tag{7.11}$$

の形の偏微分方程式を**定数係数2階線形同次偏微分方程式**という．

7.2 2階偏微分方程式

$D_x = \dfrac{\partial}{\partial x},\ D_y = \dfrac{\partial}{\partial y}$ と書き，
$$F_1(D_x, D_y) = aD_x^2 + bD_xD_y + cD_y^2$$
とおけば，(7.11) は $F_1(D_x, D_y)z = f(x,y)$ と表すことができる．

定理1 (7.11) の一般解は $F_1(D_x, D_y)z = 0$ の一般解（これを**余関数**という）と (7.11) の特殊解の和として表される．

定理2 $F_1(D_x, D_y)z = a(D_x - \alpha D_y)(D_x - \beta D_y)z = 0\,(a \neq 0)$ の一般解（余関数）は ϕ_1, ϕ_2 を任意関数として，つぎのようになる．
(i) $\alpha \neq \beta$（実数）のとき，$z = \phi_1(\alpha x + y) + \phi_2(\beta x + y)$
(ii) $\alpha = \beta$（実数）のとき，$z = \phi_1(\alpha x + y) + x\phi_2(\alpha x + y)$.

つぎに，$(D_x - \alpha D_y)z = f(x,y)$ の特殊解は，
$$z = \dfrac{1}{D_x - \alpha D_y} f(x,y) = \int f(x, k - \alpha x)\,dx$$
である．ただし積分を行った後，k に $y + \alpha x$ を代入する．この方法をもう一度くり返せば求める特殊解を得る．

● **定数係数2階線形非同次偏微分方程式** ● D_x, D_y について必ずしも同次でない2次の多項式（定数係数）を $F_2(D_x, D_y)$ で表すとき，
$$F_2(D_x, D_y)z = f(x,y) \tag{7.12}$$
を**定数係数2階線形非同次偏微分方程式**という．$D_x - \alpha D_y - \beta$ の形の因数の積に分解できる場合について述べる．(7.12) の一般解は $F_2(D_x, D_y)z = 0$ の一般解（余関数）と (7.12) の特殊解の和として表される．

一般解は $\varphi_1, \varphi_2, \varphi_3$ を任意関数としてつぎのようにして求める．
（1） $(D_x - \alpha D_y - \beta)z = 0$ の一般解は $z = e^{\beta x}\varphi_1(\alpha x + y)$
（2） $(D_x - \alpha D_y - \beta)^2 z = 0$ の一般解は
$$z = e^{\beta x}\{\varphi_2(\alpha x + y) + x\varphi_3(\alpha x + y)\}$$
（3） $(D_x - \alpha_1 D_y - \beta_1)(D_x - \alpha_2 D_y - \beta_2)z = 0$ の一般解は，
$(D_x - \alpha_1 D_y - \beta_1)z = 0$ と $(D_x - \alpha_2 D_y - \beta_2)z = 0$ の一般解の和である．

特殊解はつぎのようにして求める．
（4） $(D_x - \alpha D_y - \beta)z = f(x,y)$ の特殊解は
$$z = \dfrac{1}{D_x - \alpha D_y - \beta} f(x,y) = e^{\beta x} \int e^{-\beta x} f(x, k - \alpha x)\,dx$$
ただし，積分を行った後に k に $\alpha x + y$ を代入するものとする．
（5） $F_2(D_x, D_y)$ が2つの因数を含むときは (4) の計算をくり返して行えばよい．

―― 例題 6 ――――――――――――― 2 階線形偏微分方程式（直接積分形）――

つぎの 2 階偏微分方程式の一般解を求めよ．

(1) $\dfrac{\partial^2 z}{\partial x^2} = 2y^3$　　(2) $y\dfrac{\partial^2 z}{\partial y^2} + \dfrac{\partial z}{\partial y} = xy$

(3) $\dfrac{\partial^2 z}{\partial x^2} - \dfrac{\partial^2 z}{\partial x \partial y} + \dfrac{\partial z}{\partial x} = 0$

[解答] (1) p.94 の直接積分形 I の場合である．x について積分して，
$\dfrac{\partial z}{\partial x} = 2xy^3 + f(y)$，さらに x について積分すると，
$$z = x^2 y^3 + xf(y) + g(y) \quad (f, g \text{ は任意関数}).$$

(2) p.94 の直接積分形 II の場合である．x を定数と考えれば $\dfrac{\partial z}{\partial y}$ に関する 1 階線形微分方程式であるから，

$$\dfrac{\partial z}{\partial y} = e^{-\int 1/y\, dy} \left\{ \int e^{\int 1/y\, dy} x\, dy + f(x) \right\}$$
$$= \dfrac{1}{y}\left\{\int yx\, dy + f(x)\right\} = \dfrac{xy}{2} + \dfrac{f(x)}{y}$$

これを，y について積分すると，$z = \dfrac{xy^2}{4} + f(x)\log y + g(x)$（$f, g$ は任意関数）

(3) $\dfrac{\partial z}{\partial x} = p$ とおくと，与えられた偏微分方程式は $\dfrac{\partial p}{\partial x} - \dfrac{\partial p}{\partial y} = -p$ となる．これは p.86 のラグランジュの偏微分方程式となる．よって，その補助方程式
$\dfrac{dx}{1} = \dfrac{dy}{-1} = \dfrac{dp}{-p}$ から，$dx + dy = 0, dy - \dfrac{1}{p}dp = 0$ となり，積分して
$x + y = a, p = be^y$ を得る．よってラグランジュの偏微分方程式の一般解は，f' を任意関数 f の導関数として，$p = f'(x+y)e^y$ とかくことができる．これを x で積分して求める一般解を得る．

$$z = \{f(x+y) + g(y)\}e^y \quad (f, g \text{ は任意関数})$$

―― 問　題 ―――――――――――――――――――――――――――――――

6.1 つぎの 2 階偏微分方程式の一般解を求めよ．

(1) $\dfrac{\partial^2 z}{\partial x \partial y} = 2x + 3y$　　(2) $x\dfrac{\partial^2 z}{\partial x^2} = \dfrac{\partial z}{\partial x}$

(3) $\dfrac{\partial^2 z}{\partial x \partial y} + \dfrac{\partial^2 z}{\partial y^2} + \dfrac{\partial z}{\partial y} = 0$　　(4) $\dfrac{\partial^2 z}{\partial y^2} - 2x\dfrac{\partial z}{\partial y} + x^2 z = 1$

例題 7 ──── 定数係数 2 階線形同次偏微分方程式

つぎの偏微分方程式の一般解を求めよ．
(1) $(D_x + 2D_y)(D_x - 3D_y)z = x + y$ (2) $(D_x - D_y)^2 z = x + y$

[解答] (1) 与えられた方程式は，定数係数 2 階線形同次偏微分方程式である．$\alpha = -2, \beta = 3$ であるので p.95 の定理 2 (i) より余関数は，ϕ_1, ϕ_2 を任意関数として $z = \phi_1(-2x + y) + \phi_2(3x + y)$ となる．つぎに特殊解を求める．

$$\frac{1}{D_x - 3D_y}(x+y) = \int \{x + (k-3x)\}\,dx = -x^2 + kx = xy + 2x^2$$

（k に $y + 3x$ を代入）

$$\frac{1}{D_x + 2D_y}\frac{1}{D_x - 3D_y}(x+y) = \frac{1}{D_x + 2D_y}(xy + 2x^2)$$

$$= \int \{x(k+2x) + 2x^2\}\,dx = \frac{kx^2}{2} + \frac{4}{3}x^3 = \frac{x^2 y}{2} + \frac{x^3}{3} \quad (k \text{ に } y - 2x \text{ を代入})$$

ゆえに求める一般解は p.95 の定理 1 より

$$z = \phi_1(-2x + y) + \phi_2(3x + y) + \frac{1}{2}x^2 y + \frac{1}{3}x^3$$

(2) 与えられた方程式は定数係数 2 階線形同次偏微分方程式である．$\alpha = \beta = 1$ であるので p.95 の定理 2 (ii) より余関数は，ϕ_1, ϕ_2 を任意関数として

$$z = \phi_1(x + y) + x\phi_2(x + y)$$

となる．つぎに特殊解を求める．

$$\frac{1}{D_x - D_y}(x+y) = \int (x + (k-x))\,dx = kx = xy + x^2 \quad (k \text{ に } x+y \text{ を代入})$$

$$\frac{1}{(D_x - D_y)^2}(x+y) = \frac{1}{D_x - D_y}(xy + x^2) = \int \{x(k-x) + x^2\}\,dx$$

$$t = \frac{kx^2}{2} = \frac{(y+x)x^2}{2} \quad (k \text{ に } y+x \text{ を代入})$$

ゆえに求める一般解は p.95 の定理 1 より

$$z = \phi_1(x + y) + x\phi_2(x + y) + (y + x)x^2/2$$

問題

7.1 つぎの偏微分方程式の一般解を求めよ．
  (1) $(D_x^2 - 5D_x D_y + 6D_y^2)z = 2x - y$
  (2) $(D_x - D_y)^2 z = xe^{3x+5y}$

──例題 8── ────定数係数 2 階線形非同次偏微分方程式──

つぎの偏微分方程式の一般解を求めよ．
(1) $(D_x + D_y + 1)(D_x - 2D_y - 1)z = x + y$
(2) $(D_x + 2D_y)^2 z = 5e^{2x+3y}$

【解答】 (1) p.95 の定数係数 2 階線形非同次偏微分方程式の解法 (1), (3), (4) を用いる．余関数は $(D_x + D_y + 1)z = 0$ の一般解 $z = e^{-x}\varphi_1(-x+y)$ と $(D_x - 2D_y - 1)z = 0$ の一般解 $z = e^x \varphi_2(2x+y)$ との和

$$z = e^{-x}\varphi_1(-x+y) + e^x \varphi_2(2x+y)$$

である．
つぎに特殊解を求める．

$$\frac{1}{D_x - 2D_y - 1}(x+y) = e^x \int e^{-x}(x + k - 2x)\,dx$$
$$= x + 1 - k = 1 - x - y \quad (k \text{ に } y+2x \text{ を代入})$$
$$\frac{1}{D_x + D_y + 1}(1 - x - y) = e^{-x}\int e^x \{1 - x - (k+x)\}\,dx$$
$$= e^{-x}\int e^x (1 - k - 2x)\,dx = 3 - k - 2x = 3 - x - y \quad (k \text{ に } y - x \text{ を代入})$$

よって求める一般解は $z = e^{-x}\varphi_1(-x+y) + e^x \varphi_2(2x+y) + 3 - x - y$

(2) p.95 の定数係数 2 階線形非同次偏微分方程式の解法 (2), (4) を用いる．
$(D_x + 2D_y)^2 z = 0$ の一般解は $z = \varphi_1(-2x+y) + x\varphi_2(-2x+y)$ である．
つぎに特殊解を求める．

$$\frac{1}{D_x + 2D_y} 5e^{2x+3y} = \int 5e^{2x+3(k+2x)}\,dx = \frac{5e^{8x+3k}}{8} = \frac{5e^{2x+3y}}{8}$$
$$(k \text{ に } -2x+y \text{ を代入})$$

$$\frac{1}{D_x + 2D_y} \frac{5}{8}e^{2x+3y} = \int \frac{5}{8}e^{2x+3(k+2x)}\,dx = \frac{5}{64}e^{8x+3k} = \frac{5}{64}e^{2x+3y}$$
$$(k \text{ に } -2x+y \text{ を代入})$$

よって求める一般解は，$z = \varphi_1(-2x+y) + x\varphi_2(-2x+y) + \frac{5}{64}e^{2x+3y}$

～～～ 問　題 ～～～

8.1 つぎの偏微分方程式の一般解を求めよ．
(1) $(D_x + 1)(D_x + D_y - 1)z = e^{3x-y}$
(2) $(D_x - D_y)(D_x - 3D_y + 4)z = \sin(3x+y)$

8 フーリエ解析と初期値・境界値問題

　物理や力学から出発した偏微分方程式の初期値問題・境界値問題の3つの基本形である波動方程式，熱伝導方程式およびラプラス方程式の解法について述べる．そのためにまずフーリエ解析（フーリエ級数，フーリエ積分およびフーリエ変換）を紹介する．

8.1 フーリエ解析

● **フーリエ級数** ● 区間 $[-\pi, \pi]$ で $f(x)$ が積分可能のとき，

$$a_n = \frac{1}{\pi}\int_{-\pi}^{\pi} f(x)\cos nx\, dx \quad (n=0,1,2,\cdots) \tag{8.1}$$

$$b_n = \frac{1}{\pi}\int_{-\pi}^{\pi} f(x)\sin nx\, dx \quad (n=1,2,3,\cdots) \tag{8.2}$$

を $f(x)$ の**フーリエ係数**という．そして，そのフーリエ係数から，作った級数

$$\frac{a_0}{2} + \sum_{n=1}^{\infty}(a_n\cos nx + b_n\sin nx) \tag{8.3}$$

を $f(x)$ の**フーリエ級数**または**フーリエ展開**といい，

$$f(x) \sim \frac{a_0}{2} + \sum_{n=1}^{\infty}(a_n\cos nx + b_n\sin nx) \tag{8.4}$$

と表す．このとき一般に右辺の級数はもとの関数 $f(x)$ に収束するか？ $f(x)$ が連続ならばどうか？といったことが問題になる．不連続関数であっても，そのフーリエ級数が $f(x)$ に収束するものがある反面，連続関数のフーリエ級数は各点 x で必ず収束するとは限らず，フーリエ級数の収束条件を完全に決定するのは非常にむずかしい．数学史上の有名な問題となったのである．ここでは不連続関数を含むかなり広い範囲の関数に対してフーリエ級数が収束することを保証するつぎの定理を述べる．

● フーリエ級数の収束 ●

定理 1 （フーリエ級数の基本定理） $f(x)$ が $[-\pi, \pi]$ で区分的に滑らかな関数*とすると，そのフーリエ級数は $f(x)$ が連続な点では $f(x)$ に収束する．このことを

$$f(x) = \frac{a_0}{2} + \sum_{n=1}^{\infty} (a_n \cos nx + b_n \sin nx) \qquad (8.5)^{**}$$

と書く．ここに a_n, b_n は前頁の (8.1), (8.2) で与えられる．また $f(x)$ が不連続な点では，そのフーリエ級数は

$$\frac{f(x+0) + f(x-0)}{2}$$

に収束する．

● 一般区間でのフーリエ級数 ●

展開しようとする関数 $f(x)$ が周期 $2l$ $(l \neq \pi)$ の周期関数のときには定理 1 を適用することができる．

定理 2 （一般区間でのフーリエ級数） $f(x)$ が $[-l, l]$ で区分的に滑らかな $2l$ を周期とする周期関数をすると，そのフーリエ級数は $f(x)$ が連続である点においては $f(x)$ に収束する．そのことをつぎのようにかく．

$$f(x) = \frac{a_0}{2} + \sum_{n=1}^{\infty} \left(a_n \cos \frac{n\pi x}{l} + b_n \sin \frac{n\pi x}{l} \right) \qquad (8.6)$$

$$\begin{aligned} a_n &= \frac{1}{l} \int_{-l}^{l} f(x) \cos \frac{n\pi x}{l} \, dx, \\ b_n &= \frac{1}{l} \int_{-l}^{l} f(x) \sin \frac{n\pi x}{l} \, dx \end{aligned} \qquad (8.7)$$

また $f(x)$ が不連続な点においては

$$\frac{f(x+0) + f(x-0)}{2}$$

に収束する．

定理 3 （フーリエ余弦級数，フーリエ正弦級数） $f(x)$ が定理 2 の条件をみたし，さらに $f(x)$ が偶関数ならば，つぎのような**フーリエ余弦級数**に展開される．

---

* **区分的に滑らかな関数** $[a, b]$ で定義された関数 $f(x)$ が有限個の点を除いて連続で，不連続な点 x_i において右側極限値 $f(x_i + 0)$ および左側極限値 $f(x_i - 0)$ が存在するとき，$f(x)$ は**区分的に連続な関数**という．

つぎに $f'(x)$ が区分的に連続な関数であるとき，$f(x)$ は**区分的に滑らかな関数**という．

** (8.5) の右辺は周期 2π の周期関数であるから，左辺の $f(x)$ も $[-\pi, \pi]$ のそとでは 2π を周期とする周期関数であるように延長しておいて，(8.5) を $(-\infty, \infty)$ での周期関数の展開式とみてもよい．

$$f(x) = \frac{a_0}{2} + \sum_{n=1}^{\infty} a_n \cos \frac{n\pi x}{l},$$
$$a_n = \frac{2}{l} \int_0^l f(x) \cos \frac{n\pi x}{l} \, dx \qquad (n = 0, 1, 2, \cdots) \qquad (8.8)$$

また，$f(x)$ が奇関数ならば，つぎのような**フーリエ正弦級数**に展開される．

$$f(x) = \sum_{n=1}^{\infty} b_n \sin \frac{n\pi x}{l},$$
$$b_n = \frac{2}{l} \int_0^l f(x) \sin \frac{n\pi x}{l} \, dx \qquad (n = 1, 2, \cdots) \qquad (8.9)$$

●**フーリエ積分，フーリエ変換**● $(-\infty, \infty)$ で定義された関数 $f(x)$ に対して，

$$\frac{1}{\pi} \int_0^{\infty} du \int_{-\infty}^{\infty} f(t) \cos u(x-t) \, dt \qquad (8.10)$$

を $f(t)$ の**フーリエ積分**という．

定理 4（フーリエの積分公式） $f(x)$ が区分的に滑らかでかつ

$$\int_{-\infty}^{\infty} |f(x)| \, dx$$

が存在すれば，任意の x に対して

$$\frac{1}{\pi} \int_0^{\infty} du \int_{-\infty}^{\infty} f(t) \cos u(t-x) \, dt = \frac{f(x+0) + f(x-0)}{2} \qquad (8.11)^*$$

定理 5（フーリエ変換・逆フーリエ変換） $f(x)$ を定理 4 の条件をみたす関数とする．いま，

$$F(u) = \frac{1}{\sqrt{2\pi}} \int_{-\infty}^{\infty} f(t) e^{-iut} \, dt \qquad (8.12)$$

とおけば

$$\frac{1}{\sqrt{2\pi}} \int_{-\infty}^{\infty} F(u) e^{iux} \, du = \frac{f(x+0) + f(x-0)}{2} \qquad (8.13)$$

(8.12) の $F(u)$ を $f(t)$ の**フーリエ変換**といい，(8.13) の積分を $F(u)$ の**逆フーリエ変換**という．

---

* オイラーの公式 $e^{-iu(t-x)} = e^{iu(x-t)} = \cos u(x-t) + i \sin u(x-t)$ を用いることによって，(8.11) は

$$\frac{1}{\pi} \int_0^{\infty} du \int_{-\infty}^{\infty} f(t) \cos u(x-t) \, dt = \frac{1}{2\pi} \int_{-\infty}^{\infty} du \int_{-\infty}^{\infty} f(t) e^{-iu(t-x)} \, dt$$

となり，複素形のフーリエ積分でも表すことができる．

例題 1 ─────────────────────────── フーリエ展開 ──

$f(x) = \begin{cases} x & (0 \leq x \leq 1) \\ 0 & (-1 \leq x \leq 0) \end{cases}$ をフーリエ展開せよ.

解答 $f(x)$ は $[-1, 1]$ で連続で区分的に滑らかな 2 ($l = 1$) を周期とする周期関数であるので, p.100 の定理 2 を用いる. $f(x)$ を周期 2 で接続する.

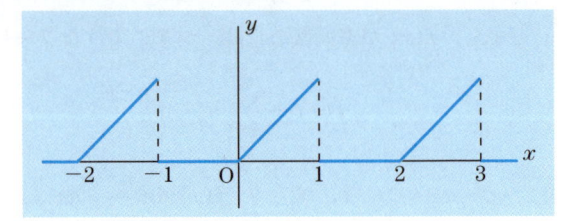

$a_0 = \displaystyle\int_0^1 x \, dx = \left[\dfrac{x^2}{2}\right] = \dfrac{1}{2}$

$a_n = \displaystyle\int_{-1}^1 f(x) \cos n\pi x \, dx = \int_0^1 x \cos n\pi x \, dx$

$= \left[\dfrac{x}{n\pi} \sin n\pi x\right]_0^1 - \dfrac{1}{n\pi} \displaystyle\int_0^1 \sin n\pi x \, dx = \left[\dfrac{1}{n^2\pi^2} \cos n\pi x\right]_0^1$

$= \dfrac{\cos n\pi - 1}{n^2\pi^2} = \begin{cases} -2/n^2\pi^2 & (n : \text{奇数}) \\ 0 & (n : \text{偶数}) \end{cases}$

$b_n = \displaystyle\int_{-1}^1 f(x) \sin n\pi x \, dx = \int_0^1 x \sin n\pi x \, dx = \left[-\dfrac{x}{n\pi} \cos n\pi x\right]_0^1 + \int_0^1 \dfrac{1}{n\pi} \cos n\pi x \, dx$

$= -\dfrac{\cos n\pi}{n\pi} + \dfrac{1}{n^2\pi^2} \Big[\sin n\pi x\Big]_0^1 = -\dfrac{\cos n\pi}{n\pi} = \dfrac{(-1)^{n+1}}{n\pi}$

したがって $f(x)$ のフーリエ展開は

$$f(x) = \dfrac{1}{4} - \dfrac{2}{\pi^2}\left(\cos \pi x + \dfrac{\cos 3\pi x}{3^2} + \cdots + \dfrac{\cos(2n-1)\pi x}{(2n-1)^2} + \cdots\right)$$

$$+ \dfrac{1}{\pi}\left(\sin \pi x - \dfrac{\sin 2\pi x}{2} + \cdots + (-1)^{n+1}\dfrac{\sin n\pi x}{n} + \cdots\right)$$

~~~ 問 題 ~~~~~~

1.1 つぎの関数をフーリエ展開せよ.

(1) $f(x) = \begin{cases} \pi x & (0 \leq x \leq 1) \\ \pi(2-x) & (1 \leq x \leq 2) \end{cases}$

(2) $f(x) = x^2 + x \quad (-1 < x < 1)$

(3) $f(x) = \begin{cases} 0 & (-\pi \leq x \leq 0) \\ \sin x & (0 < x \leq \pi) \end{cases}$

(4) $f(x) = x \quad (-\pi \leq x \leq \pi)$

(5) $f(x) = |x| \quad (-\pi \leq x \leq \pi)$

(6) $f(x) = x^2 \quad (-\pi \leq x \leq \pi)$

---例題 2----------------------------------フーリエ積分・フーリエ変換---

$f(x) = \begin{cases} 1 & (|x| \leq 1) \\ 0 & (|x| > 1) \end{cases}$ のとき，$\dfrac{2}{\pi} \displaystyle\int_0^\infty \dfrac{\sin u \cos ux}{u} du = \begin{cases} 1 & (|x| < 1) \\ 1/2 & (|x| = 1) \\ 0 & (|x| > 1) \end{cases}$

解答 $f(x)$ は $(-\infty, \infty)$ で区分的に滑らかで，$\displaystyle\int_{-\infty}^\infty |f(x)|\,dx = \int_{-1}^1 dx = 2$ は収束しているので，p.101 の定理 4（フーリエの積分公式）を用いる．

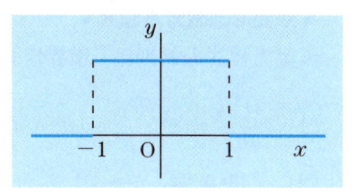

$$\dfrac{f(x+0) + f(x-0)}{2}$$

$$= \dfrac{1}{\pi} \int_0^\infty du \int_{-\infty}^\infty f(t) \cos u(t-x)\,dt = \dfrac{1}{\pi} \int_0^\infty du \int_{-1}^1 \cos u(t-x)\,dt$$

$$\int_{-1}^1 \cos u(t-x)\,dt = \cos ux \int_{-1}^1 \cos ut\,dt + \sin ux \int_{-1}^1 \sin ut\,dt$$

$$= \dfrac{2 \cos ux \sin u}{u}$$

$\dfrac{f(x+0) + f(x-0)}{2}$ は $|x| = 1$ 以外では連続であるので $f(x)$ に等しく，$|x| = 1$ では $1/2$ となる．よって，

$$\dfrac{2}{\pi} \int_0^\infty \dfrac{\cos ux \sin u}{u} du = \begin{cases} 1 & (|x| < 1) \\ 1/2 & (|x| = 1) \\ 0 & (|x| > 1) \end{cases}$$

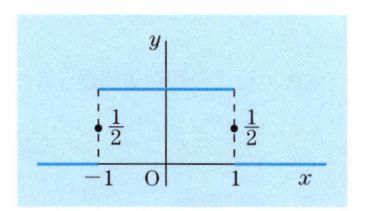

≈≈ 問 題 ≈≈≈≈≈≈≈≈≈≈≈≈≈≈≈≈≈≈≈≈≈≈≈≈≈

2.1 つぎの関係を証明せよ．

(1) $f(x) = \begin{cases} \pi e^{-x} & (x \geq 0) \\ 0 & (x < 0) \end{cases}$ のとき

$$\int_0^\infty \dfrac{\cos tx + t \sin tx}{1 + t^2}\,dt = \begin{cases} \pi e^{-x} & (x > 0) \\ \pi/2 & (x = 0) \\ 0 & (x < 0) \end{cases}$$

(2) $f(x)$ は $-\infty < x < \infty$ で微分可能，$\displaystyle\int_{-\infty}^\infty |f(x)|\,dx$ は収束し，$f(x) \to 0\,(x \to \pm\infty)$ とする．$f(x)$ のフーリエ変換を $F(\alpha)$ とすれば $f'(x)$ のフーリエ変換は $i\alpha F(\alpha)$ であることを示せ．

8.2 偏微分方程式の初期値問題・境界値問題

2 階偏微分方程式の初期値問題・境界値問題を変数分離法，フーリエ級数，フーリエ積分やフーリエ変換を用いて解くことを考える．

● **双曲形偏微分方程式** ●

波動方程式の初期値・境界値問題（両端を固定した長さ l の弦の振動の問題）

(1) $\dfrac{\partial^2 u}{\partial t^2} = c^2 \dfrac{\partial^2 u}{\partial x^2}$ $(u = u(x,t);\ 0 < x < l,\ t > 0)$

(2) 初期条件 $u(x,0) = f(x),\quad \dfrac{\partial}{\partial t}u(x,0) = F(x)\quad (0 \leqq x \leqq l)$

(3) 境界条件 $u(0,t) = 0,\quad u(l,t) = 0 \quad (t \geqq 0)$

(4) 解 $\begin{cases} u(x,t) = \displaystyle\sum_{n=1}^{\infty} \sin\dfrac{n\pi x}{l}\left(a_n \cos\dfrac{n\pi ct}{l} + \dfrac{l}{n\pi c}b_n \sin\dfrac{n\pi ct}{l}\right) \\ a_n = \dfrac{2}{l}\displaystyle\int_0^l f(x)\sin\dfrac{n\pi x}{l}\,dx,\quad b_n = \dfrac{2}{l}\displaystyle\int_0^l F(x)\sin\dfrac{n\pi x}{l}\,dx \end{cases}$

ただし $f(x), F(x)$ は連続で区分的に滑らかな関数とする．（解法は p.106 の問題 3.1 を参照）

波動方程式の初期値問題（ストークスの公式）（長さが無限の場合の弦の振動の問題）

(5) $\dfrac{\partial^2 u}{\partial t^2} = c^2 \dfrac{\partial^2 u}{\partial x^2}$ $(u = u(x,t);\ -\infty < x < \infty,\ t > 0)$

(6) 初期条件 $u(x,0) = f(x),\ \dfrac{\partial}{\partial t}u(x,0) = F(x)\quad (-\infty < x < \infty)$

(7) 解 $u(x,t) = \dfrac{1}{2}\{f(x+ct) + f(x-ct)\} + \dfrac{1}{2c}\displaystyle\int_{x-ct}^{x+ct} F(\lambda)\,d\lambda$

ただし $f(x), F(x)$ は連続で区分的に滑らかな関数であり，$\displaystyle\int_{-\infty}^{\infty}|f(x)|\,dx$ および，$\displaystyle\int_{-\infty}^{\infty}|F(x)|\,dx$ は収束するものとする（解法は p.107 の問題 4.1 を参照）．

重ね合わせの原理 $u_n(x,y)(n=1,2,\cdots)$ が

$$a\dfrac{\partial^2 u}{\partial x^2} + 2b\dfrac{\partial^2 u}{\partial x \partial y} + c\dfrac{\partial^2 u}{\partial y^2} + h\dfrac{\partial u}{\partial x} + k\dfrac{\partial u}{\partial y} + lu = 0 \tag{8.14}$$

の解であれば，それらの一次結合 $\sum_{n=1}^{\infty} a_n u_n(x,y)$ も (8.14) の解である（a_n は任意定数）．

8.2 偏微分方程式の初期値問題・境界値問題

● **放物形偏微分方程式** ●

熱伝導方程式の初期値・境界値問題 （長さ c の針金に初期温度分布 $f(x)$ $(0<x<c)$ を与えたとき，t 時間後の温度の分布の問題）

(8) $\quad \dfrac{\partial u}{\partial t} = k^2 \dfrac{\partial^2 u}{\partial x^2} \quad (u=u(x,t);\; 0<x<c,\; t>0)$

(9) 　初期条件　$u(x,0)=f(x) \quad (0<x<c)$

(10) 　境界条件　$u(0,t)=0,\; u(c,t)=0 \quad (t>0)$

(11) 　解 $\begin{cases} u(x,t) = \displaystyle\sum_{n=1}^{\infty} c_n e^{-\left(\frac{kn\pi}{c}\right)^2 t} \sin \dfrac{n\pi}{c} x \\ c_n = \dfrac{2}{c}\displaystyle\int_0^c f(\lambda) \sin \dfrac{n\pi}{c}\lambda\, d\lambda \end{cases}$

ただし $f(x)$ は連続で区分的に滑らかな関数とする（解法は p.108 の問題 5.2 参照）．

熱伝導方程式の初期値問題 （(8) で針金の長さを無限にした場合）

(12) $\quad \dfrac{\partial u}{\partial t} = k^2 \dfrac{\partial^2 u}{\partial x^2} \quad (u=u(x,t);\; -\infty<x<\infty,\; t>0)$

(13) 　初期条件　$u(x,0)=f(x) \quad (-\infty<x<\infty)$

(14) 　解　$u(x,t) = \dfrac{1}{2k\sqrt{\pi t}}\displaystyle\int_{-\infty}^{\infty} f(\lambda) e^{-\frac{(x-\lambda)^2}{4k^2 t}} d\lambda$

ただし $f(x)$ は 2 回微分可能で $\displaystyle\int_{-\infty}^{\infty}|f(x)|dx$ は収束するものとする（解法は p.109 の問題 6.1 (2) 参照）．

● **楕円形偏微分方程式** ●

ラプラス方程式の境界値問題（長方形に関するディリクレの問題）（長方形領域の場合）

(15) $\quad \Delta u = \dfrac{\partial^2 u}{\partial x^2} + \dfrac{\partial^2 u}{\partial y^2} = 0 \quad (u=u(x,y);\; 0<x<a,\; 0<y<b)$

(16) 　境界条件　$\begin{cases} u(0,y)=0,\; u(a,y)=0 \quad (0<y<b) \\ u(x,b)=0,\; u(x,0)=f(x) \quad (0<x<a) \end{cases}$

(17) 　解 $\begin{cases} u(x,y) = \displaystyle\sum_{n=1}^{\infty} d_n \dfrac{\sinh n\pi(b-y)/a}{\sinh n\pi b/a} \sin \dfrac{n\pi x}{a} \\ d_n = \dfrac{2}{a}\displaystyle\int_0^a f(\lambda)\sin \dfrac{n\pi \lambda}{a} d\lambda \end{cases}$

ただし $f(x)$ は連続で区分的に滑らかであり，$f(0)=f(a)=0$ とする．

ラプラス方程式 (15) をみたす関数を**調和関数**という（解法は p.110 の問題 7.1 参照）．

---**例題 3**--- 双曲形偏微分方程式（波動方程式の初期値・境界値問題）---

つぎの偏微分方程式を解け．
$$\frac{\partial^2 u}{\partial t^2} = c^2 \frac{\partial^2 u}{\partial x^2} \quad (u = u(x,t);\ 0 < x < 2,\ t > 0)$$

初期条件 $u(x,0) = \begin{cases} x & (0 < x < 1), \\ -x+2 & (1 < x < 2) \end{cases}$ $\quad \dfrac{\partial u(x,0)}{\partial t} = 0 \quad (0 < x < 2)$

境界条件 $u(0,t) = u(2,t) = 0 \quad (t > 0)$

[解答] p.104 の波動方程式の初期値・境界値問題で
$$f(x) = \begin{cases} x & (0 \leq x \leq 1) \\ -x+2 & (1 \leq x \leq 2) \end{cases},\ l = 2,\ F(x) = 0$$
とした場合である．$f(x)$ は連続で区分的に滑らかであり，$F(x)$ は微分可能である．よって p.104 の (4) より，

$$u(x,t) = \sum_{n=1}^{\infty} a_n \sin\frac{n\pi x}{2} \cos\frac{n\pi ct}{2},\quad a_n = \int_0^2 f(x)\sin\frac{n\pi x}{2} dx$$

よって，
$$\begin{aligned}
a_n &= \int_0^1 x\sin\frac{n\pi x}{2}\,dx + \int_1^2 (-x+2)\sin\frac{n\pi x}{2}\,dx \\
&= \left[-x\frac{2}{n\pi}\cos\frac{n\pi x}{2}\right]_0^1 + \int_0^1 \frac{2}{n\pi}\cos\frac{n\pi x}{2}\,dx \\
&\quad + \left[-(-x+2)\frac{2}{n\pi}\cos\frac{n\pi x}{2}\right]_1^2 - \int_1^2 \frac{2}{n\pi}\cos\frac{n\pi x}{2}\,dx \\
&= \frac{-2}{n\pi}\cos\frac{n\pi}{2} + \frac{2}{n\pi}\left[\frac{2}{n\pi}\sin\frac{n\pi x}{2}\right]_0^1 \\
&\quad + \frac{2}{n\pi}\cos\frac{n\pi}{2} - \frac{2}{n\pi}\left[\frac{2}{n\pi}\sin\frac{n\pi x}{2}\right]_1^2 = \frac{8}{n^2\pi^2}\sin\frac{n\pi}{2}
\end{aligned}$$

したがって，$a_{2n-1} = (-1)^{n-1}\dfrac{8}{(2n-1)^2\pi^2},\quad a_{2n} = 0 \quad (n=1,2,\cdots)$

ゆえに，$u(x,t) = \displaystyle\sum_{n=1}^{\infty} a_{2n-1} \sin\frac{(2n-1)\pi x}{2}\cos\frac{c(2n-1)\pi t}{2}$

$$a_{2n-1} = (-1)^{n-1}\frac{8}{(2n-1)^2\pi^2}$$

～～～ **問 題** ～～～～～～～～～～～～～～～～～～～～～～

3.1* p.104 の波動方程式の初期値・境界値問題（有限な長さ l の弦の振動の問題）を証明せよ．（変数分離法を用いる．また p.95 の定理 2 を用いても証明できる．）

---
* 解答をみよ．

8.2 偏微分方程式の初期値問題・境界値問題

例題 4 ─────────── 波動方程式の初期値問題（ストークスの公式）

ストークスの公式を用いて，つぎの偏微分方程式を解け．
$$\frac{\partial^2 u}{\partial t^2} = \frac{\partial^2 u}{\partial x^2} \quad (u = u(x,t); -\infty < x < \infty, t > 0)$$
初期条件 $u(x,0) = e^{-x^2}, \quad \dfrac{\partial}{\partial t}u(x,0) = 0 \quad (-\infty < x < \infty)$

[解答] p.104 の波動方程式の初期値問題（ストークスの公式）で，$f(x) = e^{-x^2}$ $F(x) = 0, c = 1$ とした場合である．$f(x), F(x)$ は明らかに微分可能であり，$\int_{-\infty}^{\infty} |f(x)|\,dx, \int_{-\infty}^{\infty} |F(x)|\,dx$ は収束するので，p.104 の (7) より，

$$u(x,t) = \frac{1}{2}\{f(x+ct) + f(x-ct)\} + \frac{1}{2c}\int_{x-ct}^{x+ct} F(\lambda)\,d\lambda$$

$$= \frac{1}{2}\left\{e^{-(x+t)^2} + e^{-(x-t)^2}\right\}$$

$$= e^{-(x^2+t^2)}\frac{e^{-2xt} + e^{2xt}}{2} = e^{-(x^2+t^2)}\cosh 2xt$$

[注意] $\int_{-\infty}^{\infty} |f(x)|\,dx = \int_{-\infty}^{\infty} e^{-x^2}\,dx = 2\int_{0}^{\infty} e^{-x^2}\,dx = 2\int_{0}^{1} e^{-x^2}\,dx + 2\int_{1}^{\infty} e^{-x^2}\,dx$
$= 2(I_1 + I_2)$

$0 < x < 1$ のとき不等式 $e^{-x^2} < 1$ が成立するので，$\int_{0}^{1} e^{-x^2}\,dx < \int_{0}^{1} 1\,dx = 1$
また，$x \geq 1$ のとき不等式 $e^{-x^2} < xe^{-x^2}$ が成立するので

$$\int_{1}^{\infty} e^{-x^2}\,dx < \int_{1}^{\infty} xe^{-x^2}\,dx = \lim_{N\to\infty}\int_{1}^{N} xe^{-x^2}\,dx = \lim_{N\to\infty}\left[-\frac{1}{2}e^{-x^2}\right]_{1}^{N} = \frac{1}{2}e^{-1}$$

ゆえに，$\int_{-\infty}^{\infty} e^{-x^2}\,dx < 2\left(1 + \dfrac{1}{2e}\right)$，よって $\int_{-\infty}^{\infty} |f(x)|\,dx$ は収束する．

問題

4.1* p.104 の波動方程式の初期値問題（ストークスの公式）を証明せよ．

4.2** つぎの**強制振動の方程式**（長さ l の弦に外部から強制的に力が働く場合）を解け．
$$\frac{\partial^2 u}{\partial t^2} = a^2\frac{\partial^2 u}{\partial x^2} + x \quad (u = u(x,t); 0 < x < l, t > 0)$$
初期条件 $u(x,0) = 0, \dfrac{\partial u(x,t)}{\partial t} = 0 \quad (0 \leq x \leq l)$
境界条件 $u(0,t) = u(l,t) = 0 \quad (t = 0)$

---
* p.95 の定理 2 を用いよ．
** $u(x,t) = v(x,t) + \varphi(x)$ とおけ．

―― 例題 5 ――――――― 放物形偏微分方程式（熱伝導方程式の初期値・境界値問題）――

つぎの偏微分方程式を解け．
$$\frac{\partial u}{\partial t} = k^2 \frac{\partial^2 u}{\partial x^2} \quad (u = u(x,t); 0 < x < \pi, t > 0)$$
初期条件 $u(x,0) = f(x) \quad (0 < x < \pi)$
境界条件 $u(0,t) = 0, u(\pi,t) = A \quad (t > 0)$
ただし $f(x)$ は連続で区分的に滑らかな関数とする．

[解答]
$$u(x,t) = v(x,t) + \varphi(x) \qquad ①$$

とおき，与えられた偏微分方程式，初期条件，境界条件に代入すると，
$$\frac{\partial u}{\partial t} = k^2 \frac{\partial^2 v}{\partial x^2} + k^2 \varphi''(x), \quad v(x,0) + \varphi(x) = f(x),$$
$$v(0,t) + \varphi(0) = 0, \quad v(\pi,t) + \varphi(\pi) = A$$

となる．つぎに，$\varphi(x)$ としてつぎの条件をみたすものを選ぶ．

$$\varphi''(x) = 0 \quad \cdots② \qquad \varphi(0) = 0 \quad \cdots③ \qquad \varphi(\pi) = A \quad \cdots④$$

これを解くと，② より $\varphi(x) = K_1 x + K_2$ となる．これと ③ より $K_2 = 0$ を得る．よって ④ より $K_1 = A/\pi$ となり，$\varphi(x) = Ax/\pi$ を得る．

このとき，$v(x,t)$ はつぎの条件を満足する．
$$\frac{\partial v}{\partial t} = k^2 \frac{\partial^2 v}{\partial x^2}, \quad v(x,0) = f(x) - \frac{A}{\pi}x, \quad v(0,t) = 0, \quad v(\pi,t) = 0$$

p.104 の (8) で $u(x,t)$ の代りに $v(x,t)$, (9) で $f(x)$ の代りに $f(x) - Ax/\pi c$ の代わりに π と考えると，(11) より

$$v(x,t) = \sum_{n=1}^{\infty} c_n e^{-k^2 n^2 t} \sin nx, \quad c_n = \frac{2}{\pi} \int_0^{\pi} \left(f(\lambda) - \frac{A\lambda}{\pi} \right) \sin n\lambda \, d\lambda$$

$$u(x,t) = \frac{A}{\pi}x + \sum_{n=1}^{\infty} c_n e^{-k^2 n^2 t} \sin nx, \quad c_n = \frac{2}{\pi} \int_0^{\pi} \left(f(\lambda) - \frac{A\lambda}{\pi} \right) \sin n\lambda \, d\lambda$$

―― 問 題 ――

5.1 つぎの熱伝導方程式の初期値・境界値問題を解け．
$\frac{\partial u}{\partial t} = k^2 \frac{\partial^2 u}{\partial x^2} \quad (u = u(x,t); 0 < x < c; t > 0)$

初期条件 $u(x,0) = \begin{cases} 1 & (0 < x \leqq c/2) \\ 0 & (c/2 \leqq x < c) \end{cases}$, 境界条件 $u(0,t) = u(c,t) = 0$
$(t > 0)$

5.2* p.104 の放物形偏微分方程式である熱伝導方程式の初期値・境界値問題（針金の長さが有限の場合）を証明せよ．

---
* 解答をみよ．変数分離法を用いる．

---例題 6--- **放物形偏微分方程式（熱伝導方程式の初期値問題）**

つぎの偏微分方程式を解け．
$$\frac{\partial u}{\partial t} = k^2 \frac{\partial^2 u}{\partial x^2} \quad (u = u(x,t);\ -\infty < x < \infty,\ t > 0)$$
初期条件 $u(x,0) = \begin{cases} 1 & (-1 \leq x \leq 1) \\ 0 & (その他) \end{cases}$

[解答] $f(x) = \begin{cases} 1 & (-1 \leq x \leq 1) \\ 0 & (その他) \end{cases}$

は 2 回微分可能な関数であり，
$$\int_{-\infty}^{\infty} |f(x)|\,dx = \int_{-1}^{1} 1\,dx = [x]_{-1}^{1} = 2$$
であるので，p.105 の熱伝導方程式の初期値問題
（針金を十分長くした場合）を用いることができる．p.105 の (14) の積分表示により
$$u(x,t) = \frac{1}{2k\sqrt{\pi t}} \int_{-1}^{1} e^{\frac{-(x-\lambda)^2}{4k^2 t}}\,d\lambda$$
ここで $\frac{\lambda - x}{2k\sqrt{t}} = \xi$ と変数変換すると，$d\lambda = 2k\sqrt{t}\,d\xi$ であるので，
$$u(x,t) = \frac{1}{\sqrt{\pi}} \int_{-(1+x)/2k\sqrt{t}}^{(1-x)/2k\sqrt{t}} e^{-\xi^2}\,d\xi$$
$$= \frac{1}{\sqrt{\pi}} \left\{ \int_0^{(1-x)/2k\sqrt{t}} e^{-\xi^2}\,d\xi + \int_0^{(1+x)/2k\sqrt{t}} e^{-\xi^2}\,d\xi \right\}$$
$$= \frac{1}{2}\left(\operatorname{erf}\frac{1-x}{2k\sqrt{t}} + \operatorname{erf}\frac{1+x}{2k\sqrt{t}}\right) \quad \left(\operatorname{erf} x = \frac{2}{\sqrt{\pi}} \int_0^x e^{-\xi^2}\,d\xi\text{ は誤差関数である．}\right)$$

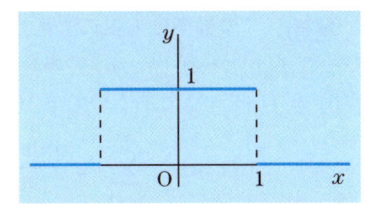

問題

6.1 つぎの熱伝導方程式の初期値問題（針金の長さを無限にした場合）を解け．

(1)* $\dfrac{\partial u}{\partial t} = k^2 \dfrac{\partial^2 u}{\partial x^2} + f(x,t) \quad (u = u(x,t);\ -\infty < x < \infty,\ t > 0)$
　　 初期条件 $u(x,0) = 0 \quad (-\infty < x < \infty)$

(2)** p.105 の放物形偏微分方程式である熱伝導方程式の初期値問題（針金の長さを無限にした場合）を証明せよ．

---

* 解答をみよ．フーリエ変換を用いる．
** 解答をみよ．変数分離法と p.100 の定理 4（フーリエの積分公式）を用いる．

例題 7 ── 楕円形偏微分方程式（ラプラス方程式の境界値問題）

つぎの偏微分方程式を解け．

$$\Delta u = \frac{\partial^2 u}{\partial x^2} + \frac{\partial^2 u}{\partial y^2} = 0 \quad (u = u(x,y);\ 0 < x < a,\ 0 < y < b)$$

境界条件 $\begin{cases} u(0,y) = u(a,y) = 0 & (0 < y < b) \\ u(x,b) = 0,\ u(x,0) = \sin(\pi x/a) & (0 < x < a) \end{cases}$

[解答] この偏微分方程式はラプラス方程式の境界値問題であり，p.105 の境界条件の中の $f(x)$ が $\sin(\pi x/a)$ の場合である．この $f(x)$ は連続で区分的に滑らかであり，$f(0) = f(a) = 0$ であるので p.105 の (17) より

$$u(x,y) = \sum_{n=1}^{\infty} d_n \frac{\sinh n\pi(b-y)/a}{\sinh n\pi b/a} \sin \frac{n\pi x}{a}$$

$$d_n = \frac{2}{a} \int_0^a f(\lambda) \sin \frac{n\pi\lambda}{a} d\lambda = \frac{2}{a} \int_0^a \sin \frac{\pi\lambda}{a} \sin \frac{n\pi\lambda}{a} d\lambda$$

$n = 1$ のとき $d_1 = \dfrac{2}{a} \displaystyle\int_0^a \left(\sin \frac{\pi\lambda}{a}\right)^2 d\lambda = \dfrac{2}{a} \displaystyle\int_0^a \frac{1}{2}\left(1 - \cos \frac{2\pi\lambda}{a}\right) d\lambda = 1$

つぎに $n \geq 2$ のとき

$$d_n = \frac{2}{a} \int_0^a \sin \frac{\pi\lambda}{a} \sin \frac{n\pi\lambda}{a} d\lambda$$

$$= \frac{2}{a} \frac{1}{2} \int_0^a \left(\cos \frac{\pi(1-n)\lambda}{a} - \cos \frac{\pi(1+n)\lambda}{a}\right) d\lambda$$

$$= \frac{1}{a} \left[\frac{a}{\pi(1-n)} \sin \frac{\pi(1-n)\lambda}{a} - \frac{a}{\pi(1+n)} \sin \frac{\pi(1+n)\lambda}{a}\right]_0^a = 0$$

ゆえに，$u(x,y) = \dfrac{\sinh \pi(b-y)}{a} \sin \dfrac{\pi x}{a} \Big/ \dfrac{\sinh \pi b}{a}$

問 題

7.1* (1) p.105 のラプラス方程式の境界値問題（長方形領域の場合）を証明せよ．

(2) つぎのラプラス方程式の境界値問題（円領域の場合）を解け．

$$\frac{\partial^2 u}{\partial r^2} + \frac{1}{r}\frac{\partial u}{\partial r} + \frac{1}{r^2}\frac{\partial^2 u}{\partial \theta^2} = 0 \quad \left(u = u(r,\theta);\ 0 < r < a,\ 0 < \theta < \frac{\pi}{2}\right)$$

境界条件 $u(r,0) = u\left(r, \dfrac{\pi}{2}\right) = 0\ (0 \leq r < a),\ u(a,\theta) = f(\theta)\ \left(0 \leq \theta \leq \dfrac{\pi}{2}\right)$

---

* (1), (2) とも**解答**をみよ．(2) $x = r\cos\theta,\ y = r\sin\theta$ とおくと，$\frac{\partial^2 u}{\partial x^2} + \frac{\partial^2 u}{\partial y^2} = \frac{\partial^2 u}{\partial r^2} + \frac{1}{r}\frac{\partial u}{\partial r} + \frac{1}{r^2}\frac{\partial^2 u}{\partial \theta^2} = 0$ となる（「演習微分積分，サイエンス社」p.108 例題 6(2) 参照）．

9 ラプラス変換

関数 $f(x)$ に対して,そのラプラス変換と呼ばれる関数 $F(s)$ を考える.いろいろな $f(x)$ に対する $F(s)$ を表にまとめておいて,それに変換の基本性質を用いて,定数係数の線形微分方程式を解くことができる.それがこの章の目標である.

9.1 ラプラス変換

$y = f(x)$ を $x \geq 0$ で定義された部分的に連続な関数とし,s を実数とする.このとき,無限積分

$$F(s) = \int_0^\infty e^{-sx} f(x)\, dx \tag{9.1}$$

が定まるならば,この式で定まる s の関数 $F(s)$ を $f(x)$ の**ラプラス変換**といい,$L(f(x))$ とか $L(y)$ で表す.すなわち

$$L(f(x)) = \int_0^\infty e^{-sx} f(x)\, dx \tag{9.1}$$

x の関数 $f(x)$ を**原関数**,s の関数 $L(f(x)) = F(s)$ を**像関数**という.

● **ラプラス変数の基本公式群** ● 具体的な関数について $L(f(x))$ を求める.
まず関数 $u(x)$ をつぎのように定義し,**ヘビサイドの関数**とよぶ.

$$u(x) = 1 \quad (x \geq 0), \quad u(x) = 0 \quad (x < 0) \quad (\Rightarrow 例題 1)$$

$x \geq 0$ で $u(x)$ は定数関数 $f(x) = 1$ に他ならない.

公式1 $L(u(x)) = \dfrac{1}{s} \quad (s > 0) \quad (\Rightarrow 例題 1)$

$L(x^n) = \dfrac{n!}{s^{n+1}} \quad (n \geq 1, 整数; s > 0) \quad (\Rightarrow 例題 1)$

追記 α が正の実数のとき

$$L(x^\alpha) = \frac{\Gamma(\alpha+1)}{s^{\alpha+1}}$$

である．ここで
$$\Gamma(p) = \int_0^\infty e^{-x} x^{p-1}\, dx \quad (p > 0)$$
をガンマ関数といい，$p > 0$ のときこの積分は収束する．特に，$\alpha = n$ が正の整数のとき
$$\Gamma(n+1) = n!$$
であり，上の結果に一致する．

公式 2 $\quad L(e^{ax}) = \dfrac{1}{s-a} \quad (s > a) \quad$ (⇨例題 1)

公式 3 $\quad$ (I) $\quad L(\cos bx) = \dfrac{s}{s^2 + b^2} \quad (s > 0)$

$\qquad\qquad$ (II) $\quad L(\sin bx) = \dfrac{b}{s^2 + b^2} \quad (s > 0) \quad$ (⇨例題 2)

以上のような具体的な関数の変換結果を結びつけるものとして，つぎの一般公式がある．

一般公式 1 $\quad$ (I) $\quad L(f(x) + g(x)) = L(f(x)) + L(g(x))$

$\qquad\qquad$ (II) $\quad L(k \cdot f(x)) = k \cdot L(f(x)) \quad$ (k は定数)

これら 2 つをあわせて

$\qquad\qquad$ (III) $\quad L(k \cdot f(x) + l \cdot g(x))$
$\qquad\qquad\qquad = k \cdot L(f(x)) + l \cdot L(g(x)) \quad$ (k, l は定数)

これをラプラス変換の線形性という．公式 1, 2, 3 と (III) を用いて

公式 4 $\quad$ (I) $\quad L(a \cos(bx + c)) = a\dfrac{s \cos c - b \sin c}{s^2 + b^2}$

$\qquad\qquad$ (II) $\quad L(a \sin(bx + c)) = a\dfrac{s \sin c + b \cos c}{s^2 + b^2} \quad$ (⇨例題 3)

公式 5 $\quad$ (I) $\quad L(\cosh bx) = \dfrac{s}{s^2 - b^2}$,

$\qquad\qquad$ (II) $\quad L(\sinh bx) = \dfrac{b}{s^2 - b^2} \quad$ (⇨例題 3)

追記 s **が複素数の場合** ラプラス変換 $F(s) = \int_0^\infty e^{-sx} f(x)\, dx$ において，$f(x)$ は実数の関数であるが，s は複素数でもよい．今までに述べた性質とか，この後に述べる性質は，多少の変更のもとでそのまま成り立つのであるが，複素関数の理論を用いるので，ここでは s を実数としたのである．複素数の場合には，変換についてのより詳しい情報が得られる．特に原関数が像関数からつぎのように表される．

$$f(x) = \dfrac{1}{2\pi i} \int_{c-i\infty}^{c+i\infty} F(s) e^{sx}\, ds$$

例題 1 ─────────────────────── 基本公式 1, 2

つぎを証明せよ．（基本公式 1, 2）

(1) $L(u(x)) = \dfrac{1}{s}$ $(s > 0)$

(2) $L(x^n) = \dfrac{n!}{s^{n+1}}$ $(n \geqq 1,\text{整数}\,;\,s > 0)$

(3) $L(e^{ax}) = \dfrac{1}{s-a}$ $(s > a)$

ここで，$u(x)$ はヘビサイドの関数である．

[解答] (1) $L(u(x)) = \displaystyle\int_0^\infty e^{-sx}\,dx = \left[-\dfrac{1}{s}e^{-sx}\right]_0^\infty = \dfrac{1}{s}$

(2) $n \geqq 1$ として，帰納法で証明する．

$$L(x^n) = \int_0^\infty e^{-sx} x^n\,dx$$

に部分積分法を用いる．

$$= \left[-\dfrac{1}{s}e^{-sx}x^n\right]_0^\infty - \int_0^\infty \left(-\dfrac{1}{s}e^{-sx}\right) nx^{n-1}\,dx$$

$$= \dfrac{n}{s}\int_0^\infty e^{-sx}x^{n-1}\,dx$$

$$= \dfrac{n}{s}L(x^{n-1}) = \cdots = \dfrac{n!}{s^{n+1}}$$

(3) $L(e^{ax}) = \displaystyle\int_0^\infty e^{-sx}e^{ax}\,dx = \left[\dfrac{1}{-s+a}e^{-(s-a)x}\right]_0^\infty$

$s > a$ のとき

$$\lim_{x\to\infty} e^{-(s-a)x} = 0$$

よって積分値は $\dfrac{1}{s-a}$

──── 問 題 ────

1.1 例題の結果を用いて，つぎのラプラス変換を求めよ．

(1) $L(x)$ (2) $L(x^2)$

(3) $L(e^x)$ (4) $L(e^{2x})$

(5) $L(e^{-3x})$ (6) $L(e^{-ax})$

―例題 2――――――――――――――――――――――――――基本公式 3―

つぎを証明せよ．（基本公式 3）

(1) $L(\cos bx) = \dfrac{s}{s^2+b^2}$　$(s>0)$

(2) $L(\sin bx) = \dfrac{b}{s^2+b^2}$　$(s>0)$

［解答］ (1) $L(\cos bx) = \displaystyle\int_0^\infty e^{-sx} \cos bx\, dx$

積分公式 (⇨ 下記の注意) を用いて

$$= \left[\dfrac{e^{-sx}}{s^2+b^2}(-s\cos bx + b\sin bx)\right]_0^\infty$$

ここで

$$|e^{-ax}\cos bx| \leqq e^{-ax} \to 0, \quad |e^{-ax}\sin bx| \leqq e^{-ax} \to 0 \quad (x \to 0)$$

であるから

$$= \dfrac{s}{s^2+b^2} \quad (s>0)$$

(2) $L(\sin bx) = \displaystyle\int_0^\infty e^{-sx} \sin bx\, dx$

ここでも積分公式 (⇨ 下記の注意) を用いて

$$= \left[\dfrac{e^{-sx}}{s^2+b^2}(-s\sin bx - b\cos bx)\right]_0^\infty$$

$$= \dfrac{b}{s^2+b^2} \quad (s>0)$$

注意 ここでつぎの積分公式を用いている．微分積分学の著書を参照されたい．

$$\int e^{ax}\cos bx\, dx = \dfrac{e^{ax}}{a^2+b^2}(a\cos bx + b\sin bx) \quad (定数は省略)$$

$$\int e^{ax}\sin bx\, dx = \dfrac{e^{ax}}{a^2+b^2}(a\sin bx - b\cos bx) \quad (定数は省略)$$

――― 問　題 ―――

2.1 例題の結果を用いて，つぎの値を求めよ．

(1) $L(\cos 2x)$

(2) $L(\sin 3x)$

例題 3 ───────────────────────────── 基本公式 4, 5 ──

ラプラス変換の線形性と基本公式 2, 3 を用いてつぎを証明せよ.

(1) $L(\cosh bx) = \dfrac{s}{s^2 - b^2}$, $L(\sinh bx) = \dfrac{b}{s^2 - b^2}$

(2) $L(a \cos(bx+c)) = a\dfrac{s\cos c - b\sin c}{s^2 + b^2}$

$L(a \sin(bx+c)) = a\dfrac{s\sin c + b\cos c}{s^2 + b^2}$

───

解答 (1) $\cosh x = \dfrac{e^x + e^{-x}}{2}$, $\sinh x = \dfrac{e^x - e^{-x}}{2}$

であるから，ラプラス変換の線形性から

$$L(\cosh bx) = \frac{1}{2}(L(e^{bx}) + L(e^{-bx})) = \frac{1}{2}\left(\frac{1}{s-b} + \frac{1}{s+b}\right)$$

となり，これをまとめればよい．$L(\sinh x)$ についても同様である．

(2) 三角関数の加法定理

$$\cos(bx+c) = \cos bx \cdot \cos c - \sin bx \cdot \sin c$$

$$\sin(bx+c) = \sin bx \cdot \cos c + \cos bx \cdot \sin c$$

と，ラプラス変換の線形性

$$L(k \cdot f(x) + l \cdot g(x)) = k \cdot L(f(x)) + l \cdot L(g(x))$$

を用いて

$$L(\cos(bx+c)) = L(\cos bx)\cos c - L(\sin bx)\sin c$$

$$L(\sin(bx+c)) = L(\sin bx)\cos c + L(\cos bx)\sin c$$

となり，ここへ基本公式 3 を用いればよい．

───────────────── **問 題** ─────────────────

3.1 線形性を用いてつぎの値を求めよ.

(1) $L(x^4 - 3x^2 + 2)$ (2) $L(e^{-3x} - 2e^{-x})$

(3) $L(\sinh x + \cosh x)$ (4) $L(2\sin 3x + 4\cos 2x)$

(5) $L\left(\cos\left(2x + \dfrac{\pi}{6}\right)\right)$ (6) $L\left(\sin\left(3x + \dfrac{\pi}{4}\right)\right)$

9.2　$L(f(x))$ がわかっているとき

$f(x)$ のラプラス変換がわかっているとき，$x \cdot f(x)$ と $e^{ax} \cdot f(x)$ のラプラス変換を求めることを考える．

$x \cdot f(x)$ の場合

一般公式 2　$L(f(x)) = F(s)$ のとき
$$L(x \cdot f(x)) = -F'(s) \quad (\Rightarrow 問題 4.1)$$

ここで $F'(s)$ は s の関数 $F(s)$ の s による導関数である．

公式 6　(I)　$L(xe^{ax}) = \dfrac{1}{(s-a)^2}$

(II)　$L(x^2 e^{ax}) = \dfrac{2}{(s-a)^3}$ 　 ($\Rightarrow$例題 4)

さらに正の整数 n に対して

(III)　$L(x^n e^{ax}) = \dfrac{n!}{(s-a)^{n+1}}$ 　 ($\Rightarrow$例題 4)

$e^{ax} \cdot f(x)$ の場合

一般公式 3　$L(f(x)) = F(s)$ のとき
$$L(e^{ax} \cdot f(x)) = F(s-a) \quad (\Rightarrow 問題 4.1)$$

公式 7　(I)　$L(e^{ax} \cos bx) = \dfrac{s-a}{(s-a)^2 + b^2}$

(II)　$L(e^{ax} \sin bx) = \dfrac{b}{(s-a)^2 + b^2}$ 　 ($\Rightarrow$例題 4)

● ラプラス変換の微分と積分 ●

一般公式 4　$\dfrac{d^n}{ds^n} L(f(x)) = L((-1)^n x^n f(x)) \quad (n = 1, 2, \cdots)$

$\displaystyle\lim_{x \to 0} \dfrac{f(x)}{x}$ が存在すれば

$$\int_s^\infty L(f(x))\, ds = L\left(\dfrac{f(x)}{x}\right)$$

$f(x-a)$ と $f(ax)$ の場合

一般公式 5 $f(x)$ は $x \geq 0$ で定義された連続関数とする.

(I) $a > 0$ のとき, $0 \leq x < a$ では $f(x-a) = 0$ と定めると
$$L(f(x-a)) = e^{-ax} \cdot L(f(x))$$

(II) $a < 0$ のとき
$$L(f(x-a)) = e^{-ax}\left(L(f(x)) - \int_0^{-a} e^{-sx} f(x)\,dx\right) \quad (\Rightarrow 例題\ 5)$$

一般公式 6 $L(f(x)) = F(x)$ のとき

(I) $L(f(ax)) = \dfrac{1}{a} F\left(\dfrac{s}{a}\right) \quad (a>0) \quad (\Rightarrow 例題\ 5)$

(II) $L\left(\dfrac{f(x)}{x}\right) = \displaystyle\int_s^\infty F(t)\,dt \quad (\Rightarrow 問題\ 5.1)$

$f'(x), f''(x), \displaystyle\int_0^x f(t)dt$ の場合

一般公式 7 $\displaystyle\lim_{x \to \infty} e^{-sx} f(x) = 0$ のとき
$$L(f'(x)) = s \cdot L(f(x)) - f(0)$$

さらに $\displaystyle\lim_{x \to \infty} e^{-sx} f'(x) = 0$ のとき
$$L(f''(x)) = s^2 \cdot L(f(x)) - \{f(0)s + f'(0)\} \quad (\Rightarrow 例題\ 6)$$

一般にはつぎのようになる.
$$\begin{aligned} L(f^{(n)}(x)) &= s^n \cdot L(f(x)) \\ &\quad - \{f(0)s^{n-1} + f'(0)s^{n-2} + \cdots + f^{(n-1)}(0)\} \end{aligned}$$

一般公式 8 $L\left(\displaystyle\int_0^x f(t)\,dt\right) = \dfrac{L(f(x))}{s} \quad (\Rightarrow 例題\ 6)$

● **ラプラス変換の存在** ● ラプラス変換は無限積分で定義されているので, この無限積分が収束するときに限り定まるものである. $f(x)$ に対して,
$$f(x) \leq Me^{kx} \quad (0 \leq x < \infty)$$
をみたす正の実数 M, k が存在するとき, 無限積分は $s > k$ で収束し, ラプラス変換は定まる. $f(x)$ がこの条件をみたすとき, $f(x)$ は指数型であるとよばれる. 以上の公式は, このような条件下で成り立つものである.

―例題 4――――――――――――――――――$x \cdot f(x), e^{ax}f(x)$ の場合――

つぎの結果を証明せよ.

(1) $L(xe^{ax}) = \dfrac{1}{(s-a)^2}$ 　　　(2) $L(x^2 e^{ax}) = \dfrac{2}{(s-a)^3}$

(3) $L(e^{ax}\cos bx) = \dfrac{s-a}{(s-a)^2+b^2}$ 　　(4) $L(e^{ax}\sin bx) = \dfrac{b}{(s-a)^2+b^2}$

[解答] (1) $L(f(x)) = F(x)$ のとき
$$L(x \cdot f(x)) = -F'(s)$$
であり $L(e^{ax}) = \dfrac{1}{s-a}$ であるから，上の結果となる.

(2) (1) の結果を用いて，(1) と同様にする.

(3)
$$L(e^{ax} \cdot f(x)) = F(s-a)$$
を $f(x) = \cos bx$ の場合に用いる.
$$L(\cos bx) = \dfrac{s}{s^2+b^2}$$
であるから上の結果となる.

(4) (3) の $f(x) = \sin bx$ の場合であり，$L(\sin bx) = \dfrac{b}{s^2+b^2}$ であるから，上の結果となる.

―― 問　題 ――

4.1 $L(f(x)) = F(x)$ のとき，つぎを証明せよ.

(1) $L(x \cdot f(x)) = -F'(s)$

ここで $F'(s)$ は s の関数 $F(s)$ の s による導関数である.

(2) $L(e^{ax} \cdot f(x)) = F(s-a)$

4.2 $L(f(x)) = F(s)$ とすると
$$L(f(x-\alpha)u(x-\alpha)) = e^{-\alpha s}F(s)$$
が成立することを証明せよ.

4.3 つぎの関数のラプラス変換を求めよ.
$$f(x) = x \sin ax$$

4.4 つぎの関数のラプラス変換を求めよ $(a > 0)$.

(1) $f(x) = e^{ax} + \sin ax$ 　　(2) $f(x) = e^{ax}\sin 2x$

9.2 $L(f(x))$ がわかっているとき

---**例題 5**--- $f(x-a)$ と $f(ax)$ の場合---

(1) $L(f(x-a))$ についてつぎを証明せよ．
  (i) $a > 0$ のとき，$0 \leq x < a$ では $f(x-a) = 0$ と定めると
  $$L(f(x-a)) = e^{-as} \cdot L(f(x))$$
  (ii) $a < 0$ のとき
  $$L(f(x-a)) = e^{-as}(L(f(x)) - \int_0^{-a} e^{-sx} f(x)\, dx)$$

(2) $L(f(ax))$ についてつぎを証明せよ．
  $L(f(x)) = F(x)$ のとき
  $$L(f(ax)) = \frac{1}{a} F\left(\frac{s}{a}\right) \quad (a > 0)$$

解答 (1) $L(f(x-a)) = \int_0^\infty e^{-sx} f(x-a)\, dx$ ①

(ⅰ) $a > 0$ のときは，$0 \leq x < a$ において $f(x-a) = 0$ であるから
$$① = \int_a^\infty e^{-sx} f(x-a)\, dx$$

ここで，$x - a = t$ とおくと
$$= \int_0^\infty e^{-s(t+a)} f(t)\, dt = e^{-as} \cdot L(f(x))$$

(ⅱ) $a < 0$ のときも $x - a = t$ とおくと
$$= \int_{-a}^\infty e^{-s(t+a)} f(t)\, dt = e^{-ax} \left(\int_{-a}^0 + \int_0^\infty \right) e^{-st} f(t)\, dt$$
$$= e^{-as} \left(L\left(f(x) - \int_0^{-a} e^{-st} f(x)\, dx \right) \right)$$

(2) $L(f(ax)) = \int_0^\infty e^{-sx} f(ax)\, dx$ において，$ax = t$ とおくと
$$= \int_0^\infty e^{-\frac{s}{a} t} f(t) \frac{1}{a}\, dt$$
$$= \frac{1}{a} F\left(\frac{s}{a}\right)$$

≈≈ **問 題** ≈≈≈≈≈≈≈≈≈≈≈≈≈≈≈≈≈≈≈≈≈≈≈≈≈≈≈≈

5.1 $L\left(\dfrac{f(x)}{x}\right) = \int_s^\infty F(t)\, dt$ を示せ．

例題 6 — $L(f'(x))$, $L\left(\int_0^x f(t)\,dt\right)$

つぎの各々を証明せよ.

(1) (i) $\lim\limits_{x\to\infty} e^{-sx}f(x) = 0$ のとき
$$L(f'(x)) = s\cdot L(f(x)) - f(0)$$

(ii) さらに $\lim\limits_{x\to\infty} e^{-sx}f'(x) = 0$ のとき
$$L(f''(x)) = s^2\cdot L(f(x)) - \{f(0)s + f'(0)\}$$

(2) $L\left(\int_0^x f(t)\,dt\right) = \dfrac{L(f(x))}{s}$

解答 (1) (i) $L(f'(x)) = \int_0^\infty e^{-sx}f'(x)\,dx$

に部分積分法を用いる.

$$= \left[e^{-sx}f(x)\right]_0^\infty - \int_0^\infty (-se^{-sx})f(x)\,dx$$

ここで仮定の $\lim\limits_{x\to\infty} e^{-sx}f(x) = 0$ を用いて求める結果を得る.

(ii) $L(f''(x))$ でもまず部分積分法を用いて

$$L(f''(x)) = \left[e^{-sx}f'(x)\right]_0^\infty - \int_0^\infty (-se^{-sx})f'(x)\,dx$$

ここで仮定の $\lim\limits_{x\to\infty} e^{-sx}f'(x) = 0$ と部分積分法を用いて 8pt

$$= -f'(0) + s\left\{\left[e^{-sx}f(x)\right]_0^\infty - \int_0^\infty (-se^{-sx})f(x)\,dx\right\}$$
$$= s^2\cdot L(f(x)) - \{f(0)s + f'(0)\}$$

(2) $\int_0^\infty e^{-sx}\left(\int_0^x f(t)\,dt\right)dx$ に部分積分法と

$$\frac{d}{dx}\int_0^x f(t)\,dt = f(x)$$

を用いると

$$= \left[-\frac{1}{s}e^{-tx}\int_0^x f(t)\,dt\right]_0^\infty + \frac{1}{s}F(s) = \frac{1}{s}L(f(x))$$

～～ **問　題** ～～～～～～～～～～～～～～～～～～～～～～～～～

6.1 $y(0) = 3,\ y'(0) = -2$ のとき $L(y'' + 2y' + y)$ を求めよ.

9.3　逆ラプラス変換と定数係数の線形微分方程式への応用

$L(f(x)) = F(s)$ のとき
$$f(x) = L^{-1}(F(s))$$
で表し，$f(x)$ を s の関数 $F(s)$ の**逆ラプラス変換**という．

次頁の表の $F(s)$ からみての $f(x)$ が $L^{-1}(F(s))$ である．

まず L に関する一般公式 1（⇨p.112）からつぎの一般公式が得られる．

一般公式 9

I.　$L^{-1}(F(s) + G(s)) = L^{-1}(F(s)) + L^{-1}(G(s))$

II.　$L^{-1}(k \cdot F(s)) = k \cdot L^{-1}(F(s))$　（k は定数）

さらに積 $F(s) \cdot G(s)$ についてつぎが成り立つ．

III.　$L^{-1}(F(s) \cdot G(s)) = L^{-1}(F(s)) * L^{-1}(G(s))$　（⇨下の (9.2)）

ここで $*$ は合成積である．

● **合成積について** ●　2 つの関数 $f(x), g(x)\,(0 \leqq x < \infty)$ に対して
$$f(x) * g(x) = \int_0^x f(x-t)g(t)\,dt$$
を**合成積**という．合成積のラプラス変換についてつぎが成り立つ．
$$L(f(x) * g(x)) = L(f(x)) \cdot L(g(x)) \tag{9.2}$$

証明　$L(f(x)) \cdot L(g(x)) = \displaystyle\int_0^\infty e^{-su} f(u)\,du \cdot \int_0^\infty e^{-sv} g(v)\,dv$

$\qquad\qquad\qquad\quad = \displaystyle\int_0^\infty \int_0^\infty e^{-s(u+v)} f(u)g(v)\,du\,dv$

ここで (u,v) の領域は $u \geqq 0, v \geqq 0$ である．u, v に対して
$$u + v = x, \quad v = t$$
のように変数変換をすると，ヤコビアンは $\dfrac{\partial(u,v)}{\partial(x,t)} = \begin{vmatrix} 1 & 0 \\ -1 & 1 \end{vmatrix} = 1$ となり，(x,t) の領域は $x \geqq t \geqq 0$ となる．よって上の定積分はつぎのようになる．

$$\int_0^\infty e^{-sx} \left\{ \int_0^\infty f(x-t)g(t)\,dt \right\} dx = \int_0^\infty e^{-sx}(f(x) * g(x))\,dx$$
$$= L(f(x) * g(x))$$

ラプラス変換表　（a は実数，b は正の実数）

$f(x)$	$L(f(x))$	$f(x)$	$L(f(x))$
$u(x)$	$\dfrac{1}{s}$	$\dfrac{1}{b}e^{ax}\sin bx$	$\dfrac{1}{(s-a)^2+b^2}$
x^n	$\dfrac{n!}{s^{n+1}}$	$e^{ax}\cos bx$	$\dfrac{s-a}{(s-a)^2+b^2}$
e^{ax}	$\dfrac{1}{s-a}$	$\dfrac{1}{b}e^{ax}\sinh bx$	$\dfrac{1}{(s-a)^2-b^2}$
xe^{ax}	$\dfrac{1}{(s-a)^2}$	$e^{ax}\cosh bx$	$\dfrac{s-a}{(s-a)^2-b^2}$
$\dfrac{x^2 e^{ax}}{2}$	$\dfrac{1}{(s-a)^3}$	$\dfrac{e^{ax}}{2b^2}\left[\dfrac{1}{b}\sin bx - x\cos bx\right]$	$\dfrac{1}{[(s-a)^2+b^2]^2}$
$\sin bx$	$\dfrac{b}{s^2+b^2}$	$\dfrac{e^{ax}}{8b^5}\bigl[(3-b^2x^2)\sin bx$	$\dfrac{1}{[(s-a)^2+b^2]^3}$
$\cos bx$	$\dfrac{s}{s^2+b^2}$	$\quad -3bx\cos bx\bigr]$	
$\sinh bx$	$\dfrac{b}{s^2-b^2}$	$\dfrac{e^{ax}}{2b^2}\left[(a+b^2x)\dfrac{1}{b}\sin bx\right.$	$\dfrac{s}{[(s-a)^2+b^2]^2}$
$\cosh bx$	$\dfrac{s}{s^2-b^2}$	$\quad \left. -ax\cos bx\right]$	

● 一般公式から ●

- $L(f(x)) = F(s)$ のとき

$$L(x \cdot f(x)) = -F'(s),$$
$$L(e^{ax} \cdot f(x)) = F(s-a) \quad (a > 0)$$

- $a > 0$ のとき，$0 \leq x < a$ では $f(x-a) = 0$ と定めると

$$L(f(x-a)) = e^{-ax} \cdot L(f(x))$$

$a < 0$ のとき

$$L(f(x-a)) = e^{-ax}\left(L(f(x)) - \int_0^{-a} e^{-sx} f(x)\,dx\right)$$

- 微分と積分

$$L(f'(x)) = s \cdot L(f(x)) - f(0)$$
$$L(f''(x)) = s^2 \cdot L(f(x)) - \{f(0)s + f'(0)\}$$
$$L\left(\int_0^x f(t)\,dt\right) = \dfrac{L(f(x))}{s}$$

例題 7 ─────────────────────────── 逆ラプラス変換の例 (1)

つぎを求めよ．

(1) $L^{-1}\left(\dfrac{1}{s(s-1)}\right)$ (2) $L^{-1}\left(\dfrac{17s}{(2s-1)(s^2+4)}\right)$

解答 (1) 部分分数に分解する．

$$\frac{1}{s(s-1)} = \frac{a}{s} + \frac{b}{s-1}$$

となる a, b は $a=-1, b=1$．よって

$$L^{-1}\left(\frac{1}{s(s-1)}\right) = -L^{-1}\left(\frac{1}{s}\right) + L^{-1}\left(\frac{1}{s-1}\right)$$

ラプラス変換の表により，この値は $-1+e^x$ となる．

(2) 部分分数に分解する．

$$\frac{1}{(2s-1)(s^2+4)} = \frac{a}{2s-1} + \frac{bs+c}{s^2+4}$$

となる a, b, c は $a=2, b=-1, c=8$ であるから

$$L^{-1}\left(\frac{1}{(2s-1)(s^2+4)}\right) = L^{-1}\left(\frac{2}{2s-1} - \frac{s-8}{s^2+4}\right)$$

$$= L^{-1}\left(\frac{1}{s-1/2}\right) - L^{-1}\left(\frac{s}{s^2+4}\right) + 4L^{-1}\left(\frac{2}{s^2+4}\right)$$

ラプラス変換の表により

$$= e^{\frac{1}{2}x} - \cos 2x + 4\sin 2x$$

問題

7.1 つぎの関数 $F(s)$ の逆ラプラス変換を求めよ．

(1) $\dfrac{2s-3}{s^2}$ (2) $\dfrac{3}{2s+4}$ (3) $\dfrac{2s-3}{s^2+4}$

(4) $\dfrac{3s-10}{s^2(s^2-4s+5)}$ (5) $\dfrac{1}{(s+1)(s^2+2s+2)}$

---**例題 8**---------------------**逆ラプラス変換の例 (2)**---

(1) $L(f(x)) = F(s)$ のとき
$$L(x \cdot f(x)) = -F'(s)$$
である．これを用いてつぎの値を求めよ．
$$L^{-1}\left(\log\frac{s+1}{s-1}\right)$$

(2) $L(f(x)) = F(s)$ のとき
$$L\left(\frac{f(x)}{x}\right) = \int_s^\infty F(s)\,ds$$
である．これを用いてつぎの値を求めよ．
$$L^{-1}\left(\frac{s}{(s^2-1)^2}\right)$$

[解答] $f(x) = L^{-1}\left(\log\dfrac{s+1}{s-1}\right)$ とすると，

$$-xf(x) = L^{-1}\left(\frac{d}{ds}\left(\log\frac{s+1}{s-1}\right)\right) = L^{-1}\left(\frac{1}{s+1} - \frac{1}{s-1}\right)$$

$$= e^{-x} - e^x$$

$$\therefore f(x) = \frac{e^x - e^{-x}}{x}$$

(2) $f(x) = L^{-1}\left(\dfrac{s}{(s^2-1)^2}\right)$ とすると，

$$\frac{f(x)}{x} = L^{-1}\left(\int_s^\infty \frac{s}{(s^2-1)^2}\,ds\right) = L^{-1}\left(\left[\frac{-1}{2(s^2-1)}\right]_s^\infty\right)$$

$$= L^{-1}\left(\frac{1}{4}\left(\frac{1}{s-1} - \frac{1}{s+1}\right)\right) = \frac{1}{4}(e^x - e^{-x})$$

$$\therefore f(x) = x(e^x - e^{-x})/4$$

問題

8.1 つぎの関数の逆ラプラス変換を求めよ．

(1) $\log\dfrac{s^2+1}{s(s+1)}$　$(s > 0)$　　(2) $\dfrac{1}{(s+\alpha)^5}$

(3) $\dfrac{1}{s^2(s+1)}$　　　　　　　　(4) $\dfrac{s}{(s-1)^3}$

―― 例題 9 ――――――――――――――――――――――――――― 合成積 ――

$$f(x) = e^{ax} \cos bx,$$
$$g(x) = e^{ax} \sin bx$$

のとき，合成積

$$f(x) * g(x)$$

を求めよ．

[解答]　　$f(x-t) \cdot g(t) = e^{a(x-t)} \cos b(x-t) \cdot e^{at} \sin bt$

三角関数の積を和に直す公式

$$\sin \alpha \cos \beta = \frac{1}{2}\{\sin(\alpha+\beta) + \sin(\alpha-\beta)\}$$

を用いてはじめの式は

$$= \frac{1}{2} e^{ax} \{\sin bx + \sin(2bt - bx)\}$$

よって

$$f(x) * g(x) = \frac{1}{2} e^{ax} \int_0^x \{\sin bx + \sin(2bt - bx)\} dt$$

$$= \frac{1}{2} x e^{ax} \sin bx$$

問　題

9.1 つぎのそれぞれの 2 関数の合成積を求めよ．

(1)　$f(x) = x^2,\quad g(x) = e^x$

(2)　$f(x) = \cos x,\quad g(x) = \sin x$

9.2 $F(s) = \dfrac{1}{s^2(s-a)}$ のとき，$L^{-1}(f(s))$ をつぎの 2 通りの方法で求めよ．

(1)　$F(s)$ を部分分数に分解する．

(2)　$F(s) = \dfrac{1}{s^2} \cdot \dfrac{1}{s-a}$ に一般公式 9 (III) の方法を用いる．

―― 例題 10 ――――――――――――――――――――― 初期値問題への応用 (1) ――

ラプラス変換を用いて，つぎの初期値問題を解け．
(1) $y' - 2y = 2e^{3x}$, $y(0) = 1$
(2) $y'' + 2y' + y = \sin x$, $y(0) = 0$, $y'(0) = 1$

解答 (1) 両辺のラプラス変換を考える．
$$s \cdot L(y) - y(0) - 2L(y) = 2L(e^{3x})$$
であるから $(s-2)L(y) = 1 + \dfrac{2}{s-3} = \dfrac{s-1}{s-3}$
$$L(y) = \frac{s-1}{(s-2)(s-3)} = \frac{-1}{s-2} + \frac{2}{s-3}$$
ここで両辺の逆ラプラス変換 L^{-1} を考えて
$$y = -L^{-1}\left(\frac{1}{s-2}\right) + 2L^{-1}\left(\frac{1}{s-3}\right) = -e^{2x} + 2e^{3x}$$

(2) ここでも両辺のラプラス変換を考える．
$$s^2 L(y) - \{y(0)s + y'(0)\}$$
$$+ 2\{sL(y) - y(0)\} + L(y) = L(\sin x)$$
よって $(s^2 + 2s + 1)L(y) = 1 + \dfrac{1}{s^2+1} = \dfrac{s^2+2}{s^2+1}$
$$L(y) = \frac{s^2+2}{(s+1)^2(s^2+1)}$$
右辺を部分分数に分解して
$$L(y) = \frac{1}{2}\left(\frac{1}{s+1} + \frac{3}{(s+1)^2} - \frac{s}{s^2+1}\right)$$
逆ラプラス変換を考えて
$$y = \frac{1}{2}e^{-x} + \frac{3}{2}xe^{-x} - \frac{1}{2}\cos x$$

～～～ 問 題 ～～～～～～～～～～～～～～～～～～～～～～～～～～～～

10.1 つぎの方程式をラプラス変換を用いて解け．
 (1) $y'' + 4y' + 13y = 2e^{-x}$, $x=0$ で $y=0, y'=1$.
 (2) $y'' + 2y' + 5y = u(x)$, $x=0$ で $y=-1, y'=0$.

例題 11 — 初期値問題への応用 (2)

ラプラス変換を用いてつぎの初期値問題を解け.
$$y' + 3y + 2\int_0^x y\,dx = 2u(x-1) - 2u(x-2)$$
$$y(0) = 1$$
ここで $u(x)$ はヘビサイド関数である.

解答 両辺のラプラス変換を考えると, p.117 に述べた一般公式 8 により
$$sL(y) - y(0) + 3L(y) + \frac{2}{s}L(y) = \frac{2e^{-s}}{s} - \frac{2e^{-2s}}{s}$$

これから
$$(s^2 + 3s + 2)L(y) = s + 2e^{-s} - 2e^{-2s}$$

$$L(y) = \frac{s}{(s+1)(s+2)} + \frac{2e^{-s}}{(s+1)(s+2)} - \frac{2e^{-2s}}{(s+1)(s+2)}$$

ここで逆変換をとると先頭から順に

$$L^{-1}\left(\frac{2}{s+2} - \frac{1}{s+1}\right) = 2e^{-2x} - e^{-x},$$

$$L^{-1}\left(\frac{2e^{-s}}{s+1} - \frac{2e^{-s}}{s+2}\right) = 2(e^{-(x-1)} - e^{-2(x-1)})u(x-1)$$

$$L^{-1}\left(\frac{2e^{-2s}}{s+1} - \frac{2e^{-2s}}{s+2}\right) = 2(e^{-(x-2)} - e^{-2(x-2)})u(x-2)$$

よって
$$y = 2e^{-2x} - e^{-x} + 2(e^{-(x-1)} - e^{-2(s-1)})u(x-1)$$
$$\quad - 2(e^{-(x-2)} - e^{-2(x-2)})u(x-2)$$

注意 このように $u(x-1)$, $u(x-2)$ などをつけておくと, $0 \leq x < 1$, $0 \leq x < 2$ などで 0 となり, 例題 5 によく合うのである. これがヘビサイドの関数の役目である.

問題

11.1 つぎの微分方程式をラプラス変換を使って解け.
$$y' + 2y + 2\int_0^x y(x)\,dx = u(x-2), \quad y(0) = -2$$

例題 12 ───────────────── 回路の問題

右のようなコンデンサーのある回路がある。電源の起動力は e であり、抵抗体の抵抗値は R、コンデンサーのキャパシティを c とする。

時刻 $t=0$ でスイッチをいれるとき、t 秒後までにコンデンサーに流れ込んだ電荷の量は

$$Q = \int_0^t i(t)\,dt$$

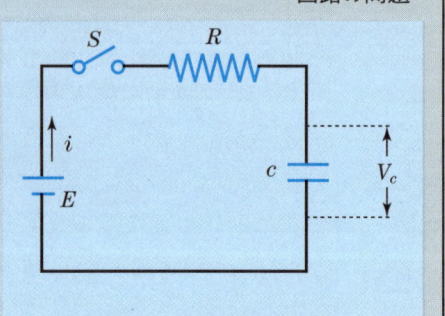

であり、よってコンデンサーの電圧は $V = \dfrac{1}{c}\int_0^t i(t)\,dt$ となるので、キルヒホフの第2法則から

$$\frac{1}{c}\int_0^t i(t)\,dt = e - Ri(t)$$

となる。この微分方程式から $i(t)$ を求めよ。

[解答] $L\left(\int_0^t i(t)\,dt\right) = L(ce - cRi(t))$ から

$$\frac{L(i)}{s} = \frac{ce}{s} - cR\cdot L(i) \quad \text{よって} \quad (1+cR\cdot s)L(i) = ce$$

$$L(i) = \frac{ce}{1+cRs} = \frac{e}{R}\cdot\frac{1}{s+1/cR}$$

逆変換をとり

$$i = i(t) = \frac{1}{R}e^{1-1/cR\cdot t}$$

∽∽∽ **問　題** ∽∽∽∽∽∽∽∽∽∽∽∽∽∽∽∽∽∽∽

12.1 右のような、コイルをもつ直流回路がある。電池の起電力が一定値 E、抵抗体の抵抗値を R とし、コイルのインダクタンスを H とする。$t=0$ のときスイッチを入れたとして、時刻 t における電流の強さ $i = i(t)$ がつぎの微分方程式をみたすとき、$i(t)$ を求めよ。

$$H\frac{di}{dt} + Ri = E, \quad i(0) = 0$$

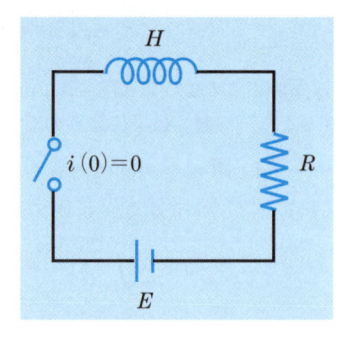

問題解答

第1章の解答

問題 1.1 関数 $y = \sqrt{2x+1}$ を x で微分すると $\dfrac{dy}{dx} = \dfrac{1}{\sqrt{2x+1}}$ となる．これを①の右辺に代入すると

$$\frac{2x}{\sqrt{2x+1}} + (2x+1)\frac{1}{(2x+1)\sqrt{2x+1}} = \sqrt{2x+1} = y$$

となって，この関数が微分方程式①の解であるとわかる．

問題 1.2 $x - y^2 + \frac{1}{8} = 0$ の両辺を x で微分すると $1 - 2y\dfrac{dy}{dx} = 0$ すなわち $\dfrac{dy}{dx} = \dfrac{1}{2y}$ を得る．

また，$x = y^2 - \dfrac{1}{8}$ であるからこれらを①の右辺に代入すると $\dfrac{2(y^2 - \frac{1}{8})}{2y} + y^2\dfrac{1}{(2y)^3} = y$

となって，この関係式が微分方程式①の解であるとわかる．

問題 2.1 $y^2 = Cx$ の両辺を x で微分すると $2yy' = C$ となる．これを与えられた微分方程式の左辺に代入すると

$$2x \cdot \frac{C}{2y} - y = 2 \cdot \frac{y^2}{C} \cdot \frac{C}{2y} - y = 0$$

となって，この関数が与えられた微分方程式の解であることがわかる．さらに，任意定数を 1 つ含むからこれが一般解であるとわかる．さらにこの一般解に初期条件 $x = 1, y = 4$ を代入すると $C = 16$ と定められるので求める特殊解は $y^2 = 16x$ である．

問題 2.2 $y = C_1 + C_2 e^{-x}$ がこの微分方程式の一般解であることは容易にわかる．$x = 0$ かつ $y = 2$，および $x = -1$ かつ $y = 1 + e$ を代入することによって連立方程式 $C_1 + C_2 e^{-1} = 2, C_1 + C_2 e = 1 + e$ が得られるので，これらを解いて $C_1 = C_2 = 1$ を得る．したがって求める特殊解は $y = 1 + e^{-x}$ となる．

問題 3.1 この曲線群は x 軸を軸とし，x 切片が c, y 切片が $2c^2$ となる放物線群である．この式の両辺を x で微分すると $2yy' = 4c$ となるので，これを元の微分方程式に代入して $y^2 = yy'(2x + yy')$ を得る．これが求める微分方程式である．

問題 3.2 (1) $xy' - y - 2x^3 = 0$ (2) $y' = \frac{y}{x}(1 + \log\frac{y}{x})$

(3) $x^2yy'^2 + (2xy^2 + x^3)y' + y^3 = 0$ (4) $x^2y'' + xy' - y = 0$

第 2 章の解答

問題 1.1 (1) 変数分離形なので $\dfrac{dx}{1+x^2} = \dfrac{dy}{1+y^2}$ とおいて両辺を積分すれば $\tan^{-1} x = \tan^{-1} y + C$. したがって $y = \tan\left(\tan^{-1} x + C\right) = \dfrac{x+C}{1-xC}$ と解を得る.

(2) 変数分離形なので $\dfrac{dy}{\sqrt{1+y^2}} = -\dfrac{dx}{x}$ とおいて両辺を積分すれば $\log\left(y+\sqrt{1+y^2}\right) = -\log|x| + C$. すなわち $x(y+\sqrt{1+y^2}) = C$ と解を得る.

(3) この微分方程式の両辺を x^2 で割ると $-1 + \dfrac{y^2}{x^2} = \dfrac{2y}{x} y'$ となって同次形になることがわかる. そこで $\dfrac{y}{x} = u$ すなわち $y = xu$ とおくと $\dfrac{dy}{dx} = u + x\dfrac{du}{dx}$ となる. これを代入すると元の微分方程式は $-(1+u^2) = 2ux\dfrac{du}{dx}$ となる. これは変数分離形になるので $-\log x = \log(1+u^2) + C'$ と解ける. 変数を元に戻せば $x^2 + y^2 = Cx$ が求める解である.

(4) この微分方程式の両辺を x で割ると $\dfrac{dy}{dx} = \dfrac{y}{x} + \sqrt{1+\left(\dfrac{y}{x}\right)^2}$ となって同次形になることがわかる. そこで $y = xu$ とおくと, 元の微分方程式は $x\dfrac{du}{dx} = \sqrt{1+u^2}$ となる. これは変数分離形になるので解いて変数を元に戻せば, $y + \sqrt{x^2+y^2} = Cx^2$ と解を得る (積分のときに, $t = u + \sqrt{1+u^2}$ とおいてみよう).

(5) $u = x + y$ と変数変換すると, 与えられた微分方程式は $\dfrac{du}{dx} = \sqrt{u} + 1$ となる. よってこれを $\dfrac{du}{\sqrt{u}+1} = dx$ とおいて両辺を積分するが, 左辺ではさらに $\sqrt{u} = t$ とおくと $\displaystyle\int \dfrac{du}{\sqrt{u}+1} = \int \dfrac{2t}{t+1} dt = 2(t - \log|t+1|)$ となることから, 変数を元に戻せば $2\sqrt{x+y} - 2\log|\sqrt{x+y}+1| = x + C$ と解を得る.

(6) $xy = u$ とおいてみる. すると $y + \dfrac{dy}{dx} x = \dfrac{du}{dx}$ となるから, 元の微分方程式は $xy' + x + y = \dfrac{du}{dx} + x = 0$ となる. これは変数分離形なので, $2xy + x^2 = C$ と解を得る.

(7) $xy = u$ とおくと, (5) と同様にして元の微分方程式は $(u+1)\dfrac{du}{dx} - 2y = (u+1)\dfrac{du}{dx} - \dfrac{2u}{x} = 0$ となる. これは変数分離形なので, $xy + \log\dfrac{y}{x} = C$ と解を得る.

問題 2.1 (1) この微分方程式は $\dfrac{dy}{dx} = \dfrac{x+2y-1}{x-2y+1}$ と変形できる. $u = x + 2y$ とおくと $\dfrac{dy}{dx} = \dfrac{1}{2}\left(\dfrac{du}{dx} - 1\right)$ となるので, これを代入して整理すれば $\dfrac{du}{dx} = \dfrac{3u-1}{u+1}$ となる. これは変数分離形なので, $3u + 4\log(3u-1) = 3x + C'$ と解ける. 変数を元に戻せば $3x - 3y - 2\log(3x+6y-1) = C$ が求める解である.

(2) この微分方程式は $\dfrac{dy}{dx} = \dfrac{4x-2y+1}{2x-y-1}$ と変形できる．$u = 2x - y$ とおくと $\dfrac{dy}{dx} = 2 - \dfrac{du}{dx}$ となるので，これを代入して整理すると $-\dfrac{du}{dx} = \dfrac{3}{u-1}$ となる．これは変数分離形なので，$u^2 - 2u + 6x = C$ と解ける．変数を元に戻せば $(2x-y)^2 - 2(2x-y) + 6x = C$ が求める解である．

(3) この微分方程式は $\dfrac{dy}{dx} = \dfrac{5x-7y}{x-3y+2}$ と変形できる．ここで連立方程式「$5x-7y = 0$ かつ $x - 3y + 2 = 0$」を解くと，$x = \dfrac{7}{4}$ かつ $y = \dfrac{5}{4}$ となる．よって $u = x - \dfrac{7}{4}$ および $v = y - \dfrac{5}{4}$ とおくと元の微分方程式は $\dfrac{dv}{du} = \dfrac{5u-7v}{u-3v}$ と変形できる．右辺の分子・分母を u で割るとこれは同次形になることがわかるので，$v = ut$ とおいて変形すると $u\dfrac{dt}{du} = -\dfrac{3t^2 - 8t + 5}{3t-1}$ となって変数分離形になる．これを解けば $2\log|3t-5| - \log|t-1| + \log|u| = C_1$．すなわち $u(3t-5)^2 = C(t-1)$ となり，変数を元に戻せば $(5x-3y-5)^2 = C\left(x - y - \dfrac{1}{2}\right)$ と解を得る．

(4) この微分方程式は $\dfrac{dy}{dx} = \dfrac{6x-2y-3}{2x+2y-1}$ と変形できる．ここで連立方程式「$6x - 2y - 3 = 0$ かつ $2x + 2y - 1 = 0$」を解くと，$x = \dfrac{1}{2}$ かつ $y = 0$ となる．よって $u = x - \dfrac{1}{2}, v = y$ とおくと元の微分方程式は $\dfrac{dv}{du} = \dfrac{3u-v}{u+v}$ と変形できる．これは同次形になるので，$v = ut$ とおいて変形すると $u\dfrac{dU}{du} = \dfrac{3 - 2t - t^2}{1+t}$ となって変数分離形になる．これを解けば $\log|t-1| + \log|t+3| + 2\log|u| = C_1$，これを変形して変数を元に戻せば $3x^2 - 2xy - y^2 - 3x + y = C$ と解を得る．

問題 3.1 (1) この微分方程式に対する同次微分方程式は $y' + 2xy = 0$ である．これは変数分離形なので $y = Ke^{-x^2}$ と解ける．ここで $y = K(x)e^{-x^2}$ とおいて元の微分方程式の左辺に代入してみると $y' + 2xy = \dfrac{dK}{dx}e^{-x^2}$ となる．したがって $\dfrac{dK}{dx}e^{-x^2} = x$ をみたす $K(x)$ を求めるが，これは $K(x) = \dfrac{1}{2}e^{x^2} + C$ である．よって $y = Ce^{-x^2} + \dfrac{1}{2}$ が求める解である．

(2) この微分方程式に対する同次微分方程式は $xy' + y = 0$ であり，これは変数分離形なので $y = \dfrac{K}{x}$ と解くことができる．そこで関数 $y = \dfrac{K(x)}{x}$ を元の微分方程式に代入してみると $K'(x) = x(1 - x^2)$ となるので，これを解いて $K(x) = \dfrac{1}{2}x^2 - \dfrac{1}{4}x^4 + C$ となる．したがって $y = \dfrac{1}{2}x - \dfrac{1}{4}x^3 + \dfrac{C}{x}$ が求める解である．

(3) この微分方程式に対する同次微分方程式は (1) と同じく $y = Ke^{-x^2}$ なので関数

$y = K(x)e^{-x^2}$ を元の微分方程式に代入してみると $K'(x) = x$ となる．これを解いて $K(x) = \frac{1}{2}x^2 + C$ を得る．したがって $y = e^{-x^2}\left(\frac{1}{2}x^2 + C\right)$ が求める解である．

(4) この微分方程式をよくみると，$y = 1$ という定数関数が 1 つの特殊解になることがわかる．一方この微分方程式に対する同次微分方程式は $y' + xy = 0$ であるから，これを解いて $y = Ce^{-\frac{1}{2}x^2}$ を得る．したがって $y = Ce^{-\frac{1}{2}x^2} + 1$ が求める解である．

(5) この微分方程式を
$$y' + 2y\frac{\sin x}{\cos x} = \sin x$$
と書き直してみると，$y = \cos x$ とおけばこの微分方程式が成り立つ，すなわちこれが 1 つの特殊解になることがわかる．一方この微分方程式に対する同次微分方程式は，$y' = -2y\tan x$ であるから，これを解いて $y = C\cos^2 x$ を得る．したがって $y = C\cos^2 x + \cos x$ が求める解となる．

問題 4.1 (1) 移項してやると，$y' - xy = (-xe^{-x^2})y^2$ となって，ベルヌーイの微分方程式の $n = 2$ の場合とわかる．したがって，$u = y^{1-2} = \frac{1}{y}$ とおくと $y = \frac{1}{u}$，すなわち $y' = \frac{dy}{du}\frac{du}{dx} = -\frac{1}{u^2}\frac{du}{dx}$ となる．これらを元の微分方程式に代入すると，$-\frac{1}{u^2}\frac{du}{dx} - \frac{x}{u} = -xe^{-x^2}\frac{1}{u^2}$，両辺に $-u^2$ をかけると $\frac{du}{dx} + ux = xe^{-x^2}$ となる．この微分方程式は p.11 の (2.10) の形であり，$u = -e^{-x^2}$ が 1 つの特殊解であることがわかる．またこの微分方程式に対する同次微分方程式 $\frac{du}{dx} + ux = 0$ は変数分離形になり，$u = Ce^{-\frac{x^2}{2}}$ が解になることがわかるから，このことから $u = Ce^{-\frac{x^2}{2}} - e^{-x^2}$．すなわち $y(Ce^{-\frac{x^2}{2}} - e^{-x^2}) = 1$ が求める解となる．

(2) これはベルヌーイの微分方程式の $n = 3$ の場合であるから，$u = y^{1-3} = \frac{1}{y^2}$ とおくと，$\frac{du}{dx} = -\frac{1}{y^3}\frac{dy}{dx}$ だから，これを代入するとこの微分方程式は $\frac{du}{dx} - 2u = -6e^x$ となる．$u = 6e^x$ がその 1 つの特殊解であることはすぐにわかる．またこの微分方程式に対する同次微分方程式は $\frac{du}{dx} = 2u$ だから，その解は $u = Ce^{2x}$，よって $u = Ce^{2x} + 6e^x$．すなわち $y^2(Ce^{2x} + 6e^x) = 1$ が求める解である．

(3) これはベルヌーイの微分方程式の $n = 3$ の場合であるから，$u = y^{1-3} = \frac{1}{y^2}$ とおいて変形すると，$\frac{du}{dx} - \frac{2u}{x} = -2x^2$ となる．この 1 つの特殊解として $u = -2x^3$ がみつかり，一般解は $u = -2x^3 + Cx^2$ とわかるので，$-2x^3y^2 + Cx^2y^2 = 1$ が求める解となる．

(4) $u = y^{1-2}$ とおいて代入すると，$\frac{du}{dx} - \frac{u}{2x} = \frac{3}{2}x$ となる．これを解くと $u =$

$C\sqrt{x}+x^2$, すなわち $y(C\sqrt{x}+x^2)=1$ が求める解となる.

(5) $u=y^{1-4}$ とおいて代入するとこの微分方程式は

$$\frac{du}{dx}+3u\tan x=-3\frac{1}{\cos x}$$

となる.この微分方程式に対する同次微分方程式 $\frac{du}{dx}+3u\tan x=0$ を解くと $u=K\cos^3 x$ となるので, $u=K(x)\cos^3 x$ とおいて元の微分方程式に代入すると, $K'(x)=\dfrac{-3}{\cos^4 x}$, すなわち $K(x)=-3\tan x-\tan^3 x+C$ となることから, $u=-\sin^3 x-3\sin x\cos^3 x+C\cos^3 x$ となり, $(\sin^3 x+3\sin x\cos^3 x+C\cos^3 x)y^3=1$ と解を得る.

(6) これはベルヌーイの微分方程式の $n=-1$ の場合であるから, $u=y^{1-(-1)}=y^2$ とおいて変形すると微分方程式 $\dfrac{du}{dx}-\dfrac{u}{x^2}=\exp\left(x-\dfrac{1}{x}\right)$ を得る.これを解くと $u=e^{-\frac{1}{x}}(e^{-x}+C)$ となり, $y^2 e^{\frac{1}{x}}=e^{-x}+C$ が求める解である.

(7) $u=y^{1-2}$ とおいて代入するとこの微分方程式は $\dfrac{du}{dx}-\dfrac{u}{x}=-\dfrac{\log x}{x}$ となる.これを解いて $u=Cx-\log x-1$ すなわち $y(Cx-\log x-1)=1$ を得る.

問題 4.2 (1) $\dfrac{dy}{dx}(x^2 y^3+xy)=1$ を変形して, $x^2 y^3+xy=\dfrac{dx}{dy}$ を得る. y を独立変数, x を従属変数と見直して $\dfrac{dx}{dy}-xy=x^2 y^3$ と置きなおせばこれはベルヌーイの微分方程式の $n=2$ の場合になる.これを解いて $x(y^2-2+Ce^{-\frac{y^2}{2}})=1$ と解を得る.

(2) $\dfrac{dy}{dx}(x-y^3)+y=0$ を変形して

$$x-y^3=-y\frac{dx}{dy} \quad \text{すなわち} \quad \frac{dx}{dy}+\frac{x}{y}=y^2$$

と変形できる. y を独立変数, x を従属変数とみて解いて $4xy=y^4+C$ を得る.

問題 4.3 (1) $x+y=u$ とおくとこの微分方程式は

$$u^2\left(\frac{du}{dx}-1\right)=1$$

と変形できる.これを解いて $u-\tan^{-1}u=x+C$ すなわち $x+y=\tan(y+C)$ と解を得る.

(2) $x+y=u$ とおくとこの微分方程式は

$$\frac{du}{dx}-1=u^2$$

と変形できる.これを解いて $x=\tan^{-1}u+C'$. すなわち $y=\tan(x+C)-x$ と解を得る.

問題 5.1 (1) $\dfrac{\partial}{\partial y}(2xy-\cos x)=\dfrac{\partial}{\partial x}(x^2-1)=2x$ であるから定理 1 によってこの全微分方程式は完全微分方程式であるとわかる．そこで (x_0,y_0) から (x,y) まで (2.20) のように線積分すると $\displaystyle\int_{x_0}^{x}(2xy-\cos x)\,dx+\int_{y_0}^{y}(x_0^2-1)\,dy=x^2y-y+\sin x+C(x_0,y_0)=C'$ ($C(x_0,y_0)$ は x_0 および y_0 によって決まる定数)，すなわち $x^2y-y-\sin x=C$ と解を得る．

(2) $\dfrac{\partial}{\partial y}(2x+y)=\dfrac{\partial}{\partial x}(x+2y)=1$ であるから，この全微分方程式は完全微分方程式であるとわかる．そこで (x_0,y_0) から (x,y) まで (2.20) のように $\displaystyle\int_{x_0}^{x}(2x+y)\,dx+\int_{y_0}^{y}(x_0+2y)\,dy$ と線積分すると $x^2+xy+y^2=C$ と解を得る．

(3) $\dfrac{\partial}{\partial y}(y+e^x\sin y)=\dfrac{\partial}{\partial x}(x+e^x\cos y)=1+e^x\cos y$ であるから，この全微分方程式は完全微分方程式であるとわかる．そこで (x_0,y_0) から (x,y) まで線積分すると $xy+e^x\sin y=C$ と解を得る．

(4) $\dfrac{\partial}{\partial y}(x^3-2xy-y)=\dfrac{\partial}{\partial x}(y^3-x^2-x)=-2x-1$ であるからこの全微分方程式は完全微分方程式であるとわかる．そこで (x_0,y_0) から (x,y) まで線積分すると $x^4-4x^2y-4xy+y^4=C$ と解を得る．

(5) $\dfrac{\partial}{\partial y}(2x-y+1)=\dfrac{\partial}{\partial x}(2y-x-1)=-1$ であるからこの全微分方程式は完全微分方程式であるとわかる．そこで (x_0,y_0) から (x,y) まで線積分すると $x^2-xy+y^2+x-y=C$ と解を得る．

問題 6.1 (1) $P=y-\log x,Q=x\log x$ とおくと $\dfrac{\partial P}{\partial y}=1,\dfrac{\partial Q}{\partial x}=1+\log x$ となってこのままでは完全微分方程式ではない．しかし $\dfrac{1}{Q}\left(\dfrac{\partial P}{\partial y}-\dfrac{\partial Q}{\partial x}\right)=-\dfrac{1}{x\log x}\log x=-\dfrac{1}{x}$ は x のみの関数になるので，定理 3 が使えて $\exp\left(\displaystyle\int-\dfrac{1}{x}\,dx\right)=\dfrac{1}{x}$ がこの全微分方程式に対する積分因子となる．そこで元の全微分方程式の両辺に $\dfrac{1}{x}$ をかけてみると $\dfrac{1}{x}(y-\log x)\,dx+\log x\,dy=0$ となり，$\dfrac{\partial}{\partial y}\left(\dfrac{1}{x}(y-\log x)\right)=\dfrac{\partial}{\partial x}(\log x)=\dfrac{1}{x}$ から，これが完全微分方程式になることがわかる．そこで，(x_0,y_0) から (x,y) まで線積分すると $2y\log x-(\log x)^2=C$ と解を得る．

(2) $P=y+xy+\sin y,Q=x+\cos y$ とおくと $\dfrac{\partial P}{\partial y}=1+x+\cos y,\dfrac{\partial Q}{\partial x}=1$ となってこのままでは完全微分方程式ではない．しかし $\dfrac{1}{Q}\left(\dfrac{\partial P}{\partial y}-\dfrac{\partial Q}{\partial x}\right)=1$ は x のみの (y によらない) 関数になるので，定理 3 から $\exp\left(\displaystyle\int 1\,dx\right)=e^x$ がこの全

微分方程式に対する積分因子となる．そこで元の全微分方程式の両辺に e^x をかけると $e^x(y+xy+\sin y)\,dx + e^x(x+\cos y)\,dy = 0$ となり，定理 1 の条件を確かめてみると，これが完全微分方程式になることがわかる．そこで，(x_0, y_0) から (x, y) まで線積分すると $e^x(xy+\sin y) = C$ と解を得る．

(3) $P = 3x^2 y, Q = 4y^2 - 2x^3$ とおくと $\dfrac{\partial P}{\partial y} \neq \dfrac{\partial Q}{\partial x}$ となってこのままでは完全微分方程式ではないが，$\dfrac{1}{P}\left(\dfrac{\partial P}{\partial y} - \dfrac{\partial Q}{\partial x}\right) = -\dfrac{1}{y}$ は y のみの関数になるので，定理 3 から $\exp\left(-\int\left(-\dfrac{1}{y}\right)dy\right) = y$ がこの全微分方程式に対する積分因子となる．そこで元の全微分方程式の両辺に y をかけると $3x^2 y^2\, dx + (2x^3 y - 4y^3)\, dy = 0$ となり，定理 1 の条件を確かめてみると，これが完全微分方程式になることがわかる．そこで，(x_0, y_0) から (x, y) まで線積分すると $x^3 y^2 - y^4 = C$ と解を得る．

(4) $P = 2xy, Q = -x^2 + y^2$ とおくと $\dfrac{\partial P}{\partial y} \neq \dfrac{\partial Q}{\partial x}$ となってこのままでは完全微分方程式ではないが，$\dfrac{1}{P}\left(\dfrac{\partial P}{\partial y} - \dfrac{\partial Q}{\partial x}\right) = \dfrac{2}{y}$ は y のみの関数になるので，定理 3 から $\exp\left(-\int\left(\dfrac{2}{y}\right)dy\right) = \dfrac{1}{y^2}$ がこの全微分方程式に対する積分因子となる．そこで元の全微分方程式の両辺に $\dfrac{1}{y^2}$ をかけて定理 1 の条件を確かめてみると，これが完全微分方程式になることがわかり，$x^2 + y^2 + Cy = 0$ と解くことができる．

(5) この全微分方程式に対して，定理 1 の条件を確かめてみると，このままでは完全微分方程式ではないことがわかるが，定理 3 の条件を考えてみると，x が積分因子になると考えられる．実際にこれを両辺にかけて定理 1 の条件を確かめてみると，これが完全微分方程式になることがわかり，$x^2 y + x^3 y = C$ と解くことができる．

(6) 定理 1 からこの全微分方程式が完全微分方程式でないことがわかるが，定理 3 から $\dfrac{1}{2x^2 y^2}$ が積分因子であることがわかり，$-\dfrac{1}{xy} + \log\left|\dfrac{x}{y}\right| = C$ と解ける．

問題 7.1 (1) $y = 1 + u$ とおく．このとき $\dfrac{dy}{dx} = \dfrac{d}{dx}(1+u) = \dfrac{du}{dx}$ だから，これらをこの微分方程式に代入してみると $\dfrac{du}{dx} - 5u = u^2$ となる．これはベルヌーイの微分方程式の $n = 2$ のときである．よって $v = u^{1-2}$ とおけば $\dfrac{du}{dx} = -\dfrac{1}{v^2}\dfrac{dv}{dx}$ であるから，この微分方程式は線形微分方程式 $\dfrac{dv}{dx} + 5v = -1$ に書き替えられる．$v = -\dfrac{1}{5}$ はこの微分方程式の 1 つの特殊解であり対応する同次微分方程式の解は $v = e^{-5x}$ となるから，$v = C'e^{-5x} - \dfrac{1}{5}$，変数変換を元に戻して $y = \dfrac{5}{Ce^{-5x} - 1} + 1$ と解が得られる．

(2) $y = 1 + u$ とおく．これを元の微分方程式に代入してみると $\frac{du}{dx} + u = (x-1)u^2$ となる．これはベルヌーイの微分方程式の $n = 2$ のときであるから，さらに $v = u^{1-2}$ とおけばこの微分方程式は線形微分方程式 $\frac{dv}{dx} - v = 1 - x$ に書き替えられる．これを解いて $v = x + Ce^x$，変数変換を元に戻して $y = \dfrac{1}{Ce^x + x} + 1$ と解が得られる．

(3) $y = x + u$ とおく．このとき $\frac{dy}{dx} = 1 + \frac{du}{dx}$ であるからこれらを元の微分方程式に代入してみると $\frac{du}{dx} - u = -xu^2$ となる．これはベルヌーイの微分方程式の $n = 2$ のときであるから，さらに $v = u^{1-2}$ とおけばこの微分方程式は線形微分方程式 $\frac{dv}{dx} + v = x$ に書き替えられる．これを解いて $v = x - 1 + Ce^{-x}$，変数変換を元に戻して $y = \dfrac{1}{Ce^{-x} + x - 1} + x$ と解が得られる．

(4) $y = \sin x + u$ とおく．このとき $\frac{dy}{dx} = \cos x + \frac{du}{dx}$ であるからこれらを元の微分方程式に代入してみると $\frac{du}{dx} - u \sin x = u^2$ となる．これはベルヌーイの微分方程式の $n = 2$ のときであるから，さらに $v = u^{1-2}$ とおけばこの微分方程式は線形微分方程式 $\frac{dv}{dx} + v \sin x = -1$ に書き替えられる．この微分方程式に対する同次微分方程式 $\frac{dv}{dx} + v \sin x = 0$ は変数分離形であるから $v = Ke^{\cos x}$ と解くことができる．そこで $v = K(x)e^{\cos x}$ とおいて元の線形微分方程式に代入すると $K'(x) = -e^{-\cos x}$ となり，この線形微分方程式の解は $v = e^{\cos x}\left(C - \int e^{-\cos x}dx\right)$ となる．したがって求める解は $y = \sin x + e^{-\cos x}\left(C - \int e^{-\cos x}dx\right)^{-1}$ となる．

注意 このように解を関数の形で具体的に表すことができないことも多い．

問題 8.1 (1) これは狭義のリッカティの微分方程式の $m = -2$ の場合である．$y = \dfrac{z}{x^2} + \dfrac{1}{x}$ とおいて代入してみると，(2.30) から $\dfrac{dz}{dx} + \dfrac{z^2}{x^2} = 1$ となることがわかる．これは同次形なので，$z = xu$ とおくと $x\dfrac{du}{dx} = 1 - u - u^2$ すなわち $\dfrac{1}{u^2 + u - 1}du = -\dfrac{1}{x}dx$ となるのでこの両辺を（左辺は強引に部分分数分解して）積分し，変数を元に戻せば $xy = \dfrac{(\sqrt{5}-3)x^{\sqrt{5}} + (\sqrt{5}+3)C}{2(x^{\sqrt{5}} - C)}$ と解が得られる．

(2) (1) と同様に $y = \dfrac{z}{x^2} + \dfrac{1}{x}$ とおいて代入してみると，$\dfrac{dz}{dx} + \dfrac{z^2}{x^2} = 2$ となることがわかる．これは同次形なので，$z = xu$ とおくと $x\dfrac{du}{dx} = 1 - u - u^2$ すなわち $\dfrac{1}{u^2 + u - 2}du = -\dfrac{1}{x}dx$ となるのでこの両辺を（左辺の部分分数分解は (1) よりは易し

い）積分し，変数を元に戻せば $xy = 1 + \dfrac{x^3 + 2C}{x^3 - C} = \dfrac{2x^3 + C}{x^3 - C}$ と解が得られる．

問題 8.2 これは狭義のリッカティの微分方程式で $k=1$ の場合である．$y = \dfrac{z}{x^2} + \dfrac{1}{x}$ とおいて代入してみると，(2.30) から

$$\frac{dz}{dx} + \frac{z^2}{x^2} = \frac{1}{x^2}$$

となることがわかる．変形して $\dfrac{dz}{dx} = \dfrac{1-z^2}{x^2}$ とすれば，これは変数分離形になるからこれを解いて $\dfrac{z-1}{z+1} = Ce^{\frac{2}{x}}$，変数を元に戻せば $x^2 y = \dfrac{1 + Ce^{\frac{2}{x}}}{1 - Ce^{\frac{2}{x}}} + x$ と解が得られる．

問題 9.1 (1) この微分方程式の左辺を因数分解すると $(xy' - y)(y' + xy) = 0$，$xy' - y = 0$ を解くと $y = Cx$，$y' + xy = 0$ を解くと $y = Ce^{-\frac{x^2}{2}}$ を得るので求める解は $(Cx - y)(Ce^{-\frac{x^2}{2}} - y) = 0$ と表せる．

(2) この微分方程式の左辺を因数分解すると $y'(y' - 2x)(y' - y) = 0$，$y' = 0$ から $y = C$，$y' - 2x = 0$ から $y = x^2 + C$，$y' - y = 0$ から $y = Ce^x$ を得るので求める解は $(C - y)(x^2 - y + C)(Ce^x - y) = 0$ と表せる．

(3) この微分方程式の左辺を因数分解すると $(x^2 y' + 2)(y' - 3y^3) = 0$，$x^2 y' + 2 = 0$ から $y = \dfrac{2}{x} + C$，$y' - 3y^3 = 0$ からは $\dfrac{1}{2y^2} + 3x = C$ を得るので，求める解は $\left(\dfrac{2}{x} - y + C\right)\left(\dfrac{1}{2y^2} - 3x - C\right) = 0$ と表せる．

(4) この微分方程式の左辺を因数分解すると $y'(y' - x)(y' - y) = 0$，$y' = 0$ から $y = C$，$y' - x = 0$ から $y = \dfrac{1}{2}x^2 + C$，$y' - y = 0$ から $y = Ce^x$ を得るので求める解は $(C - y)\left(\dfrac{1}{2}x^2 - y + C\right)(Ce^x - y) = 0$ と表せる．

(5) この微分方程式は $y' = p$ とおくと，$p^2 + 2yp\dfrac{\cos x}{\sin x} - y^2 = 0$．これを，$p = y'$ に関する 2 次方程式とみて根の公式を使うと

$$y' = -y\frac{\cos x}{\sin x} \pm \frac{1}{2}\sqrt{4y^2\frac{\cos^2 x}{\sin^2 x} + 4y^2} = -y\frac{\cos x \pm 1}{\sin x}$$

となる．$y' = -y\dfrac{\cos x + 1}{\sin x}$ は変数分離形なので $\displaystyle\int \frac{1}{y}\frac{dy}{dx}dx = -\int \frac{\cos x}{\sin x}dx + \int \frac{1}{\sin x}dx$ となり，$\sin x = 2\cos\dfrac{x}{2}\sin\dfrac{x}{2} = 2\tan\dfrac{x}{2}\cos^2\dfrac{x}{2}$ に気をつけて積分すれば $\log|y| + \log|\sin x| - \log\left|\tan\dfrac{x}{2}\right| = C'$，すなわち $y\sin x\tan\dfrac{x}{2} = C$ を得る．同様に $y' = -y\dfrac{\cos x - 1}{\sin x}$ から $y\sin x = C\tan\dfrac{x}{2}$ を得る．よって求める解は $\left(y\sin x - C\tan\dfrac{x}{2}\right)\left(y\sin x\tan\dfrac{x}{2} - C\right) = 0$ と表せる．

問題 9.2 (1) この微分方程式を変形すると $y = 2 + \dfrac{1}{2}\log(p^2 + 1)$ となる．この両辺を x

で微分すると $p = \dfrac{p}{p^2+1}\dfrac{dp}{dx}$, したがって $p\left(1 - \dfrac{1}{p^2+1}\dfrac{dp}{dx}\right) = 0$ を得る. これを x と p の微分方程式とみて解く. $1 - \dfrac{1}{p^2+1}\dfrac{dp}{dx} = 0$ は変数分離形だから $\displaystyle\int \dfrac{dp}{p^2+1} = \int dx + C$ を計算すると, $\tan^{-1} p = x + C$ すなわち $p = \tan(x + C)$ を得る. これを元の微分方程式に代入して整理すると

$$y = 2 + \log\left|\dfrac{1}{\cos(x+C)}\right|$$

となる. $p = 0$ を元の微分方程式に代入すると $y = 2$ を得る. これは一般解から得られない, 特異解である.

(2) この微分方程式の両辺を x で微分すると $p = -p\sin p\dfrac{dp}{dx}$, したがって $p\left(\sin p\dfrac{dp}{dx}+1\right) = 0$ を得る. $\sin p\dfrac{dp}{dx}+1 = 0$ から $\displaystyle\int \sin p\, dp + \int dx = C$, すなわち $x = \cos p + C$ を得る. 元の微分方程式 $\sin p = p\cos p - y$ と変形, 両辺を 2 乗したものに代入して整理すると

$$1 - (x-C)^2 = ((x-C)\cos^{-1}(x-C) - y)^2$$

となる. $p = 0$ を元の微分方程式に代入すると $y = 0$ を得る. これは特異解である.

(3) この微分方程式の両辺を y で微分すると $\dfrac{1}{p} = \dfrac{1}{\sqrt{1+p^2}}\dfrac{dp}{dy}$ を得る. よってこれを積分して $y = \sqrt{1+p^2} + C$ を得る. $x = 5 + \log(p + \sqrt{1+p^2})$ と媒介変数 p を用いて, 求める解, すなわち x と y の関係を表す.

(4) この微分方程式の両辺を y で微分すると $\dfrac{2p}{1+p^2}\dfrac{dp}{dy} - \dfrac{2}{p}\dfrac{dp}{dy} - \dfrac{2}{p} = 0$, 整理して $\dfrac{dy}{dp} + \dfrac{1}{1+p^2} = 0$ を得る. これは変数分離形なので解くことができて $p = \tan(C - y)$ を得る. これを元の微分方程式に代入すると $x = -\log(\sin(C - y)) + 2$ を得る.

問題 10.1 (1) これはクレーローの微分方程式だから, 両辺を x で微分すると $p = p + \dfrac{dp}{dx}(x + 4p - 1)$ となる. よって一般解は $y = Cx + 2C^2 - C$. $x + 4p - 1 = 0$ と元の微分方程式から p を消去すれば特異解 $(x-1)^2 + 8y = 0$ を得る.

(2) 両辺を x で微分すると $p = p + \dfrac{dp}{dx}\left(x + \dfrac{p}{\sqrt{1+p^2}}\right)$ となる. よって一般解は $y = Cx + \sqrt{1+C^2}$. $x + \dfrac{p}{\sqrt{1+p^2}} = 0$ と元の微分方程式から x を消去してみると $y = \dfrac{1}{\sqrt{1+p^2}}$ を得るので, これらから特異解 $x^2 + y^2 = 1$ を得る.

(3) 両辺を x で微分すると $p = p + \dfrac{dp}{dx}(x - \cos p)$ となる. よって一般解は $y = Cx - \sin C$. $x - \cos p = 0$ と元の微分方程式から p を消去すると $y = x\cos^{-1} x - \sqrt{1-x^2}$ と特異解を得る.

問題解答

(4) 両辺の対数を取ると $y - xp = \log p^2$ を得る．これはクレーローの微分方程式だからこの両辺を x で微分すると $\dfrac{dp}{dx}\left(x + \dfrac{2}{p}\right) = 0$ となる．一般解は $y - Cx = 2\log C$ である．また $x + \dfrac{2}{p} = 0$ を $p = -\dfrac{2}{x}$ と変形してもとの微分方程式に代入すると特異解 $x^2 e^{y+2} = 4$ を得る．

問題 10.2 (1) この微分方程式の両辺を x で微分すると $p = 2p + \dfrac{dp}{dx}(2x - 2p)$ となる．$p \neq 0$ のときにはこれを $\dfrac{dx}{dp} + \dfrac{2}{p}x = 2$ と変形，p を独立変数，x を従属変数とみればこれは線形微分方程式なので，解くことができて $3xp^2 = 2p^3 + C$ を得る．元の微分方程式を変形して $p^2 = 2xp - y$ とし，これをこの解に繰り返し代入して整理して，$p = \dfrac{xy + C}{2(x^2 - y)}$ を得る．これを元の微分方程式に代入して整理すれば $4(x^2 - y)^2 y = (xy + C)(4x^3 - 5xy - C)$ と一般解を得る．$p = 0$ のとき，これをやはり元の微分方程式に代入してみると，$y = 0$ を得る．これは特異解になる．

(2) この微分方程式の両辺を x で微分して p を独立変数とみて整理すると $\dfrac{dx}{dp} + x = -2p$ となり，これを解くと $x = Ce^{-p} + 2(1-p)$ を得る．(p を消去するのは難しいので) 元の微分方程式と連立させ，媒介変数 p による表示で解を得る．

問題 11.1 曲線上の点 (x, y) における接線の傾きは y' であるから，微分方程式 $y' = x + y$ が得られ，これを解くと $y = Ce^x - x - 1$ がこの曲線の方程式とわかる．

問題 11.2 曲線上の点 (x, y) とその点における接線の x 切片を y 軸が 2 等分するから，その x 切片は $(-x, 0)$ となる．2 点 $(x, y)(-x, 0)$ を通る直線の傾きは $\dfrac{y}{2x}$，これが接線の傾き y' に等しいことから，微分方程式 $y' = \dfrac{y}{2x}$ を得る．これは変数分離形なので解くことができて $y^2 = Cx$ が求める曲線の方程式とわかる．

問題 13.1 (1) $y^2 = cx$ の両辺を x で微分すると $2yy' = c$．これを元の方程式に代入して c を消去すると $y = 2xy'$ となる．これと直交するのだから，y' の代わりに $-\dfrac{1}{y'}$ を代入した $y = -\dfrac{2x}{y'}$，すなわち $y' = -\dfrac{2x}{y}$ を解く．これは変数分離形（または同次形）なので容易に解くことができて，$2x^2 + y^2 = C$ を得る．これは楕円である．

(2) $y = cx^n$ の両辺を x で微分すると $y' = ncx^{n-1}$．これと元の方程式から c を消去すると $xy' - ny = 0$ となる．これと直交するのだから，y' の代わりに $-\dfrac{1}{y'}$ を代入した $x + nyy' = 0$ を解く．これは変数分離形（または同次形）なので容易に解くことができて $x^2 + ny^2 = C$ を得る．これも楕円である．

問題 13.2 曲線群の方程式 $y(x-1) = c$ の両辺を x で微分すると $y'(x-1) + y = 0$ と

なる．この曲線群と $45°$ に交わるのだから，y' の代わりに $\dfrac{y'-\tan 45°}{1+y'\tan 45°} = \dfrac{y'-1}{y'+1}$ で置き換えると，$\dfrac{y'-1}{y'+1}(x-1)+y=0$，整理して $\dfrac{dy}{dx} = \dfrac{x-y-1}{x+y-1}$ が得られる．これが求める曲線の微分方程式である．これは 1 次分数変換形だから解くことができて，その解 $(x-1)^2 - 2(x-1)y - y^2 = C$ が求める等交曲線の方程式である．

問題 13.3 曲線の方程式 $\dfrac{x^2}{a^2+c} + \dfrac{y^2}{b^2+c} = 1$ の両辺を x で微分すると $\dfrac{2x}{a^2+c} + \dfrac{2yy'}{b^2+c} = 0$ となる．これを c について解くと $c = -\dfrac{b^2 x + a^2 yy'}{x+yy'}$ となる．これを用いて

$$a^2 + c = \frac{(a^2-b^2)x}{x+yy'}, \quad b^2 + c = \frac{(b^2-a^2)yy'}{x+yy'}$$

と表し，これを元の微分方程式に代入して整理すると，

$$xyy'^2 + (x^2 - y^2 - a^2 + b^2)y' - xy = 0$$

となる．この微分方程式において y' の代わりに $-\dfrac{1}{y'}$ を代入すると全く同じ微分方程式が得られる，すなわちこの曲線群の微分方程式と，直交曲線の微分方程式が一致することから，この曲線群はそれ自身の直交曲線になっていることがわかる．

問題 13.4 この曲線群の方程式 $r = C(1+\cos\theta)$ の両辺を θ で微分すると $\dfrac{dr}{d\theta} = -C\sin\theta$ となる．これともとの方程式から c を消去して得られる $(1+\cos\theta)\dfrac{dr}{d\theta} + r\sin\theta = 0$ がこの曲線群の微分方程式である．ここで (2.45) を用いて $\dfrac{dr}{d\theta}$ のかわりに $-\dfrac{r^2}{r'}$ を代入すると微分方程式 $\dfrac{1}{r}\dfrac{dr}{d\theta} = \dfrac{1+\cos\theta}{\sin\theta}$ を得る．これは変数分離形なので解くことができて，その解は $r = C(1-\cos\theta)$ となる．

問題 13.5 （i）直交座標を用いた場合，この曲線群の方程式の両辺を x で微分すると $x + yy' = 0$ となる．ここで y' の代わりに $\dfrac{y'-1}{y'+1}$ を代入（問題 13.2 の解答参照）すると，$(x+y)y' + x - y = 0$ となる．これは同次形になり解くことができてその解は

$$x^2 + y^2 = a \exp\left(-2\tan^{-1}\frac{y}{x}\right)$$

となる．これが求める等交曲線の方程式である．

（ii）極座標を用いた場合，この曲線群の方程式は $r = c$ と表せる．したがってこの曲線群の方程式は $r' = \dfrac{dr}{d\theta} = 0$．ここで r' の代わりに $\dfrac{rr' + r^2 \tan 45°}{r - r' \tan 45°} = \dfrac{rr' + r^2}{r - r'}$ で置き換えると $r' + r = 0$ となる．これを解くと

$$r = ae^{-\theta}$$

となる（各自，この結果が直交座標を用いたときの結果と一致することを確かめよ）．

第3章の解答

問題 1.1 (1) 積分を 2 回行う.
$$y' = \int ax\,dx = \frac{a}{2}x^2 + C_1, \quad y = \int \left(\frac{a}{2}x^2 + C_1\right)dx = \frac{a}{6}x^3 + C_1 x + C_2.$$

(2) この微分方程式を $y'' = e^x - e^{-x}$ と書き直して積分を 2 回行う. 解は
$$y = e^x - e^{-x} + C_1 x + C_2.$$

(3) 積分を 3 回行う.
$$y'' = \int xe^x\,dx = xe^x - e^x + C_1',$$
$$y' = xe^x - 2e^x + C_1' x + C_2,$$
$$y = xe^x - e^x - 2e^x + \frac{C_1'}{2}x^2 + C_2 x + C_3 = (x-3)e^x + C_1 x^2 + C_2 x + C_3.$$

(4) この微分方程式を $y''' = \dfrac{1}{x}$ と書き直して積分を 3 回行う.
$$y'' = \int \frac{1}{x}\,dx = \log|x| + C_1',$$
$$y' = \int (\log|x| + C_1')\,dx = x\log|x| - x + C_1' x + C_2',$$
$$y = \frac{1}{2}x^2\log|x| - \frac{1}{4}x^2 - \frac{1}{2}x^2 + \frac{C_1'}{2}x^2 + C_2' x + C_3 = \frac{1}{2}x^2\log|x| + C_1 x^2 + C_2 x + C_3.$$

(5) 積分を 3 回行う. 解は $y = (x^2 - 6x + 12)e^x + C_1 x^2 + C_2 x + C_3$.

問題 1.2 (1) $y' = p$ とおくとこの微分方程式は $\dfrac{dp}{dx} = p$ と書き直せる. これは変数分離形だから $y' = p = C_1 e^x, y = C_1 e^x + C_2$ が求める解である.

(2) $y'' = p$ とおくとこの微分方程式は $p\dfrac{dp}{dx} = 1$ と書き直せる. これは変数分離形だから解くことができて $y'' = p = \pm\sqrt{2(x + C_1')}$ を得る. これを 2 回積分して $y = \pm\dfrac{1}{15}(2x + C_1)^{\frac{5}{2}} + C_2 x + C_3$ と解を得る.

(3) $y' = p$ とおくとこの微分方程式は $\dfrac{dp}{dx} - p^2 - 1 = 0$ と書き直せる. これは変数分離形だから解くことができて $y' = p = \tan(x + C_1)$ を得る. したがってこれを積分して $y = \log\left|\dfrac{1}{\cos(x + C_1)}\right| + C_2 = -\log|\cos(x + C_1)| + C_2$ と解を得る.

(4) $y' = p$ とおくとこの微分方程式は $\dfrac{dp}{dx} = p\sqrt{1 - p^2}$ と書き直せる. これは変数分離形だから, $\displaystyle\int \dfrac{dp}{p\sqrt{1 - p^2}} = x + C_1'$, 左辺は $t = \sqrt{1 - p^2}$ と置換積分を行うと $\dfrac{dt}{dp} = -\dfrac{p}{t}$

から $\log\left|\dfrac{1-\sqrt{1-p^2}}{|p|}\right|$ となるから,関係式 $\dfrac{1-\sqrt{1-p^2}}{p} = C_1 e^x$ を得る.これを p について整理すると $p(p(C_1^2 e^{2x}+1) - 2C_1 e^x) = 0$,すなわち $p=0$ または $p = \dfrac{2C_1 e^x}{C_1^2 e^{2x}+1}$ を得る.$p \neq 0$ のときには $y = \displaystyle\int \dfrac{2C_1 e^x}{C_1^2 e^{2x}+1}\,dx = 2\tan^{-1}(C_1 e^x) + C_2$ と一般解を得る.$p=0$ のときには $y=C$ を得るが,これは一般解の $C_1 = 0$ の場合に他ならない.

問題 1.3 (1) この微分方程式に $2y'$ をかけて $2y'y'' = 4yy'$ とすると両辺がそれぞれ $\dfrac{d}{dx}(y'^2) = 2\dfrac{d}{dx}(y^2)$ となることから $y'^2 = 2y^2 + C_1'$ を得る.これを $y' = \pm\sqrt{2y^2 + 2C_1'}$ と変形し,変数分離形であることから $\pm\displaystyle\int\dfrac{dy}{\sqrt{2y^2 + 2C_1'}} = x + C_2'$ を計算して $\pm\log|y + \sqrt{y^2 + C_1}| = \sqrt{2}(x + C_2')$ すなわち $y + \sqrt{y^2 + C_1} = C^2 e^{\sqrt{2}x}$ を得る.y について解いて任意定数を整理すると $y = C_1 e^{\sqrt{2}x} + C_2 e^{-\sqrt{2}x}$ と解を得る.

(2) $y'=p$ とおけばこの微分方程式は $\dfrac{dp}{dx} = p^2$ と書き直せる.これは変数分離形だから $p \neq 0$ ならば $y' = p = -\dfrac{1}{x+C_1}$ さらに両辺を積分して $y = -\log|x+C_1| + C_2$ と一般解を得る.$p=0$ からは $y = C$ と特異解を得る.

(3) $y' = p$ とおくとこの微分方程式は $\dfrac{dp}{dx} = \sqrt{1+p^2}$ と書き直せる.これは変数分離形だから $\displaystyle\int \dfrac{dp}{\sqrt{1+p^2}} = x + C_1$ すなわち $\log(p + \sqrt{1+p^2}) = x + C_1$ を得る.これを $p = y'$ について解くと $p = y' = \dfrac{1}{2}(e^{x+C_1} + e^{-(x+C_1)}) = \sinh(x+C_1)$ となるので,さらに積分すると $y = \cosh(x+C_1) + C_2$ と解を得る.

(4) 両辺に $2y'$ をかけて積分すると $y'^2 = \displaystyle\int 2e^y \dfrac{dy}{dx}\,dx = 2\displaystyle\int e^y\,dy = 2e^y + C$ を得る.

$C = 0$ の場合を考えると $y' = \pm\sqrt{2}e^{\frac{y}{2}}$ となって変数分離形になるのでさらに積分して $(C_1 \pm x)e^{\frac{y}{2}} = \sqrt{2}$ と解を得る.

$C > 0$ の場合を考える.$C = C_1^2$ とおけばこの微分方程式は $y' = \pm\sqrt{2e^y + C_1^2}$ となるので $\displaystyle\int \dfrac{dy}{\sqrt{2e^{-y} + C_1^2}} = \pm x + C_2'$,左辺で $\sqrt{2e^{-y} + C_1^2} = t$ とおいて計算すると $\dfrac{\sqrt{2e^{-y}+C_1^2} - C_1}{\sqrt{2e^{-y}+C_1^2} + C_1} = C_2 e^{\pm C_1 x}$ と解を得る.

$C < 0$ の場合を考える.(あとで都合がいいので)$-C = 4C_1^2$ とおけばこの微分方程式は $y' = \pm\sqrt{2e^y - 4C_1^2}$ となるので $\displaystyle\int dy\sqrt{2e^{-y} - C_1^2} = \pm x + C_2'$,左辺で $\sqrt{2e^{-y} - C_1^2} = t$

とおいて計算すると

$$\frac{1}{C_1}\tan^{-1}\frac{\sqrt{2e^y-4C_1^2}}{2C_1}=\pm x+C_2',\quad \sqrt{2e^y-4C_1^2}=C_1\tan(\pm C_1 x+C_2)$$

として両辺を2乗して整理すると $e^y=2C_1^2(\cos^2(\pm C_1 x+C_2))^{-1}$ と解を得る．

(5) この微分方程式を $y''=\dfrac{1}{\sqrt{y}}$ と変形し，両辺に $2y'$ をかけて積分すると $y'^2=4\sqrt{y}+4C_1$ を得る（積分定数はこの形があとで使いやすい）．したがって，$y'=\pm 2\sqrt{\sqrt{y}+C_1}$ となり，これは変数分離形だから $\displaystyle\int\frac{dy}{\sqrt{\sqrt{y}+C_1}}=\pm 2(x+C_2)$ として積分，整理すると $(\sqrt{y}+C_1)(\sqrt{y}-2C_1)^2=\dfrac{9}{4}(x+C_2)^2$ と解を得る．

問題 2.1 (1) これは y を含まない形だから $y'=p$ とおくとこの微分方程式は $\dfrac{dp}{dx}+\dfrac{1}{x}p=x$ と書き直せる．これは1階線形微分方程式（⇨p.11）だから $y'=p=\dfrac{x^2}{3}+\dfrac{C_1}{x}$ と解ける．さらに積分して $y=\dfrac{x^3}{9}+C_1\log|x|+C_2$ と求める解を得る．

(2) $y'=p$ とおくとこの微分方程式は $\dfrac{dp}{dx}+\dfrac{2}{x}p=2$ と書き直せる．これは1階線形だから解くことができて $y'=p=\dfrac{2}{3}x+\dfrac{C_1}{x^2}$，さらに積分して $y=\dfrac{1}{3}x^2+\dfrac{C_1}{x}+C_2$ と求める解を得る．

(3) $y'=p$ とおくとこの微分方程式は $\dfrac{dp}{dx}-\dfrac{2}{x}p=1$ と書き直せる．これは1階線形だから $y'=p=-x+C_1x^2$ と解け，さらに積分して $y=C_1x^3-\dfrac{1}{2}x^2+C_2$ と求める解を得る．

(4) $y'=p$ とおくとこの微分方程式は $\dfrac{1}{1+p^2}\dfrac{dp}{dx}+\dfrac{1}{1+x^2}=0$ と書き直せる．これは変数分離形（⇨p.7）になるので解くことができて $\tan^{-1}p+\tan^{-1}x=C'$ となる．この両辺の $\tan$ をとり，$\tan$ の加法定理を用いると $\dfrac{p+x}{1-px}=C_1(=\tan C')$ となり，これから $y'=p=\dfrac{C_1-x}{1+C_1x}$ を得る．この両辺をさらに積分すれば $y=\dfrac{C_1^2+1}{C_1^2}\log(C_1x+1)-\dfrac{x}{C_1}+C_2$ と求める解を得る．

(5) $y'=p$ とおくとこの微分方程式は $\dfrac{dp}{dx}+\dfrac{x}{x+2}p=\dfrac{12x^2}{x+2}$ と書き直せる．これは1階線形だから，$y'=p=3x^2-4x+4+\dfrac{C_1}{(x+2)^2}$ と解け，さらに積分すると $y=x^3-2x^2+4x-\dfrac{C_1}{x+2}+C_2$ と求める解を得る．

(6) $y'=p$ とおくとこの微分方程式は $\dfrac{dp}{dx}+\dfrac{1}{x(x^2-1)}p=\dfrac{x^2}{x^2-1}$ と書き直せる．これは1階線形であるから x^2-1 の正負によって，すなわち $0<x<1$ と $x>1$ の場合に分けて

解くと $y' = p = x + \dfrac{C_1 x}{\sqrt{|x^2-1|}}$ を得る．これをさらに積分して $y = \dfrac{1}{2}x^2 + C_1\sqrt{x^2-1} + C_2$
と求める解を得る．

問題 2.2 (1) これは x を含まない形だから $y' = p$ とおき，$y'' = \dfrac{dp}{dx} = \dfrac{dp}{dy}\dfrac{dy}{dx} = p\dfrac{dp}{dy}$ を代入してみると元の微分方程式は

$$y^2 p \dfrac{dp}{dy} - p^3 = 0$$

と書き直せる．したがって $p = 0$ または $y^2 \dfrac{dp}{dy} = p^2$ となる．$p = 0$ からは $y = C$ が得られる．$y^2 \dfrac{dp}{dy} = p^2$ は変数分離形になっているので $\dfrac{1}{p} = \dfrac{1}{y} + C_1$ すなわち $\dfrac{C_1 y + 1}{y} p = 1$ を得る．この両辺をさらに x で積分すると $C_1 y + \log|y| = x + C_2$ となる．2つの解をあわせて $(y - C)(C_1 y + \log|y| - x - C_2) = 0$ とも表せる．

(2) これは x を含まない形だから $y' = p$ とおき，$y'' = \dfrac{dp}{dx} = \dfrac{dp}{dy}\dfrac{dy}{dx} = p\dfrac{dp}{dy}$ を代入してみると元の微分方程式は

$$p\dfrac{dp}{dy} + 2yp = 0$$

と書き直せる．$p \neq 0$ のとき $\dfrac{dp}{dy} = 2y$，y で積分すると $p + y^2 = C$ となる．

$C = 0$ のとき，問題の微分方程式 $\dfrac{dy}{dx} = -y^2$ は変数分離形だから $x - \dfrac{1}{y} = C_1$ と解ける．

$C > 0$ のとき，$C = C_1^2$ とおくと，問題の微分方程式 $\dfrac{dy}{dx} = C_1^2 - y^2$ は変数分離形だから $\dfrac{1}{2C_1} \log\left|\dfrac{C_1 + y}{C_1 - y}\right| = x + C'$，$y$ について解くと $y = C_1 \dfrac{C_2 \exp(2C_1 x) - 1}{C_2 \exp(2C_1 x) + 1}$ と解を得る．

$C < 0$ のとき，$C = -C_1^2$ とおくと，問題の微分方程式 $-\dfrac{dy}{dx} = C_1^2 + y^2$ は変数分離形だから $\dfrac{1}{C_1} \tan^{-1} \dfrac{y}{C_1} + x = C'$．書き換えて $y = C_1 \tan(C_2 - C_1 x)$ と解を得る．

(3) これは x を含まない形だから $y' = p$ とおき，$y'' = \dfrac{dp}{dx} = \dfrac{dp}{dy}\dfrac{dy}{dx} = p\dfrac{dp}{dy}$ を代入してみると元の微分方程式は

$$\dfrac{p}{p^2+1}\dfrac{dp}{dy} + \dfrac{1}{y} = 0$$

と変数分離形になるので $\dfrac{1}{2}\log(p^2+1) + \log|y| = C$ と解ける．これを $p = y'$ について解くと $y' = p = \pm\dfrac{1}{y}\sqrt{C_1^2 - y^2}$ と変数分離形になっているから，$\pm\sqrt{C_1^2 - y^2} = x + C_2$ すなわち $(x + C_2)^2 + y^2 = C_1^2$ と解を得る．

(4) これは x を含まない形だから $y' = p$ とおき, $y'' = \dfrac{dp}{dx} = \dfrac{dp}{dy}\dfrac{dy}{dx} = p\dfrac{dp}{dy}$ を代入してみると元の微分方程式は

$$(1+y)\frac{dp}{dy} + p^2 = 0$$

となる. $p \neq 0$ のとき $\dfrac{1}{p}\dfrac{dp}{dy} + \dfrac{1}{y+1} = 0$ と変数分離形が得られるので, $\log|p(x+1)| = C$ すなわち $y'(y+1) = C_1'$ を得る. これはさらに変数分離形になっているので, $(y+1)^2 = C_1 x + C_2$ と解ける. これが求める一般解である. $p = 0$ の場合からは $y = C$ が得られるが, これは一般解で $C_1 = 0$ の場合に相当する.

問題 3.1 (1) この微分方程式の形をみると, y, y', y'' の式とみて 2 次式であるから,「y について同次」であると見当が付く (実際にそうであることを確かめよう). そこで $y = e^z$ とおく. このとき

$$y' = e^z \frac{dz}{dx}, \quad y'' = e^z\left(\frac{d^2z}{dx^2} + \left(\frac{dz}{dx}\right)^2\right)$$

となるからこの微分方程式は $\dfrac{d^2z}{dx^2} = 2$ と書き直せて, 2 回積分すれば $z = x^2 + C_1 x + C_2$ すなわち $\log y = x^2 + C_1 x + C_2$ または $y = \exp(x^2 + C_1 x + C_2)$ と解を得る.

(2) (1) と同様にこの微分方程式は $\dfrac{d^2z}{dx^2} + 2\left(\dfrac{dz}{dx}\right)^2 = \dfrac{3}{x}\dfrac{dz}{dx}$ と書き直せる. これは z を含まない形 (p.36 の y を含まない形) だから $\dfrac{dz}{dx} = p$ とおいて書き直すと $\dfrac{dp}{dx} - \dfrac{3}{x}p = -2p^2$ となってベルヌーイの微分方程式 (⇨p.12) で $n = 2$ の場合だから $u = v^{1-2}$ とおけば $u = \dfrac{x^4 + 2C'}{2x^3}$ と解くことができる. 変数変換を元に戻すと結局 $y = C_1\sqrt{x^4 + C_2}$ と解を得る.

問題 3.2 (1) 解説からわかるとおり「y は x について 0 次」「y' は x について -1 次」「y'' は x について -2 次」と思ってよい. そう考えるとこの微分方程式は両辺の各項がそれぞれ「x について -1 次」だと思うことができて,「x について同次」であると見当が付く (定義から実際に確かめよう). そこで $x = e^t$ とおく. このとき $y' = e^{-t}\dfrac{dy}{dt}, y'' = e^{-2t}\left(\dfrac{d^2y}{dt^2} - \dfrac{dy}{dt}\right)$ となるからこの微分方程式は $y\dfrac{d^2y}{dt^2} = \left(\dfrac{dy}{dt}\right)^2$ と書き直せる. これは t を含まない形 (p.36 の x を含まない形) だから $\dfrac{dy}{dt} = p$ とおく. すると $\dfrac{d^2y}{dt^2} = p\dfrac{dp}{dy}$ となってこの微分方程式はさらに $yp\dfrac{dp}{dy} = p^2$ となる. $p \neq 0$ のときは $y\dfrac{dp}{dy} = p$ となって変数分離形だから $\dfrac{dy}{dt} = p = C_1 y$, よってさらに積分して $y = C_2 e^{C_1 t} = C_2 x^{C_1}$ と一般解を得る. $p = 0$ の場合は $y = C$ となって, 一般解の $C_1 = 0$ の場合に含まれる.

(2) (1) と同様に考えるとこの微分方程式は $\dfrac{d^2y}{dt^2} - 2\dfrac{dy}{dt} = 1$ と書き直せる. これ

は y を含まない形 (⇨p.36) だから階数を下げることができて $y = C_1 + C_2 e^{2t} - \dfrac{t}{2} = C_1 + C_2 x^2 - \dfrac{1}{2} \log x$ と解を得る.

(3) (1) と同様に考えるとこの微分方程式は $\dfrac{d^2 y}{dt^2} + y = 0$ と書き直せる．これは t を含まない形 (p.36 の x を含まない形) だから $\dfrac{dy}{dt} = p$ とおく．すると $p \dfrac{dp}{dy} + y = 0$ となって変数分離形だから解くことができて，$\dfrac{dy}{dt} = p = \pm \sqrt{C_1^2 - y^2}$，さらにこれは変数分離形だから $\sin^{-1} \dfrac{y}{C_1} = t + C_2'$ と解ける．したがって $y = C_1 \sin(t + C_2') = C_1 \sin(\log x + C_2') = C_1 \sin(\log x) + C_2 \cos(\log x)$ と求める解を得る.

(4) (1) と同様に考えるとこの微分方程式は $\dfrac{d^3 y}{dt^3} - \dfrac{d^2 y}{dt^2} = 0$ と書き直せる．ここで $p = \dfrac{d^2 y}{dt^2}$ とおけば変数分離形になるので，$\dfrac{d^2 y}{dt^2} = Ce^t$ を得る．t で 2 回積分すれば $y = C_1 e^t + C_2 t + C_3 = C_1 x + C_2 \log x + C_3$ と解を得る.

問題 3.3 (1) 解説から「$y, y', y'', \cdots$ は y について m 次である」とみることにする．問題 3.2 (1) のように x についての次数を考えると，この微分方程式左辺の第 1 項は x と y について $m+1$ 次，第 2 項は $2m$ 次と思うことができる．そこで $m = 1$ とおけば，この微分方程式の各項はどれも "x と y について 2 次" と思うことができる (実際に $m = 1$ に対して，$r = 2$ で定義の条件が成り立つことを確かめよう)．そこで $x = e^t, y = ze^t$ とおくと，この微分方程式は

$$\frac{d^2 z}{dt^2} - \left(\frac{dz}{dt}\right)^2 + \frac{dz}{dt} = 0$$

と書き直せる．これは t (または z) を含まない形だから $\dfrac{dz}{dt} = p$ とおいて解くと，$\dfrac{p-1}{p} = C_1 e^t$，すなわち $\dfrac{dz}{dt} = p = \dfrac{1}{1 - C_1 e^t}$ を得る．さらにこれを積分し，変数を元に戻すと $y = x \left(\log \left| \dfrac{C_1 x}{C_1 x - 1} \right| + C_2 \right)$ と求める解を得る.

(2) (1) と同様に考えると，$m = 2$ とおけば x と y について 4 次同次であることがわかる．そこで $x = e^t, y = ze^{2t}$ とおくと，この微分方程式は

$$\frac{d^2 z}{dt^2} + \frac{dz}{dt} + \left(\frac{dz}{dt}\right)^3 = 0$$

と書き直せる．これは t (または z) を含まない形だから $\dfrac{dz}{dt} = p$ とおいて解くと，$\dfrac{1}{2} \log \dfrac{p^2}{p^2 + 1} = 2C - 2t$ さらに整理して $\dfrac{dz}{dt} = p = \pm \dfrac{C}{\sqrt{e^{2t} - C_1'^2}}$ を得る．さらに

積分すると（置換積分を繰り返して），$\dfrac{y}{x} = z = C_2 \pm C_1 \tan^{-1}\sqrt{(C_1 e^t)^2 - 1}$, すなわち，$y = x(C_2 \pm \tan^{-1}\sqrt{C_1^2 x^2 - 1})$ と求める解が得られる．

(3) (1) と同様に考えると，$m = -1$ とおけば x と y について -2 次同次であることがわかる．そこで $x = e^t, y = ze^{-t}$ とおくと，この微分方程式は

$$\frac{d^2 z}{dx^2} - \left(\frac{dz}{dx}\right)^2 = (1 - 2z)\frac{dz}{dx}$$

と書き直せる．これは t を含まない形だから $\dfrac{dz}{dt} = p$ とおけば $p\dfrac{dp}{dz} - p^2 = (1-2z)p$ となる．$p = 0$ のときには $z = C$ したがって $xy = C$ を得る．$p \neq 0$ のときには，$\dfrac{dp}{dz} - p = 1 - 2z$ となって，これは変数分離形なので $\dfrac{dz}{dt} = p = C_1 e^z + 2z + 1$ を得る．これはまた変数分離形なので，$\displaystyle\int \dfrac{dz}{C_1 e^z + 2z + 1} = t + C_2$ と解けるが，右辺の積分は具体的に表すことができない．しかしこれから z と t の関係がわかり，そこから x と y の関係が求められることはわかる．

問題 4.1 (1) $p_0(x) = x(1 - x^2), p_1(x) = -2x^2, p_2(x) = 2x$ とおくと，$p_2 - p_1' + p_0'' = 2x - (-4x) + (-6x) = 0$ となるので，定理 5 からこの微分方程式は完全微分方程式であることがわかる．$q_0 = p_0 = x(1 - x^2), q_1 = p_1 - p_0' = x^2$ と求めて，この微分方程式の第 1 積分は

$$x(1 - x^2)y' - (1 - x^2)y = C_1$$

となることがわかる．変形すれば $y' - \dfrac{1}{x}y = \dfrac{C_1}{x(1 - x^2)}$ と，1 階線形微分方程式（⇨p.11）になるので，$y = -C_1 + \dfrac{x}{2}\log\left|\dfrac{x+1}{x-1}\right| + C_2 x$ と解くことができる．

(2) $p_0(x) = x(x - 1), p_1(x) = 3x - 2, p_2(x) = 1$ とおくと，$p_2 - p_1' + p_0'' = 1 - 3 + 2 = 0$ となるので，この微分方程式は完全微分方程式である．$q_0 = p_0 = x(x - 1), q_1 = p_1 - p_0' = x - 1$ と求めれば，この微分方程式の第 1 積分は $x(x-1)y' + (x-1)y = C_1$ すなわち

$$y' + \frac{1}{x}y = \frac{C_1}{x(x - 1)}$$

と 1 階線形微分方程式になるので，$y = \dfrac{1}{x}(C_1 \log|x - 1| + C_2)$ と解くことができる．

(3) $p_0(x) = x^2 + 1, p_1(x) = 4x, p_2(x) = 2$ とおくと，$p_2 - p_1' + p_0'' = 2 - 4 + 2 = 0$ となるので，この微分方程式は完全微分方程式である．$q_0 = p_0 = x^2 + 1, q_1 = p_1 - p_0' = 2x$ と求めれば，この微分方程式の第 1 積分は

$$(x^2 + 1)y' + 2xy = \int(-\sin x)\,dx + C_1$$

すなわち $y' + \dfrac{2x}{x^2+1} = \dfrac{\cos x + C_1}{x^2+1}$ と1階線形微分方程式になるので，$y = \dfrac{1}{x^2+1}(\sin x + C_1 x + C_2)$ と解くことができる．

(4) $p_0(x) = \sin 2x$, $p_1(x) = 2(1 + \cos 2x)$, $p_2(x) = 0$ とおくと，$p_2 - p_1' + p_0'' = 0 - (-4\sin 2x) + (-4\sin 2x) = 0$ となるので，この微分方程式は完全微分方程式である．$q_0 = p_0 = \sin 2x$, $q_1 = p_1 - p_0' = 2$ と求めれば，この微分方程式の第1積分は

$$y' \sin 2x + 2y = \int (-2\sin 2x)\,dx + C$$

すなわち $y' + \dfrac{2}{\sin 2x} = \dfrac{\cos 2x + C}{\sin 2x}$ と1階線形微分方程式になるので，$y = \dfrac{x + C_1}{\tan x} + C_2$ と解ける $\left(\displaystyle\int \dfrac{2}{\sin 2x}\,dx = \int \dfrac{1}{\cos x \sin x}\,dx = \log(\tan x) + C \right)$.

(5) $p_0(x) = x^3 + x^2 - 3x + 1$, $p_1(x) = 9x^2 + 6x - 9$, $p_2(x) = 18x + 6$, $p_3(x) = 6$ とおくと，$p_3 - p_2' + p_1'' + p_0''' = 6 - 18 + 18 - 6 = 0$ となるので，この微分方程式は完全微分方程式である．$q_0 = p_0 = x^3 + x^2 - 3x + 1$, $q_1 = p_1 - p_0' = 6x^2 + 4x - 6$, $q_2 = p_2 - p_1' + p_0'' = 6x + 2$ と求めれば，この微分方程式の第1積分は

$$(x^3 + x^2 - 3x + 1)y'' + (6x^2 + 4x - 6)y' + (6x + 2)y = \int x^3\,dx + C_1' = \dfrac{1}{4}x^4 + C_1'$$

となる．さらに，

$$q_2 - q_1' + q_0'' = 6x + 2 - (12x + 4) + (6x + 2) = 0$$

となるので，これも完全微分方程式となる．よって $r_0 = q_0 = x^3 + x^2 - 3x + 1$, $r_1 = q_1 - q_0' = 3x^2 + 2x - 3$ と求めれば，元の微分方程式の第2積分は

$$(x^3 + x^2 - 3x + 1)y' + (3x^2 + 2x - 3)y = \int \dfrac{1}{4}x^4 + C_1'\,dx + C_2 = \dfrac{1}{20}x^5 + C_1' x + C_2$$

となる．$\dfrac{d}{dx}(x^3 + x^2 - 3x + 1) = 3x^2 + 2x - 3$ となることに注意すれば，第2積分の左辺は $\dfrac{d}{dx}((x^3 + x^2 - 3x + 1)y)$ となるから，両辺を積分して $(x^3 + x^2 - 3x + 1)y = \dfrac{1}{120}x^6 + C_1 x^2 + C_2 x + C_3$ と求める解を得ることができる．

問題 5.1 (1) 第1項をみてこれが xyy' の微分と関係あるのではないかと見当をつける．実際には

$$\dfrac{d}{dx}(xyy') = yy' + xy'^2 + xyy''$$

であるから，これを元の微分方程式に代入すると $\dfrac{d}{dx}(xyy') = 1$ となる．これを積分すれば $xyy' = x + C_1$, すなわち

$$y\dfrac{dy}{dx} = 1 + \dfrac{C_1'}{x}$$

となる．これは変数分離形だから，$y^2 = 2x + C_1 \log|x| + C_2$ と解ける．

(2) 第1項をみてこれが $3y^2 y'$ の微分と関係あるのではないかと見当をつける．実際には
$$\frac{d}{dx}(3y^2 y') = 3y'' + 6yy'$$
であるから，これを元の微分方程式に代入すると $\frac{d}{dx}(3y^2 y') = -\cos x$ となる．これを積分すれば
$$3y^2 y' = -\sin x + C_1$$
となる．これは変数分離形だから，$y^3 = \cos x + C_1 x + C_2$ と解ける．

(3) 第1項をみてこれが $x^2 yy'$ の微分と関係あるのではないかと見当をつける．実際には
$$\frac{d}{dx}(x^2 yy') = 2xyy' + x^2 y'^2 + x^2 yy''$$
であるから，これを元の微分方程式に代入すると $\frac{d}{dx}(x^2 yy') + 2xyy' + y^2 = x$ となる．この第2項をみてこれが xy^2 の微分と関係あるのではないかと見当をつける．実際には
$$\frac{d}{dx}(xy^2) = y^2 + 2xyy'$$
であるから，さらにこれを代入すれば，元の微分方程式は $\frac{d}{dx}(x^2 yy') + \frac{d}{dx}(xy^2) = x$ となる．これを積分すれば
$$2x^2 yy' + 2xy^2 = x^2 + C_1$$
を得る．この左辺をみると，これがさらに $x^2 y^2$ の微分であることがわかるので，両辺を積分して $x^2 y^2 = \frac{1}{3}x^3 + C_1 x + C_2$ と求める解を得る．

(4) 第1項をみてこれが $3y^2 y'$ の微分と関係あるのではないかと見当をつける．実際には
$$\frac{d}{dx}(3y^2 y') = 6yy' + 3yy''$$
であるから，これを元の微分方程式に代入すると $\frac{d}{dx}(3y^2 y') - 3y^2 y' = 0$ となる．この第2項をみればこれは $-y^3$ の微分であるとわかるから，元の微分方程式は $\frac{d}{dx}(3y^2 y') - \frac{d}{dx}(y^3) = 0$ となる．これを積分すれば $3y^2 y' - y^3 = C_1'$ となる．これは変数分離形だから，$y^3 = C_1 e^x + C_2 (C_1 > 0)$ と求める解を得る．

問題 5.2 (1) 第1項をみてこれが $3xy^2 y'$ の微分と関係あるのではないかと見当をつける．実際には $\frac{d}{dx}(3xy^2 y') = 3y^2 y' + 6xyy'^2 + 3xy^2 y''$ であるから，これを元の微分方

程式に代入すると
$$\frac{d}{dx}(3xy^2y') + 2y'^2 + 2yy'' + 3y^2y' = 0$$
となる．この第 2, 3 項をみてこれが $2yy'$ の微分と関係あるのではないかと見当をつける．実際には $\frac{d}{dx}(2yy') = 2y'^2 + 2yy''$ であるから，さらにこれを代入すれば，元の微分方程式は $\frac{d}{dx}(3xy^2y') + \frac{d}{dx}(2yy') + 3y^2y' = x$ となる．この第 3 項は y^3 の微分だから，元の微分方程式は
$$\frac{d}{dx}(3xy^2y') + \frac{d}{dx}(2yy') + \frac{d}{dx}(y^3) = 0$$
と書き直せる．これを積分すれば第 1 積分 $3xy^2y' + 2yy' + y^3 = C_1$ を得る．この左辺をみて，その第 1 項が xy^3 の微分と関係あるのではないかと見当をつけて同様の作業をしてみると，この第 1 積分は $\frac{d}{dx}(xy^3 + y^2) = C_1$ と書き換えられることがわかる．よってこれを積分して
$$xy^3 + y^2 = C_1x + C_2$$
と求める解を得る．

(2) 第 1 項をみてこれが $3y^2y''$ の微分と関係あるのではないかと見当をつける．実際には
$$\frac{d}{dx}(3y^2y'') = 3y^2y''' + 6yy'y''$$
であるから，これを元の微分方程式に代入すると $\frac{d}{dx}(3y^2y'') + 12yy'y'' - 6y^2y'' - 12yy'^2 + 6y'^3 = 0$ となる．この第 2 項をみてこれが $6yy'^2$ の微分と関係あるのではないかと見当をつける．実際には $\frac{d}{dx}(6yy'^2) = 12yy'y'' + 6y'^3$ であるから，さらにこれを代入すれば，元の微分方程式は $\frac{d}{dx}(3y^2y'') + \frac{d}{dx}(6yy'^2) - 6y^2y'' - 12yy'^2 = 0$ となる．この第 3 項をみてこれが $-6y^2y'$ の微分と関係あるのではないかと見当をつける．実際には $\frac{d}{dx}(-6y^2y') = -6y^2y'' - 12yy'^2 = 0$ であるからこれを代入することによって，元の微分方程式は
$$\frac{d}{dx}(3y^2y') + \frac{d}{dx}(6yy'^3) - \frac{d}{dx}(6y^2y') = 0$$
と書き直せることがわかる．これを積分すれば第 1 積分 $3y^2y'' + 6yy'^2 - 6y^2y' = C_1$ を得る．この第 1 積分に対して同じ操作をすると，第 2 積分 $3y^2y' - 2y^3 = C_1x + C_2$ が得られる．ここでこの第 2 積分の第 1 項は $\frac{d}{dx}(y^3)$ であるから，$y^3 = Y$ とおくとこれは $Y' - 2Y = C_1x + C_2$ と 1 階線形微分方程式になるから，
$$y^3 = Y = C_1x + C_2 + C_3e^{2x}$$
と解くことができる．これが求める解である．

第4章の解答

問題 1.1 (1) $\begin{vmatrix} e^{-x}\cos x & e^x \sin x \\ -e^{-x}\cos x - e^{-x}\sin x & e^x \sin x + e^x \cos x \end{vmatrix} = 1 + 2\sin x \cos x$

(2) $\begin{vmatrix} xe^{2x} & x^2 e^{2x} \\ e^{2x} + 2xe^{2x} & 2xe^{2x} + 2x^2 e^{2x} \end{vmatrix} = x^2 e^{4x}$

問題 2.1 $y_1 = e^{-2x}, y_2 = e^{4x}$ が同伴方程式の解であることは，上の例題 2 のように代入してわかる．つぎに

$$w(y_1, y_2) = \begin{vmatrix} e^{-2x} & e^{4x} \\ -2e^{-2x} & 4e^{4x} \end{vmatrix} = 6e^{2x} \neq 0$$

また $y_0 = -\dfrac{1}{8}e^{2x}$ が特殊解であることも

$$y_0'' - 2y_0' - 8y_0 = -\frac{1}{2}e^{2x} + \frac{1}{2}e^{2x} + e^{2x} = e^{2x}$$

であることからわかる．

問題 2.2 $y_1 = x, y_2 = \dfrac{1}{x}$ が同伴方程式の解であることは，代入してわかる．特に

$$x^2 y_2'' + xy_2' - y_2 = x^2 \cdot \frac{2}{x^3} - x \cdot \frac{1}{x^2} - \frac{1}{x} = 0$$

つぎに $w(y_1, y_2) = \begin{vmatrix} x & \dfrac{1}{x} \\ 1 & -\dfrac{1}{x^2} \end{vmatrix} = -\dfrac{2}{x} \neq 0$

また $y_0 = \dfrac{2}{3}x^2$ が特殊解であることは

$$x^2 y_0'' + xy_0' - y_0 = x^2 \cdot \frac{4}{3} + x \cdot \frac{4}{3}x - \frac{2}{3}x^2 = 2x^2$$

であることからわかる．

問題 3.1 (1) $y = c_1 + c_2 e^{-x}$ (2) $y = c_1 e^{2x} + c_2 e^{-4x}$

問題 3.2 (i) y_1, y_2 が解であるから

$$y_1'' + py_1' + qy_1 = 0, \quad y_2'' + py_2' + qy_2 = 0$$

よって

$$(y_2 + cy_1)'' + p(y_2 + cy_1)' + q(y_2 + cy_1)$$
$$= y_2'' + py_2' + qy_2 + c(y_1'' + py_1' + qy_1) = 0$$

よって $y_1, y_2 + cy_1$ は解である．

(ii) $w(y_1, y_2 + cy_1) = \begin{vmatrix} y_1 & y_2 + cy_1 \\ y_1' & y_2' + cy_1' \end{vmatrix}$

$= \begin{vmatrix} y_1 & y_2 \\ y_1' & y_2' \end{vmatrix} + c \begin{vmatrix} y_1 & y_1 \\ y_1' & y_1' \end{vmatrix} = w(y_1, y_2) \neq 0$

から $y_1, y_2 + cy_1$ も 1 組の基本解である．

問題 4.1 (1) $y = c_1 e^{-x} + c_2 x e^{-x}$ (2) $y = c_1 e^{4x} + c_2 x e^{4x}$

問題 5.1 (1) 特性解は $-3 \pm 4i$．よって
$$y = e^{-3x}(c_1 \cos 4x + c_2 \sin 4x)$$

(2) 特性解は $1 \pm 3i$ であり $y = e^x(c_1 \cos 3x + c_2 \sin 3x)$

問題 6.1 未定係数法によって特殊解を求める．

(1) $y'' - 2y' - 3y = 0$ の特性方程式は $t^2 - 2t - 3 = (t-3)(t+1) = 0$．ゆえに，余関数は $C_1 e^{3x} + C_2 e^{-x}$ である．与式に $y = Ax^2 + Bx + C$ を代入すると，

$$2A - 2(2Ax + B) - 3(Ax^2 + Bx + C) = x^2$$
$$\therefore \ -3Ax^2 - (3B + 4A)x + (2A - 2B - 3C) = x^2$$

両辺の係数を比較して，A, B, C を求めれば，$A = -1/3, B = 4/9, C = -14/27$．

よって，一般解は $y = C_1 e^{3x} + C_2 e^{-x} - \dfrac{1}{27}(9x^2 - 12x + 14)$．

(2) $y'' + 4y = 0$ の特性方程式は $t^2 + 4 = 0$．これを解いて $t = \pm 2i$ であるから，余関数は $C_1 \cos 2x + C_2 \sin 2x$．与式に $y = Ax^2 + Bx + C$ を代入すると

$$2A + 4(Ax^2 + Bx + C) = x^2, \ 4Ax^2 + 4Bx + (2A + 4C) = 0$$

係数を比較して，$A = 1/4, \ B = 0, \ C = -1/8$ を得る．ゆえに，一般解は

$$y = C_1 \cos 2x + C_2 \sin 2x + \dfrac{x^2}{4} - \dfrac{1}{8}$$

(3) $y'' + 3y' + 2y = 0$ の特性方程式は $t^2 + 3t + 2 = (t+1)(t+2) = 0$．よって，余関数は $C_1 e^{-x} + C_2 e^{-2x}$ である．与式に $y = Ae^x$ を代入して係数を比較すれば，$A = 1/6$ を得る．ゆえに，一般解は $y = C_1 e^{-x} + C_2 e^{-2x} + e^x/6$．

(4) $y'' - 2y' + y = 0$ の特性方程式は $t^2 - 2t + 1 = (t-1)^2 = 0$．よって，余関数は $(C_1 + C_2 x)e^x$ である．与式に $e^x(A \cos x + B \sin x)$ を代入して整頓すると，

$$e^x(-A \cos x - B \sin x) = e^x \cos x$$

ゆえに，$A = -1, B = 0$．したがって，一般解は $y = (C_1 + C_2 x)e^x - e^x \cos x$．

(5) $y'' + 4y' + 3y = 0$ の特性方程式は $t^2 + 4t + 3 = (t+1)(t+3) = 0$. よって，余関数は $C_1 e^{-x} + C_2 e^{-3x}$ である．与式に $y = Ae^{2x}$ を代入して整頓すると
$$15Ae^{2x} = 2e^{2x}, \quad A = 2/15$$
したがって，一般解は $y = C_1 e^{-x} + C_2 e^{-3x} + 2e^{2x}/15$.

(6) $y'' + y' + y = 0$ の特性方程式は $t^2 + t + 1 = 0$. これを解けば，$t = \dfrac{-1 \pm \sqrt{3}i}{2}$. ゆえに，余関数は $e^{-x/2}\left(C_1 \cos \dfrac{\sqrt{3}}{2}x + C_2 \sin \dfrac{\sqrt{3}}{2}x\right)$. $y'' + y' + y = x$ の特殊解を求めるために，$y = Ax + B$ を代入して係数を比べれば $A = 1, B = -1$. $y'' + y' + y = e^x$ の特殊解を求めるために，$y = Ce^x$ を代入して係数を比べると $C = 1/3$. ゆえに，求める一般解は $y = e^{-\frac{1}{2}x}\left(C_1 \cos \dfrac{\sqrt{3}}{2}x + C_2 \sin \dfrac{\sqrt{3}}{2}x\right) + x - 1 + \dfrac{1}{3}e^x$.

(7) (3) より $y'' + 3y' + 2y = e^x$ の一般解は $y = C_1 e^{-x} + C_2 e^{-2} + e^x/6$ である．$y'' + 3y' + 2y = \cos x$ の左辺に $y = A\cos x + B\sin x$ を代入して係数を比べれば，$A = 1/10, B = 3/10$ を得る．ゆえに，一般解は
$$y = C_1 e^{-x} + C_2 e^{-2x} + e^x/6 + (\cos x + 3\sin x)/10$$

問題 7.1 1つの特殊解をみつける．

(1) $y'' - \dfrac{2x}{1+x^2}y' + \dfrac{2}{1+x^2}y = 0$ とかき直して，$P(x) = -\dfrac{2x}{1+x^2}, Q(x) = \dfrac{2}{1+x^2}$ とおくと $P + xQ = 0$ であるから，$y = x$ は1つの解である．$y = xu$ とおけば，与えられた微分方程式は $\dfrac{d^2 u}{dx^2} + \left(\dfrac{2}{x} - \dfrac{2x}{x^2+1}\right)\dfrac{du}{dx} = 0$ となる．ゆえに，

$$\dfrac{du}{dx} = C_1 e^{-\int \left(\frac{2}{x} - \frac{2x}{x^2+1}\right)dx} = \dfrac{C_1(x^2+1)}{x^2}$$

$$\therefore \quad \dfrac{y}{x} = u = C_1 \int \dfrac{x^2+1}{x^2}\,dx + C_2 = C_1 x - \dfrac{C_1}{x} + C_2$$

$$\therefore \quad y = C_1 x^2 + C_2 x - C_1$$

(2) $y'' + \dfrac{1}{x}y' - \dfrac{1}{4x^2}y = 0$ とかき直して，$P(x) = \dfrac{1}{x}, Q(x) = -\dfrac{1}{4x^2}$ とおいてみると，$\dfrac{1}{2}\left(\dfrac{1}{2} - 1\right) + \dfrac{1}{2}xP + x^2 Q = 0$ となるから，$y = \sqrt{x}$ は1つの解である．$y = \sqrt{x}u$ とおくと与えられた微分方程式は $\dfrac{d^2 u}{dx^2} + \dfrac{2}{x}\dfrac{du}{dx} = 0$ となる．よって，

$$\dfrac{du}{dx} = \dfrac{C}{x^2}, \quad \dfrac{y}{\sqrt{x}} = u = \int \dfrac{C}{x^2}\,dx + C_1 = C_1 + \dfrac{C_2}{x}, \quad y = C_1\sqrt{x} + \dfrac{C_2}{\sqrt{x}}$$

(3) $y = x$ は $(1-x)y'' + xy' - y = 0$ の1つの解であるから，$y = xu$ とおく．

このとき，与えられた微分方程式は $\dfrac{d^2u}{dx^2} + \left(\dfrac{2}{x} + \dfrac{x}{1-x}\right)\dfrac{du}{dx} = \dfrac{1-x}{x}$ となる．ゆえに，

$$\dfrac{du}{dx} = e^{-\int\left(\frac{2}{x} - \frac{x}{x-1}\right)dx}\left(\int \dfrac{1-x}{x}e^{\int\left(\frac{2}{x} - \frac{x}{x-1}\right)dx}dx + C_1\right) = \dfrac{x-1}{x^2}(x+1+C_1 e^x)$$

$\therefore \quad \dfrac{y}{x} = u = \displaystyle\int\left(\dfrac{x-1}{x} + \dfrac{x-1}{x^2} + C_1\dfrac{(x-1)e^x}{x^2}\right)dx + C_2 = x + \dfrac{1}{x} + C_1\dfrac{e^x}{x} + C_2$

$\therefore \quad y = C_1 e^x + C_2 x + x^2 + 1$

(4) $1+P+Q=0$ の場合であり，$y = e^x$ は同次方程式の解である．$y = ue^x$ とおいて与えられた方程式をかき直すと，$\dfrac{d^2u}{dx^2} + \left(1 - \dfrac{3}{x}\right)\dfrac{du}{dx} = x^3$ となる．ゆえに，

$$\dfrac{du}{dx} = e^{-\int\left(1 - \frac{3}{x}\right)dx}\left(\int x^3 e^{\int\left(1 - \frac{3}{x}\right)dx}dx + C_1\right) = C_1 x^3 e^{-x} + x^3$$

$\therefore \quad \dfrac{y}{e^x} = u = \displaystyle\int (C_1 x^3 e^{-x} + x^3)\,dx + C_2 = C_1 e^{-x}(x^3 + 3x^2 + 6x + 6) + \dfrac{x^4}{4} + C_2$

$\therefore \quad y = C_1(x^3 + 3x^2 + 6x + 6) + \dfrac{x^4 e^x}{4} + C_2 e^x$

問題 8.1 この微分方程式において，$y = uv$ とおけば，
$$u''v + u'(2v' + Pv) + u(v'' + Pv' + Qv) = R \quad \cdots ①$$
となる．いま v を
$$v = \exp\left(-\dfrac{1}{2}\int P\,dx\right)$$
で与えれば，
$$2v' + Pv = 0, \quad 2v'' + P'v + Pv' = 0$$
となるから，①の第2項は消えて，第3項において
$$v'' + Pv' + Qv = \left(Q - \dfrac{1}{2}P' - \dfrac{1}{4}P^2\right)v$$
である．そこで，
$$I = Q - \dfrac{1}{2}P' - \dfrac{1}{4}P^2, \quad J = \dfrac{R}{v} = R\exp\left(\dfrac{1}{2}\int P\,dx\right)$$
とおけば，与えられた微分方程式はつぎのような形となる．
$$u'' + Iu = J$$

注意 これを2階線形微分方程式の**標準形**という．

問題 9.1 $P(D) = D^m$ のとき

(1) $P(D)e^{ax} = D^m e^{ax} = D^{m-1} a e^{ax} = a^m e^{ax} = P(a)e^{ax}$

(2)　$D^2 \sin(ax+b) = D\{a\cos(ax+b)\} = -a^2 \sin(ax+b)$
よって $(D^2)^m \sin(ax+b) = (-a^2)^m \sin(ax+b)$
$P(D) = D^m$ のとき $P(D^2)\sin(ax+b) = P(-a^2)\sin(ax+b)$
(3)　(2) と同様である．

問題 9.2　例題 9 (1) において $f(x) = x^2$ とすると

$$P(D)(x^2 e^{ax}) = e^{ax} \cdot P(D+a) \cdot x^2 = e^{ax} \cdot (D+a)^m x^2$$
$$= e^{ax}\{D^m + mD^{m-1}a + \cdots + {}_m C_2 D^2 a^{m-2} + mDa^{m-1} + a^m\}x^2$$
$$= e^{ax}\{m(m-1)a^{m-2} + 2ma^{m-1}x + a^m x^2\}$$

(2)　同様に例題 9 (2) において $f(x) = \sin ax$ とすると

$$P(D^2)(x \sin ax) = D^{2m}(x \sin ax)$$
$$= 2mD^{2m-1} \sin ax + xD^{2m} \sin ax$$
$$= 2m(-1)^{m-1} a^{2m-1} \cos ax + (-1)^m a^{2m} x \sin ax$$

問題 10.1　演算子の基本性質による．
(1)　$P(D^2)\sin(bx+c) = P(-b^2)\sin(bx+c)$ から．
(2)　$P(D^2)\cos(bx+c) = P(-b^2)\cos(bx+c)$ から．

問題 11.1　(1)　前問 (1) で $P(t) = t + a^2, c = 0$ の場合．
(2)　同様に前問 (2) から．

問題 11.2　(1)　$\dfrac{1}{D-a}x = e^{ax} \displaystyle\int xe^{-ax}\,dx = -e^{ax}\left(\dfrac{xe^{-ax}}{a} + \dfrac{e^{-ax}}{a^2}\right)$
$$= -\left(\dfrac{x}{a} + \dfrac{1}{a^2}\right) \quad (\text{例題 10 の下の公式でもよい})$$

(2)　前問を用いて，

$$\dfrac{1}{(D-a)^2}x = \dfrac{1}{D-a}\left[\dfrac{1}{D-a}x\right] = -\dfrac{1}{D-a}\left[\dfrac{x}{a} + \dfrac{1}{a^2}\right]$$
$$= -\dfrac{1}{a}\dfrac{1}{D-a}x - \dfrac{1}{a^2}\dfrac{1}{D-a}\cdot 1$$
$$= -\dfrac{1}{a}\left(-\dfrac{x}{a} - \dfrac{1}{a^2}\right) + \dfrac{1}{a^2}\cdot\dfrac{1}{a} = \dfrac{x}{a^2} + \dfrac{2}{a^3}$$

$$\left((1) と同様に \dfrac{1}{P(D)}x の公式を用いてもよい\right)$$

(3)　$\dfrac{1}{D^2 - 3D + 2}xe^x = \dfrac{1}{(D-2)(D-1)}xe^x = \dfrac{1}{D-2}\left[\dfrac{1}{D-1}xe^x\right]$

$$= \frac{1}{D-2}\left(e^x \int x\,dx\right) = \frac{1}{2}\frac{1}{D-2}x^2 e^x$$

$$= \frac{1}{2}e^{2x}\int x^2 e^{-x}\,dx = -\frac{1}{2}(x^2+2x+2)e^x$$

(4) 例題 10 (1) において $P(D)=(D-1)^2, a=1, f(x)=\sin x$ とすると

$$\frac{1}{P(D)}e^x \sin x = e^x \frac{1}{D^2}\sin x = e^x \frac{1}{-1}\sin x = -e^x \sin x$$

(5) 例題 10 (1) により

$$\frac{1}{D^2-2D+2}e^x \cos x = e^x \frac{1}{(D+1)^2-2(D+1)+2}\cos x = e^x \frac{1}{D^2+1}\cos x.$$

$$= \frac{1}{2}xe^x \sin x \quad (基本公式 (VI))$$

問題 12.1 (1) $\dfrac{1}{(D-2)(D-3)}e^{2x} = \dfrac{1}{D-3}e^{2x} - \dfrac{1}{D-2}e^{2x}$

$$= \frac{1}{2-3}e^{2x} - xe^{2x} = -(1+x)e^{2x}$$

(2) $\dfrac{1}{D^2-3D+2}xe^{2x} = \dfrac{1}{D-2}xe^{2x} - \dfrac{1}{D-1}xe^{2x}$

ここで $\dfrac{1}{D-1}xe^{2x}$ は $\dfrac{1}{D-1}e^x(xe^x)$ とみて，例題 10 (1) を用いて

$$= e^{2x}\int x\,dx - e^x \int xe^x\,dx = \left(\frac{x^2}{2}-x+1\right)e^{2x}$$

(3) $\dfrac{1}{D^2-3D+2}\cos x = \dfrac{1}{D-2}\cos x - \dfrac{1}{D-1}\cos x$

ここで $\dfrac{1}{D-2}\cos x = \dfrac{1}{D-2}e^{2x}(e^{-2x}\cos x), \dfrac{1}{D-1}\cos x = \dfrac{1}{D-1}e^x \cdot (e^{-x}\cos x)$

とみて例題 10, (1) を用いると

$$= e^{2x}\int e^{-2x}\cos x\,dx - e^x \int e^{-x}\cos x\,dx$$

$$= \frac{1}{5}(-2\cos x + \sin x) - \frac{1}{2}(-\cos x + \sin x) = \frac{1}{10}(\cos x - 3\sin x)$$

(4) $\dfrac{1}{D^2-2D-3}x = \dfrac{1}{4}\dfrac{1}{D-3}x - \dfrac{1}{4}\dfrac{1}{D+1}x = \dfrac{e^{3x}}{4}\int xe^{-3x}\,dx - \dfrac{e^{-x}}{4}\int xe^x\,dx$

$$= \frac{1}{4}\left(-\frac{1}{3}x - \frac{1}{9}\right) - \frac{1}{4}(x-1) = -\frac{1}{3}x + \frac{2}{9}$$

(5) $\dfrac{1}{(D-1)(D-2)(D-3)}e^x = \dfrac{1}{D-1}\left[\dfrac{1}{(D-2)(D-3)}e^x\right]$

$$= \frac{1}{D-1}\left[\frac{1}{D-3}e^x - \frac{1}{D-2}e^x\right]$$
$$= \frac{1}{D-1}\left(\frac{1}{1-3}e^x - \frac{1}{1-2}e^x\right) = \frac{1}{2}\frac{1}{D-1}e^x = \frac{1}{2}xe^x$$

問題 13.1 (1) $\dfrac{1}{D^2+D+1}x^2 = (1-D)x^2 = x^2 - 2x$

(2) $\dfrac{1}{D-1}x^3 = -(1+D+D^2+D^3)x^3 = -(x^3+3x^2+6x+6)$

(3) $\dfrac{1}{D^3+1}(x^3+2x) = (1-D^3)(x^3+2x) = x^3+2x-6$

(4) $\dfrac{1}{D^2+1}x\sin 2x = x\dfrac{1}{D^2+1}\sin 2x - \dfrac{2D}{(D^2+1)^2}\sin 2x$
$= \dfrac{x}{-4+1}\sin 2x - 2D\left(\dfrac{1}{(-4+1)^2}\sin 2x\right) = -\dfrac{1}{3}x\sin 2x - \dfrac{4}{9}\cos 2x$

(5) $\dfrac{1}{(D^2+a^2)^2}\cos ax = \dfrac{1}{D^2+a^2}\left[\dfrac{1}{D^2+a^2}\cos ax\right] = \dfrac{1}{2a}\dfrac{1}{D^2+a^2}x\sin ax$
$= \dfrac{1}{2a}\dfrac{1}{4a^2}(x\sin ax - ax^2\cos ax) = \dfrac{1}{8a^3}(x\sin ax - ax^2\cos ax)$

(6) $\dfrac{1}{D^2-D+1}\sin 2x = \dfrac{1}{(D^2+1)-D}\sin 2x = \dfrac{(D^2+1)+D}{(D^2+1)^2-D^2}\sin 2x$
$= \dfrac{D^2+D+1}{(D^2+1)^2-D^2}\sin 2x = \dfrac{1}{(D^2+1)^2-D^2}(-3\sin 2x + 2\cos 2x)$
$= \dfrac{-3\sin 2x + 2\cos 2x}{(-4+1)^2+4} = \dfrac{1}{13}(2\cos 2x - 3\sin 2x)$

問題 13.2 (1) $(D^2+a^2)(x\cos ax)$ に演算子の基本性質の (5) を用いて

$$= 2D\cos ax + x(D^2+a^2)\cos ax$$
$$= -2a\sin ax + x(-a^2\cos ax + a^2\cos ax) = -2a\sin ax$$

(2) (1) と同様にして $(D^2+a^2)(x\sin ax) = 2a\cos ax$

問題 13.3 $\dfrac{1}{Q(t)} - (a_0 + a_1 t + \cdots + a_k t^k) = \dfrac{R(t)}{Q(t)}$ とする.この両辺の式のマクローリン展開を考えると,左辺からみれば

$$t^{k+1}(a_{k+1} + a_{k+2}t + \cdots)$$

である.よって右辺で t の多項式 $R(t)$ は t^{k+1} を因数にもつ.$R(t) = t^{k+1}R_0(t)$ とおくと

$$\left\{\dfrac{1}{Q(D)} - (a_0 + a_1 D + \cdots + a_k D^k)\right\}f(x) = \dfrac{R_0(D)}{Q(D)}D^{k+1}f(x)$$

$f(x)$ は k 次の多項式であるから，この式は 0

$$\frac{1}{Q(D)}f(x) = (a_0 + a_1 D + \cdots + a_k D^k)f(x)$$

$$\frac{1}{P(D)}f(x) = \frac{1}{D^m}(a_0 + a_1 D + \cdots + a_k D^k)f(x)$$

問題 14.1 (1) 与えられた微分方程式は $(D-1)(D+1)(D+2)y = e^{2x}$ とかき直せるから，余関数は $C_1 e^x + C_2 e^{-x} + C_3 e^{-2x}$ で，特殊解は（例題 10 の下の公式を用いる）

$$\frac{1}{(D-1)(D+1)(D+2)}e^{2x} = \frac{1}{(2-1)(2+1)(2+2)}e^{2x} = \frac{1}{12}e^{2x}$$

よって，一般解は $y = C_1 e^x + C_2 e^{-x} + C_3 e^{-2x} + e^{2x}/12$ である．

(2) 与えられた微分方程式は $(D-1)^3 y = e^x$ とかき直せるから，余関数は $(C_1 + C_2 x + C_3 x^2)e^x$，特殊解は（⇨ 例題 11）

$$\frac{1}{(D-1)^3}e^x = \frac{1}{3!}x^3 e^x = \frac{1}{6}x^3 e^x$$

よって，一般解は $y = (C_1 + C_2 x + C_3 x^2)e^x + x^3 e^x/6$ である．

(3) 与えられた微分方程式は $(D-2)(D+2)(D+3)y = e^{5x}$ とかき直せるから，余関数は $C_1 e^{2x} + C_2 e^{-2x} + C_3 e^{-3x}$，特殊解は

$$\frac{1}{(D-2)(D+2)(D+3)}e^{5x} = \frac{1}{(5-2)(5+2)(5+3)}e^{5x} = \frac{1}{168}e^{5x}$$

よって，一般解は $y = C_1 e^{2x} + C_2 e^{-2x} + C_3 e^{-3x} + e^{5x}/168$ である．

(4) 与えられた微分方程式は $(D-1)(D-2)(D-3)y = e^{4x}$ とかき直せるから，余関数は $C_1 e^x + C_2 e^{2x} + C_3 e^{3x}$，特殊解は

$$\frac{1}{(D-1)(D-2)(D-3)}e^{4x} = \frac{1}{(4-1)(4-2)(4-3)}e^{4x} = \frac{1}{6}e^{4x}$$

よって，一般解は $y = C_1 e^x + C_2 e^{2x} + C_3 e^{3x} + e^{4x}/6$ である．

問題 14.2 (1) 与えられた微分方程式は $(D+2)(D+3)y = e^{5x} + e^{-x}$ とかき直せるから，余関数 $C_1 e^{-2x} + C_2 e^{-3x}$，特殊解は

$$\frac{1}{(D+2)(D+3)}e^{5x} + \frac{1}{(D+2)(D+3)}e^{-x} = \frac{e^{5x}}{(5+2)(5+3)} + \frac{e^{-x}}{(-1+2)(-1+3)}$$
$$= \frac{1}{56}e^{5x} + \frac{1}{2}e^{-x}$$

よって，一般解は $y = C_1 e^{-2x} + C_2 e^{-3x} + e^{5x}/56 + e^{-x}/2$ である．

(2) 与えられた微分方程式は $(D-2)(D+2)y = 3e^{2x} + 4e^{-x}$ とかき直せるから，余

関数は $C_1 e^{2x} + C_2 e^{-2x}$，特殊解は

$$3\frac{1}{D-2}\left[\frac{1}{D+2}e^{2x}\right] + 4\frac{1}{(D-2)(D+2)}e^{-x} = \frac{3}{4}\frac{1}{D-2}e^{2x} - \frac{4}{3}e^{-x}$$

$$= \frac{3}{4}xe^{2x} - \frac{4}{3}e^{-x} \quad (\Rightarrow 例題 11)$$

よって，一般解は $y = C_1 e^{2x} + C_2 e^{-2x} + 3xe^{2x}/4 - 4e^{-x}/3$ である．

問題 15.1 (1) 余関数は Ce^x であり，特殊解は

$$\frac{1}{D-1}(x^3 + 2x) = -(1 + D + D^2 + D^3)(x^3 + 2x) = -(x^3 + 3x^2 + 8x + 8)$$

$$\therefore \quad y = Ce^x - (x^3 + 3x^2 + 8x + 8)$$

(2) 与えられた微分方程式は $D(D-2)(D+2)y = 5x^3 + 2$ とかき直せるから，余関数は $C_1 + C_2 e^{2x} + C_3 e^{-2x}$ であり，特殊解は

$$\frac{1}{D^2 - 4}\left[\frac{1}{D}(5x^3 + 2)\right] = -\frac{1}{4}\left(1 + \frac{1}{4}D^2 + \frac{1}{16}D^4\right)\left(\frac{5}{4}x^4 + 2x\right)$$

$$= -\frac{1}{16}(5x^4 + 15x^2 + 8x) - \frac{15}{32}$$

定数項は C_1 にまとめて

$$\therefore \quad y = C_1 + C_2 e^{2x} + C_3 e^{-2x} - (5x^4 + 15x^2 + 8x)/16$$

(3) 与えられた微分方程式は $(D-1)(D^2 - 6D - 6)y = x^2$ とかき直せるから，余関数は $C_1 e^x + C_2 e^{(3+\sqrt{15})x} + C_3 e^{(3-\sqrt{15})x}$ であり，特殊解は

$$\frac{1}{D^3 - 7D^2 + 6}x^2 = \frac{1}{6}\frac{1}{1 - \frac{7}{6}D^2 + \frac{1}{6}D^3}x^2 = \frac{1}{6}\left(1 + \frac{7}{6}D^2\right)x^2 = \frac{1}{6}\left(x^2 + \frac{7}{3}\right)$$

$$\therefore \quad y = C_1 e^x + C_2 e^{(3+\sqrt{15})x} + C_3 e^{(3-\sqrt{15})x} + \frac{1}{6}\left(x^2 + \frac{7}{3}\right)$$

(4) 与えられた微分方程式は $D(D+1)(D+3)y = x^3$ とかき直せるから，余関数は $C_1 + C_2 e^{-x} + C_3 e^{-3x}$，特殊解は

$$\frac{1}{D(D^2 + 4D + 3)}x^3 = \frac{1}{3D}\frac{1}{1 + \frac{4}{3}D + \frac{1}{3}D^2}x^3$$

$$= \frac{1}{3D}\left(1 - \frac{4}{3}D + \frac{13}{9}D^2 + \frac{40}{27}D^3\right)x^3$$

$$= \frac{1}{3D}\left(x^3 - 4x^2 + \frac{26x}{3} - \frac{80}{9}\right) = \frac{1}{3}\left(\frac{x^4}{4} - \frac{4x^3}{3} + \frac{13x^2}{3} - \frac{80x}{9}\right)$$

$$\therefore \quad y = C_1 + C_2 e^{-x} + C_3 e^{-3x} + \frac{1}{3}\left(\frac{x^4}{4} - \frac{4x^3}{3} + \frac{13x^2}{3} - \frac{80x}{9}\right)$$

(5) 与えられた微分方程式は $(D-1)(D^2-2D+2)y = x^2 + e^x$ とかき直せるから，余関数は $C_1 e^x + e^x(C_2 \cos x + C_3 \sin x)$ である．また，

$$\frac{1}{(D-1)(D^2-2D+2)}e^x = \frac{1}{D-1}\left(\frac{1}{1^2-2+2}e^x\right) = \frac{1}{D-1}e^x = xe^x,$$

$$\frac{1}{D^3-3D^2+4D-2}x^2 = -\frac{1}{2}\frac{1}{1-2D+\frac{3}{2}D^2-\frac{1}{2}D^3}x^2$$

$$= -\frac{1}{2}\left(1+2D+\frac{5}{2}D^2\right)x^2 = -\frac{1}{2}(x^2+4x+5)$$

$\therefore\ y = e^x(C_1 + C_2\cos x + C_3\sin x) + xe^x - (x^2+4x+5)/2$

(6) 与えられた微分方程式は $D(D-\sqrt{2})(D+\sqrt{2})y = e^{2x} - x$ とかき直せるから，余関数は $C_1' + C_2 e^{\sqrt{2}x} + C_3 e^{-\sqrt{2}x}$ である．また，

$$\frac{1}{D^3-2D}e^{2x} = \frac{1}{8-4}e^{2x} = \frac{1}{4}e^{2x},$$

$$\frac{1}{D^3-2D}x = -\frac{1}{2}\cdot\frac{1}{1-\frac{1}{2}D^2}\cdot\frac{1}{D}x = -\frac{1}{4}\frac{1}{1-\frac{1}{2}D^2}x^2$$

$$= -\frac{1}{4}\left(1+\frac{1}{2}D^2\right)x^2 = -\frac{1}{4}(x^2+1)$$

$\therefore\ y = C_1 + C_2 e^{\sqrt{2}x} + C_3 e^{-\sqrt{2}x} + (e^{2x}+x^2)/4$ （定数は C_1 にまとめる）

(7) 与えられた微分方程式は $D^3(D-1)^2 y = x^2 + e^{2x}$ とかき直せるから，余関数は $C_1 + C_2 x + C_3 x^2 + (C_4 + C_5 x)e^x$ である．また，

$$\frac{1}{D^5-2D^4+D^3}(x^2+e^{2x}) = \frac{1}{D^3}\left[\frac{1}{D^2-2D+1}x^2\right] + \frac{1}{D^5-2D^4+D^3}e^{2x}$$

$$= \frac{1}{D^3}(1+2D+3D^2)x^2 + \frac{1}{2^5-2\cdot 2^4+2^3}e^{2x}$$

$$= \frac{1}{D^3}(x^2+4x+6) + \frac{e^{2x}}{8} = \frac{x^5}{60} + \frac{x^4}{6} + x^3 + \frac{e^{2x}}{8}$$

$\therefore\ y = C_1 + C_2 x + C_3 x^2 + (C_4 + C_5 x)e^x + \dfrac{x^5}{60} + \dfrac{x^4}{6} + x^3 + \dfrac{e^{2x}}{8}$

問題 16.1 特殊解は未定係数法で求めてもよいが，(1),(5) では例題 16 の方法を用いるか，つぎのようにする．

(1) 与えられた微分方程式は $(D-2)(D-3)y = \cos 2x$ とかき直せるから，余関数は $C_1 e^{2x} + C_2 e^{3x}$ で，特殊解は問題 12.1(3) のようにして

$$y = \frac{1}{(D-2)(D-3)}\cos 2x = \frac{1}{D-3}\cos 2x - \frac{1}{D-2}\cos 2x$$

$$= e^{3x} \int e^{-3x} \cos 2x \, dx - e^{2x} \int e^{-2x} \cos 2x \, dx$$

積分公式 $\int e^{ax} \cos bx \, dx = \dfrac{e^{ax}}{a^2 + b^2}(a \cos bx + b \sin bx)$ を用いて

$$y = e^{3x} \cdot \frac{e^{-3x}}{13}(-3\cos 2x + 2 \sin 2x) - e^{2x} \cdot \frac{e^{-2x}}{8}(-2 \cos 2x + 2 \sin 2x)$$

$$= \frac{1}{52}(\cos 2x - 5 \sin 2x)$$

よって，一般解は $y = C_1 e^{2x} + C_2 e^{3x} + (\cos 2x - 5 \sin 2x)/52$ である．

(2) 与えられた微分方程式は $(D^2 + 1)^2 y = \sin x$ とかき直せるから，余関数は $(C_1 + C_2 x) \cos x + (C_3 + C_4 x) \sin x$．また，特殊解は（逆演算子の基本性質 (VI) を用いれば）

$$\frac{1}{(D^2+1)^2} \sin x = \frac{1}{D^2+1}\left[\frac{1}{D^2+1}\sin x\right] = \frac{1}{D^2+1} x \cos x = -\frac{1}{8}(x\cos x + x^2 \sin x)$$

ゆえに，一般解は $y = (C_1 + C_2 x)\cos x + (C_3 + C_4 x)\sin x - (x\cos x + x^2 \sin x)/8$ である．

(3) 与えられた微分方程式は $(D^2+1)(D^2+4)y = \sin 3x$ とかき直せるから，余関数は $C_1 \cos x + C_2 \sin x + C_3 \cos 2x + C_4 \sin 2x$ で，特殊解は

$$\frac{1}{(D^2+1)(D^2+4)} \sin 3x = \frac{1}{(-9+1)(-9+4)} \sin 3x = \frac{1}{40} \sin 3x$$

よって，一般解は $y = C_1 \cos x + C_2 \sin x + C_3 \cos 2x + C_4 \sin 2x + \sin 3x/40$ である．

(4) 与えられた微分方程式は $(D-2)(D+2)(D+3)y = \cos 4x$ とかき直せるから，余関数は $C_1 e^{2x} + C_2 e^{-2x} + C_3 e^{-3x}$ である．また，特殊解は

$$\frac{1}{(D+3)(D^2-4)} \cos 4x = \frac{D-3}{(D^2-9)(D^2-4)} \cos 4x$$

$$= (D-3)\frac{\cos 4x}{(-16-9)(-16-4)}$$

$$= \frac{1}{500}(D-3) \cos 4x = \frac{-1}{500}(4 \sin 4x + 3 \cos 4x)$$

よって，一般解は $y = C_1 e^{2x} + C_2 e^{-2x} + C_3 e^{-3x} - (4 \sin 4x + 3 \cos 4x)/500$ である．

(5) 与えられた微分方程式は $(D+1)(D+2)(D+3)y = 2\sin 3x$ とかき直せるから，余関数は $C_1 e^{-x} + C_2 e^{-2x} + C_3 e^{-3x}$ である．また，特殊解は

$$\frac{2}{D^3 + 6D^2 + 11D + 6} \sin 3x = \frac{1}{D+1} \sin 3x + \frac{-2}{D+2} \sin 3x + \frac{1}{D+3} \sin 3x$$

$$= e^{-x} \int e^x \sin 3x \, dx - 2e^{-2x} \int e^{2x} \sin 3x \, dx + e^{-3x} \int e^{3x} \sin 3x \, dx$$

ここで積分公式 $\int e^{ax} \sin bx \, dx = \dfrac{e^{ax}}{a^2+b^2}(a \sin bx - b \cos bx)$ により

$$= \frac{-1}{195}(8\sin 3x + \cos 3x)$$

よって, 一般解は $y = C_1 e^{-x} + C_2 e^{-2x} + C_3 e^{-3x} - (8\sin 3x + \cos 3x)/195$ である.

(6) 与えられた微分方程式は $(D-1)(D-2)y = e^x + \cos x$ とかき直せるから, 余関数は $C_1 e^x + C_2 e^{2x}$ である. また,

$$\frac{1}{D^2 - 3D + 2}e^x = \frac{1}{D-1}\left[\frac{1}{D-2}e^x\right] = -\frac{1}{D-1}e^x = -xe^x,$$

$$\frac{1}{D^2 - 3D + 2}\cos x = \frac{D^2 + 2 + 3D}{(D^2+2)^2 - 9D^2}\cos x$$

$$= \frac{D^2 + 2}{(D^2+2)^2 - 9D^2}\cos x + 3D\left[\frac{1}{(D^2+2)^2 - 9D^2}\cos x\right]$$

$$= \frac{-1+2}{(-1+2)^2 + 9}\cos x + 3D\frac{\cos x}{(-1+2)^2 + 9} = \frac{1}{10}(\cos x - 3\sin x)$$

よって, 一般解は $y = C_1 e^x + C_2 e^{2x} - xe^x + (\cos x - 3\sin x)/10$ である.

(7) 与えられた微分方程式は $(D-1)(D+1)^2 y = (1 - \cos 2x)/2$ とかき直せるから, 余関数は $C_1 e^x + (C_2 + C_3 x)e^{-x}$ であり, 特殊解は

$$\frac{D-1}{(D^2-1)^2}\frac{1-\cos 2x}{2} = \frac{1}{(D^2-1)^2}\frac{2\sin 2x + \cos 2x - 1}{2}$$

$$= \frac{1}{(-4-1)^2}\sin 2x + \frac{1}{2}\cdot\frac{1}{(-4-1)^2}\cos 2x - \frac{1}{2}$$

$$= -\frac{1}{2} + \frac{1}{50}(\cos 2x + 2\sin 2x)$$

よって, 一般解は $y = C_1 e^x + (C_2 + C_3 x)e^{-x} + (\cos 2x + 2\sin 2x)/50 - 1/2$ である.

問題 17.1 (1) 第1式に $D-2$ を作用させたものと第2式の和を作る.

$$\begin{aligned} D(D-2)y - (D-2)z &= 0 \\ +)\qquad y + (D-2)z &= 0 \\ \hline (D^2 - 2D + 1)y &= 0 \end{aligned}$$

これは $(D-1)^2 y = 0$ とかき直せるから, この方程式の解は,

$$y = (C_1 + C_2 x)e^x$$

である. これを第1式に代入すると

$$z = D\{(C_1 + C_2 x)e^x\} = \{(C_1 + C_2) + C_2 x\}e^x$$

を得る.

(2) 第2式に $D-3$ を作用させたものから第1式を引く.

$$(D-3)y + (D-3)(D-1)z = 0$$
$$\underline{-)\quad (D-3)y - 2z \qquad\qquad = 0}$$
$$(D^2 - 4D + 5)z = 0$$

$\lambda^2 - 4\lambda + 5 = 0$ の根は $\lambda = 2 \pm i$ であるから，この方程式の解は

$$z = e^{2x}(C_1 \cos x + C_2 \sin x)$$

である．これを第 2 式に代入すると

$$y = (1 - D)\{e^{2x}(C_1 \cos x + C_2 \sin x)\} = e^{2x}\{(C_1 - C_2)\sin x - (C_1 + C_2)\cos x\}$$

(3) 第 1 式に $D - 1$ を作用させたものと第 2 式を 2 倍したものの和を作る．

$$(D+1)(D-1)y - 2(D-1)z = (D-1)x^2 = 2x - x^2$$
$$\underline{+)\qquad\qquad 2y + 2(D-1)z \qquad\qquad = 2}$$
$$(D^2 + 1)y \qquad\qquad = 2 + 2x - x^2$$

この微分方程式の余関数は $C_1 \cos x + C_2 \sin x$ で，特殊解は

$$\frac{1}{D^2 + 1}(2 + 2x - x^2) = (1 - D^2)(2 + 2x - x^2) = -x^2 + 2x + 4$$

である．よって，

$$y = C_1 \cos x + C_2 \sin x - x^2 + 2x + 4$$

となる．これを第 1 式に代入すると，

$$2z = (D+1)(C_1 \cos x + C_2 \sin x - x^2 + 2x + 4) - x^2$$
$$= (C_1 + C_2)\cos x - (C_1 - C_2)\sin x - 2x^2 + 6$$
$$\therefore\ z = \frac{1}{2}(C_1 + C_2)\cos x - \frac{1}{2}(C_1 - C_2)\sin x - x^2 + 3$$

(4) 第 1 式に $D + 3$ を作用させたものと第 2 式を 5 倍したものの差を作る．

$$(D+3)(D+2)y + 5(D+3)z = (D+3)e^{2x} = 5e^{2x}$$
$$\underline{-)\qquad\qquad 20y + 5(D+3)z \qquad\qquad = 5e^{x}}$$
$$(D^2 + 5D - 14)y \qquad\qquad = 5(e^{2x} - e^{x})$$

これは

$$(D-2)(D+7)y = 5(e^{2x} - e^{x})$$

とかき直せるから，余関数は $C_1 e^{2x} + C_2 e^{-7x}$ であり，特殊解は

$$\frac{5}{D^2 + 5D - 14}(e^{2x} - e^{x}) = \frac{5}{D-2}\left[\frac{1}{D+7}e^{2x}\right] - \frac{5}{D^2 + 5D - 14}e^{x}$$
$$= \frac{1}{D-2}\left(\frac{5}{2+7}e^{2x}\right) - \frac{5e^x}{1+5-14} = \frac{5}{9}xe^{2x} + \frac{5}{8}e^{x}$$

である．よって，
$$y = C_1 e^{2x} + C_2 e^{-7x} + \frac{5}{9} x e^{2x} + \frac{5}{8} e^x$$
これを第 1 式に代入すると，
$$5z = e^{2x} - (D+2)(C_1 e^{2x} + C_2 e^{-7x} + 5xe^{2x}/9 + 5e^x/8)$$
$$= -4(9C_1 - 1)e^{2x}/9 + 5C_2 e^{-7x} - 20xe^{2x}/9 - 15e^x/8$$
$$\therefore \ z = -4(9C_1 - 1)e^{2x}/45 + C_2 e^{-7x} - 4xe^{2x}/9 - 3e^x/8$$

(5) 第 2 式に $D+2$ を作用させたものと第 1 式を 5 倍したものの差を作る．
$$5(D+2)y + (D+2)(D+3)z = (D+2)e^x = 3e^x$$
$$\underline{-) \ \ 5(D+2)y + \ \ \ \ \ \ 5(D+1)z \ \ \ \ \ \ \ \ \ = 5x \ \ \ \ \ \ \ \ \ }$$
$$(D^2+1)z \ \ \ \ \ \ \ \ \ = 3e^x - 5x$$

この微分方程式の余関数は $C_1 \cos x + C_2 \sin x$ で，特殊解は
$$\frac{1}{D^2+1}(3e^x - 5x) = \frac{3}{D^2+1}e^x - 5(1-D^2)x = \frac{3}{2}e^x - 5x$$
である．よって，$z = C_1 \cos x + C_2 \sin x + 3e^x/2 - 5x$

これを第 2 式に代入すれば，
$$5y = e^x - (D+3)(C_1 \cos x + C_2 \sin x + 3e^x/2 - 5x)$$
$$= -(3C_1 + C_2)\cos x - (3C_2 - C_1)\sin x - 5e^x + 15x + 5$$
$$\therefore \ y = -\frac{1}{5}(3C_1 + C_2)\cos x - \frac{1}{5}(3C_2 - C_1)\sin x - e^x + 3x + 1$$

(6) 第 2 式に D を作用させたものと第 1 式の差を作る．
$$D(D-1)y + Dz = D\cos x = -\sin x$$
$$\underline{-) \ \ \ \ (D+3)y + Dz \ \ \ \ \ \ \ \ \ \ = \sin x \ \ \ \ \ \ }$$
$$(D^2 - 2D - 3)y \ \ \ \ \ \ \ \ \ \ = -2\sin x$$

この微分方程式の余関数は $C_1 e^{3x} + C_2 e^{-x}$ であり，特殊解は
$$\frac{-2}{D^2 - 2D - 3}\sin x = \frac{-2(D^2 - 3 + 2D)}{(D^2 - 3)^2 - 4D^2}\sin x = \frac{1}{(-1-3)^2 + 4}(8\sin x - 4\cos x)$$
$$= \frac{1}{5}(2\sin x - \cos x)$$
である．よって，
$$y = C_1 e^{3x} + C_2 e^{-x} + (2\sin x - \cos x)/5$$
これを第 2 式に代入すれば，

$$z = \cos x - (D-1)\{C_1 e^{3x} + C_2 e^{-x} + (2\sin x - \cos x)/5\}$$
$$= -2C_1 e^{3x} + 2C_2 e^{-x} + \frac{1}{5}\sin x + \frac{2}{5}\cos x$$

問題 18.1 (1) 第 1 式に D を作用させたものと第 2 式に D^2+1 を作用させたものの差を作る．

$$\begin{array}{r} D(D^2+D+1)y + D(D^2+1)z = 2e^{2x} \\ -)\ \ (D^2+1)(D+1)y + D(D^2+1)z = 1 \\ \hline -y \qquad\qquad\qquad = 2e^{2x}-1 \end{array}$$

つぎに，第 1 式に $D+1$ を作用させたものと第 2 式に D^2+D+1 を作用させたものの差を作る．

$$\begin{array}{r} (D+1)(D^2+D+1)y + (D+1)(D^2+1)z = 3e^{2x} \\ -)\ \ (D+1)(D^2+D+1)y + \ D(D^2+D+1)z = 1 \\ \hline z = 3e^{2x}-1 \end{array}$$

よって，$y = -2e^{2x}+1$, $z = 3e^{2x}-1$ を得る．

(2) (1) と同じ方法で解く．第 1 式に $D+1$ を，第 2 式に D^2+D+1 をそれぞれ作用させて差を作ると，$y = 1+x-3e^x$ を得る．つぎに，第 1 式に D を，第 2 式に D^2+1 をそれぞれ作用させて差を作ると，$z = 2e^x - 1$ を得る．

(3) 第 1 式に D^2-1 を作用させたものと第 2 式の差を作る．

$$\begin{array}{r} (D^2-1)(D^2+1)y + (D^2-1)z = 3e^{2x} \\ -)\ \qquad\qquad D^4 y + (D^2-1)z = x \\ \hline -y \qquad\qquad\qquad = 3e^{2x}-x \end{array}$$

よって，$y = x - 3e^{2x}$ である．これを第 1 式に代入すると

$$z = e^{2x} - (D^2+1)(x-3e^{2x}) = 16e^{2x}-x$$

(4) 第 3 式から $z = C_3 e^{4x}$ である．これを第 2 式に代入すれば $(D+2)y = C_3 e^{4x}$ これを解けば，

$$y = C_2 e^{-2x} + C_3 \frac{1}{D+2} e^{4x} = C_2 e^{-2x} + \frac{C_3}{6} e^{4x}$$

さらに，これら y, z を第 1 式に代入すると

$$(D-1)x = C_3 e^{4x} - 4\left(C_2 e^{-2x} + \frac{C_3}{6} e^{4x}\right) = \frac{C_3}{3} e^{4x} - 4C_2 e^{-2x}$$

よって，

$$x = C_1 e^x + \frac{C_3}{3}\frac{1}{D-1} e^{4x} - 4C_2 \frac{1}{D-1} e^{-2x} = C_1 e^x + \frac{4}{3} C_2 e^{-2x} + \frac{1}{9} C_3 e^{4x}$$

第5章の解答

問題 1.1 いずれも，$y = \sum\limits_{n=0}^{\infty} c_n x^n$ とおいて，与えられた方程式に代入する．

(1) $\sum\limits_{n=0}^{\infty} \{(n+1)c_{n+1} + (n-1)c_n\} x^n = x^2 + x$ となるから，両辺の係数を比べて，

$$c_1 - c_0 = 0, \quad 2c_2 = 1, \quad 3c_3 + c_1 = 1 \quad (n+1)c_{n+1} + (n-1)c_n = 0 \quad (n \geq 3, \cdots)$$

ゆえに，

$$c_1 = c_0, \quad c_2 = \frac{1}{2}, \quad c_n = -\frac{n-2}{n} c_{n-1} = \cdots = \frac{(-1)^n}{n} + \frac{(-1)^{n-1}}{n-1} \quad (n \geq 3)$$

よって，

$$y = c_0 + c_0 x + \frac{x^2}{2} + \sum_{n=3}^{\infty} \left\{ \frac{(-1)^n}{n} + \frac{(-1)^{n-1}}{n-1} \right\} x^n$$

$$= c_0(1+x) - (1+x) \sum_{n=1}^{\infty} \frac{(-1)^{n-1}}{n} x^n + x^2 + x$$

$$= (1+x)(c_0 + x) - (1+x) \log(1+x)$$

$$= (1+x)[c_0 + x - \log(1+x)]$$

(2) $c_1 + \sum\limits_{n=2}^{\infty} (nc_n + 2c_{n-2}) x^{n-1} = 1$ となるから，

$$c_1 = 1, \quad nc_n + 2c_{n-2} = 0 \quad (n = 2, 3, \cdots)$$

ゆえに，

$$c_1 = 1, \; c_2 = -c_0, \; c_{2n+1} = \frac{(-1)^n 2^n}{1 \cdot 3 \cdots (2n+1)}, \; c_{2n} = \frac{(-1)^n c_0}{n!}$$

よって

$$y = c_0 \sum_{n=0}^{\infty} (-1)^n \frac{x^{2n}}{n!} + \sum_{n=0}^{\infty} \frac{(-1)^n 2^n}{1 \cdot 3 \cdots (2n+1)} x^{2n+1}$$

$$= c_0 e^{-x^2} + \sum_{n=0}^{\infty} \frac{(-1)^n 2^n}{1 \cdot 3 \cdots (2n+1)} x^{2n+1}$$

(3) $c_1 + \sum\limits_{n=2}^{\infty} (nc_n - 2c_{n-2}) x^{n-1} = x$ となるから，

$$c_1 = 0, \; 2c_2 - 2c_0 = 1, \; nc_n - 2c_{n-2} = 0 \quad (n = 3, 4, \cdots)$$

これから順に c_n を求めてゆけば，$c_{2n+1} = 0, \; c_{2n} = \dfrac{1 + 2c_0}{2 \cdot n!}$ となる．よって，

$$y = c_0 + \frac{1 + 2c_0}{2} \sum_{n=1}^{\infty} \frac{x^{2n}}{n!} = c_0 + \frac{1 + 2c_0}{2}(e^{x^2} - 1) = -\frac{1}{2} + Ce^{x^2}$$

(4) $c_0 + \sum_{n=1}^{\infty}\{nc_{n-1} + (2n+1)c_n\}x^n = 1$ となるから,

$$c_0 = 1,\ nc_{n-1} + (2n+1)c_n = 0 \quad (n=1,2,\cdots)$$

これから順に c_n を求めると,

$$c_n = \frac{(-1)^n n!}{1 \cdot 3 \cdots (2n+1)},\ y = \sum_{n=0}^{\infty} \frac{(-1)^n n!}{1 \cdot 3 \cdots (2n+1)} x^n$$

問題 1.2 (1) $y = \sum_{n=0}^{\infty} c_n x^n$ とおいて, 与えられた微分方程式に代入すると,

$$\sum_{n=0}^{\infty}(n+1)c_{n+1}x^n = 1 + x + \sum_{n=0}^{\infty} c_n x^n$$

よって, $c_1 = 1 + c_0,\ 2c_2 = 1 + c_1,\ (n+1)c_{n+1} = c_n\ (n=2,3,\cdots)$. 初期条件から, $c_0 = 1$ となるから,

$$c_1 = 2, c_{n+1} = \frac{c_n}{n+1} = \cdots = \frac{1+c_1}{(n+1)!} = \frac{3}{(n+1)!} \quad (n=1,2,\cdots)$$

$$\therefore\quad y = 1 + 2x + \sum_{n=1}^{\infty} \frac{3}{(n+1)!} x^{n+1} = 3e^x - x - 2$$

(2) $y = \sum_{n=0}^{\infty} c_n x^n$ とおいて, 与えられた微分方程式に代入すると,

$$\sum_{n=0}^{\infty}(n+1)c_{n+1}x^n = \left(\sum_{n=0}^{\infty} c_n x^n\right)^2 = \sum_{n=0}^{\infty}(c_0 c_n + c_1 c_{n-1} + \cdots + c_n c_0)x^n$$

ゆえに, $(n+1)c_{n+1} = c_0 c_n + c_1 c_{n-1} + \cdots + c_n c_0\ (n=0,1,2,\cdots)$. 初期条件から, $c_0 = 1$ であるから,

$$c_1 = c_0^2 = 1,\ c_2 = (c_0 c_1 + c_1 c_0)/2 = c_0^3 = 1, \cdots,\ c_n = c_0^{n+1} = 1, \cdots$$

$$\therefore\quad y = \sum_{n=0}^{\infty} x^n = \frac{1}{1-x}$$

問題 1.3 与えられた微分方程式を $(x-1)y' + y' = 1 + (x-1) + y$ とかき直しておいて, $y = \sum_{n=0}^{\infty} c_n(x-1)^n$ を代入すると,

$$c_1 + \sum_{n=1}^{\infty}\{nc_n + (n+1)c_{n+1}\}(x-1)^n = 1 + (x-1) + \sum_{n=0}^{\infty} c_n(x-1)^n$$

ゆえに, $c_1 = 1 + c_0, c_1 + 2c_2 = c_1 + 1, nc_n + (n+1)c_{n+1} = c_n\ (n=2,3,\cdots)$.

よって，$c_1 = 1 + c_0$, $c_2 = \dfrac{1}{2}$, $c_n = \dfrac{(-1)^n}{n(n-1)}$ $(n = 3, 4, \cdots)$ を得る．したがって，

$$y = c_0 + (1 + c_0)(x-1) + \sum_{n=2}^{\infty} \frac{(-1)^n}{n(n-1)}(x-1)^n = c_0 x + x \log x$$

注意
$$\sum_{n=2}^{\infty} \frac{(-1)^n}{n(n-1)}(x-1)^n = \sum_{n=2}^{\infty} \left\{ \frac{(-1)^n}{n-1}(x-1)^n - \frac{(-1)^n}{n}(x-1)^n \right\}$$
$$= (x-1) \sum_{n=1}^{\infty} \frac{(-1)^{n-1}}{n}(x-1)^n + \sum_{n=1}^{\infty} \frac{(-1)^{n-1}}{n}(x-1)^n - (x-1)$$
$$= (x-1)\log x + \log x - x + 1$$

である．

問題 2.1 いずれも $y = \sum\limits_{n=0}^{\infty} c_n x^n$ とおいて，与えられた微分方程式に代入する．

(1) $\sum\limits_{n=0}^{\infty} \{(n+2)(n+1)c_{n+2} - c_n\} x^n = 0$ より，$(n+2)(n+1)c_{n+2} - c_n = 0$ $(n \geq 0)$.
よって，帰納的に，$c_{2n} = \dfrac{c_0}{(2n)!}$, $c_{2n+1} = \dfrac{c_1}{(2n+1)!}$ $(n = 1, 2, \cdots)$. ゆえに，一般解は

$$y = c_0 \sum_{n=0}^{\infty} \frac{x^{2n}}{(2n)!} + c_1 \sum_{n=0}^{\infty} \frac{x^{2n+1}}{(2n+1)!} = a \cosh x + b \sinh x$$

(2) $(2c_2 + c_0) + \sum\limits_{n=3}^{\infty} \{n(n-1)c_n + (n-1)c_{n-2}\} x^{n-2} = 0$ より，$2c_2 + c_0 = 0$,
$3 \cdot 2 c_3 + 2 c_1 = 0$, $n(n-1)c_n + (n-1)c_{n-2} = 0$ $(n \geq 4)$ である．ゆえに，

$$c_2 = -\frac{c_0}{2}, \ c_3 = -\frac{c_1}{3}, \ c_{2n} = \frac{(-1)^n}{2^n n!} c_0, \ c_{2n+1} = \frac{(-1)^n}{1 \cdot 3 \cdots (2n+1)} c_1$$

よって，一般解は

$$y = c_0 \sum_{n=0}^{\infty} \frac{1}{n!} \left(-\frac{x^2}{2} \right)^n + c_1 \sum_{n=0}^{\infty} \frac{(-1)^n}{1 \cdot 3 \cdots (2n+1)!} x^{2n+1}$$
$$= c_0 e^{-x^2/2} + c_1 \sum_{n=0}^{\infty} \frac{(-1)^n}{1 \cdot 3 \cdots (2n+1)} x^{2n+1}$$

(3) $(2c_2 + 2c_0) + (2 \cdot 3 c_3 + c_1) x + 3 \cdot 4 c_4 x^2$
$$+ \sum_{n=4}^{\infty} \{n(n+1)c_{n+1} - (n-3)c_{n-1}\} x^{n-1} = 0$$

より，

$$c_2 = -c_0, \ c_3 = -\frac{c_1}{3!}, \ c_{2n} = 0 \ (n \geq 2), \ c_{2n+1} = -\frac{1 \cdot 3 \cdot 5 \cdots (2n-3)}{(2n+1)!} c_1$$

$\therefore \ y = c_0(1 - x^2) + c_1 \left[x - \sum\limits_{n=1}^{\infty} \dfrac{1 \cdot 3 \cdots (2n-3)}{(2n+1)!} x^{2n+1} \right]$

(4) $1 \cdot 2c_2 + \sum_{n=1}^{\infty}\{(n+1)(n+2)c_{n+2} - c_{n-1}\}x^n = 0$ より，順に係数を求めてゆけば，

$c_2 = 0$, $c_3 = \dfrac{c_0}{2 \cdot 3}$, $c_4 = \dfrac{c_1}{3 \cdot 4}$, $c_5 = 0$, $c_6 = \dfrac{c_0}{2 \cdot 3 \cdot 5 \cdot 6}$, $c_7 = \dfrac{c_1}{3 \cdot 4 \cdot 6 \cdot 7}$, $\cdots$

となるから，

$$y = c_0\left[1 + \sum_{n=1}^{\infty} \frac{x^{3n}}{2 \cdot 3 \cdot 5 \cdot 6 \cdots (3n-1) \cdot 3n}\right]$$
$$+ c_1\left[x + \sum_{n=1}^{\infty} \frac{x^{3n+1}}{3 \cdot 4 \cdot 6 \cdot 7 \cdots 3n(3n+1)}\right]$$

(5) (4) とほとんど同じ計算で，つぎの一般解を得る．

$$y = c_0\left[1 + \sum_{n=1}^{\infty} \frac{(-1)^n x^{4n}}{3 \cdot 4 \cdot 7 \cdot 8 \cdots (4n-1)4n}\right]$$
$$+ c_1\left[x + \sum_{n=1}^{\infty} \frac{(-1)^n x^{4n+1}}{4 \cdot 5 \cdot 8 \cdot 9 \cdots 4n(4n+1)}\right]$$

問題 3.1 (1) $x^2 y'' + x\left(\dfrac{1}{2} - x\right)y' - \dfrac{1}{2}xy = 0$ とかき直してみれば，$x=0$ は確定特異点で，決定方程式は $\lambda^2 + \left(\dfrac{1}{2} - 1\right)\lambda = 0$ である．よって，指数は $\lambda_1 = \dfrac{1}{2}$, $\lambda_2 = 0$. したがって，$y_1 = x^{\frac{1}{2}}\sum_{n=0}^{\infty} c_n x^n$, $y_2 = \sum_{n=0}^{\infty} d_n x^n$ の形の一次独立な解が存在する．これらを，与えられた微分方程式に代入して係数を決定すると

$$c_n = \frac{2^n \cdot c_0}{1 \cdot 3 \cdots (2n+1)}, \qquad d_n = \frac{d_0}{n!}$$

よって，一般解は

$$y = c_0 x^{\frac{1}{2}} \sum_{n=0}^{\infty} \frac{2^n}{1 \cdot 3 \cdots (2n+1)} x^n + d_0 \sum_{n=0}^{\infty} \frac{x^n}{n!}$$
$$= c_0 x^{\frac{1}{2}} \sum_{n=0}^{\infty} \frac{2^n}{1 \cdot 3 \cdots (2n+1)} x^n + d_0 e^x$$

(2) (1) と同様に，$x=0$ は確定特異点で，決定方程式は $\lambda^2 - \dfrac{1}{2}\lambda = 0$ となるから，指数は $\lambda_1 = \dfrac{1}{2}$, $\lambda_2 = 0$ である．$y_1 = x^{\frac{1}{2}}\sum_{n=0}^{\infty} c_n x^n$, $y_2 = \sum_{n=0}^{\infty} d_n x^n$ とおいて，与えられた微分方程式に代入して，係数を決定すると，

$$c_1 = 0, \ c_2 = \frac{5}{4}c_0, \ c_{2n-1} = 0, \ c_{2n} = (-1)^{n-2}\frac{5 \cdot 3 \cdot 7 \cdots (4n-9)}{4^n n!}c_0$$
$$d_1 = 0, \ d_2 = 2d_0, \ d_4 = \frac{4}{7}, \ d_{2n-1} = 0, \ d_{2n} = (-1)^{n-2}\frac{2^n(2n-5)}{7 \cdot 11 \cdots (4n-1)}d_0$$

よって，一般解は

$$y = c_0 x^{\frac{1}{2}} \left[1 + \frac{5}{4}x^2 + \frac{5}{4\cdot 8}x^4 + \sum_{n=3}^{\infty}(-1)^{n-2}\frac{5\cdot 3\cdot 7\cdots(4n-9)}{4^n\cdot n!}x^{2n} \right]$$

$$+ d_0 \left[1 + 2x^2 + \frac{4}{7}x^4 + \sum_{n=3}^{\infty}(-1)^{n-2}\frac{2^n(2n-5)}{7\cdot 11\cdots(4n-1)}x^{2n} \right]$$

(3) $x=0$ は確定特異点で，決定方程式は $\lambda^2 - \lambda = 0$，したがって，指数は $\lambda_1 = 1, \lambda_2 = 0$ である．$y_1 = x\sum_{n=0}^{\infty} c_n x^n$ とおいて，与えられた微分方程式に代入して係数を定めれば，$c_n = (-1)^n \dfrac{c_1}{n!(n+1)!}$ である．よって，$y_1 = c_1 \sum_{n=0}^{\infty} \dfrac{(-1)^n}{n!(n+1)!} x^{n+1}$ である．つぎに，$y_2 = \sum_{n=0}^{\infty} d_n x^n + c\left(\sum_{n=0}^{\infty} \dfrac{(-1)^n}{n!(n+1)!} x^{n+1}\right)\log x$ とおいて，与えられた微分方程式に代入すると，

$$c\sum_{n=0}^{\infty}(-1)^n \frac{2n+1}{n!(n+1)!}x^n + \sum_{n=0}^{\infty}d_n x^n + \sum_{n=1}^{\infty}n(n+1)d_{n+1}x^n = 0,$$

$$c + d_0 = 0, \quad -\frac{3}{2}c + d_1 + 2d_2 = 0,$$

$$(-1)^n\frac{2n+1}{n!(n+1)!}c + d_n + n(n+1)d_{n+1} = 0 \quad (n\geq 2).$$

$d_0 = d_1 = -c$ とすると，$d_2 = 5c/4, d_3 = -5c/18, \cdots$ で，y_1 と一次独立な解として，

$$y_2 = c\left(\sum_{n=0}^{\infty}\frac{x^{n+1}}{n!(n+1)!}\right)\log x - c\left(1 + x - \frac{5}{4}x^2 + \frac{5}{18}x^3 - \cdots\right)$$

を得る．よって，一般解は $y = ay_1 + by_2$ で与えられる．

問題 3.2 (1) $x=0$ は確定特異点で，決定方程式は $\lambda^2 + 2\lambda - 3 = 0$．よって，指数は $\lambda_1 = 1, \lambda_2 = -3$ である．$y_1 = x\sum_{n=0}^{\infty} c_n x^n$ とおいて原方程式に代入すると，

$$\sum_{n=0}^{\infty}\{n(n+1) + 3(n+1) - 3\}c_n x^{n+1} = 0, \quad \text{よって} \quad (n^2 + 4n)c_n = 0.$$

したがって，$nc_n = 0 \ (n=0,1,2,\cdots)$ で，$c_1 = c_2 = \cdots = 0$ となり $y_1 = c_0 x$ を得る．つぎに第 4 章 4.1 節に述べたように，$y = ux$ とおいて原方程式をかき直すと，

$$u'' + \frac{5}{x}u' = 0, \quad \text{よって} \quad u' = Ce^{-\int \frac{5}{x}dx} = \frac{C}{x^5}$$

$$\therefore \quad y = ux = x\left(\int \frac{C}{x^5}dx + C_2\right) = \frac{C_1}{x^3} + C_2 x$$

(2) $x=0$ が確定特異点で，決定方程式は $\lambda^2 - 5\lambda + 4 = 0$．よって，指数は $\lambda_1 = 1$,

$\lambda_2 = 4$ である. $y_1 = x \sum\limits_{n=0}^{\infty} c_n x^n$ を原方程式に代入すると,

$$\sum_{n=1}^{\infty} \{(n^2 - 3n)c_n - nc_{n-1}\}x^{n+1} = 0, \quad n(n-3)c_n = nc_{n-1}$$

$n \neq 0$ のときは, $(n-3)c_n = c_{n-1}$ となるから, $n = 3, 2, 1$ とすると順に $c_2 = c_1 = c_0 = 0$ となる. $n \geqq 4$ のときは, $c_n = \dfrac{c_{n-1}}{n-3} = \cdots = \dfrac{c_3}{(n-3)!}$ となるから,

$$y_1 = c_3 \sum_{n=3}^{\infty} \frac{x^{n+1}}{(n-3)!} = c_3 x^4 \sum_{n=3}^{\infty} \frac{x^{n-3}}{(n-3)!} = c_3 x^4 e^x$$

いま, $y = ux^4 e^x$ とおいて原方程式をかき直すと,

$$u'' + \left(1 + \frac{4}{x}\right)u' = 0, \quad \text{よって} \quad u' = C_1 e^{-\int (1 + \frac{4}{x})dx} = C_1 x^{-4} e^{-x}$$

$$\therefore \quad y = ux^4 e^x = x^4 e^x \left(C_1 \int x^{-4} e^{-x} dx + C_2\right)$$

(3) $x = 0$ は確定特異点で, 決定方程式は $\lambda^2 + \lambda = 0$. ゆえに, 指数は $\lambda_1 = 0$, $\lambda_2 = -1$. $y_1 = \sum\limits_{n=0}^{\infty} c_n x^n$ とおいて原方程式に代入して, c_n を求めると,

$$c_{2n+1} = 0, \ c_2 = -\frac{c_0}{3!}, \ c_{2n} = (-1)^n \frac{c_0}{(2n+1)!}$$

$$\therefore \quad y_1 = c_0 \sum_{n=0}^{\infty} (-1)^n \frac{x^{2n}}{(2n+1)!} = \frac{c_0}{x} \sum_{n=0}^{\infty} (-1)^n \frac{x^{2n+1}}{(2n+1)!} = c_0 \frac{\sin x}{x}$$

$y = u \cdot \dfrac{\sin x}{x}$ とおいて原方程式をかき直すと,

$$u'' + 2u' \cot x = 0, \quad \text{よって} \quad u' = Ce^{-2\int \cot x \, dx} = \frac{C}{\sin^2 x}$$

$$\therefore \quad y = u \cdot \frac{\sin x}{x} = \frac{\sin x}{x} \left(\int \frac{C}{\sin^2 x} dx + C_2\right) = \frac{1}{x}(C_1 \cos x + C_2 \sin x)$$

問題 4.1 (1) $\alpha = 2$ のときである.

$$J_0(x) = x^2 \left\{\frac{1}{2^2 \Gamma(3)} - \frac{1}{2^4 \Gamma(4)} x^2 + \cdots + \frac{(-1)^m}{2^{2+2m} m! \Gamma(3+m)} x^{2m} + \cdots\right\}$$

であり, p が正の整数のとき $\Gamma(p+1) = p!$ であるから

$$J_0(x) = x^2 \left\{\frac{1}{2^2 \cdot 2!} - \frac{1}{2^4 \cdot 3!} x^2 + \cdots + \frac{(-1)^m}{2^{2+2m} \cdot m! \cdot (m+2)!} x^{2m} + \cdots\right\}$$

(2) $\alpha = \dfrac{1}{2}$ のときである.

$$J_0(x) = x^{\frac{1}{2}} \left\{\frac{1}{2^{\frac{1}{2}} \Gamma\left(\frac{3}{2}\right)} - \frac{1}{2^{\frac{5}{2}} \Gamma\left(\frac{5}{2}\right)} x^2 + \cdots + \frac{(-1)^m}{2^{\frac{1}{2}+2m} \cdot m! \cdot \Gamma\left(\frac{5}{2}+m\right)} x^{2m}\right\}$$

問題 6.1 (1) $\alpha + \beta + 1 = \dfrac{2}{3}$, $\gamma = \dfrac{1}{3}$, $\alpha\beta = -\dfrac{20}{9}$ から $\alpha = -\dfrac{5}{3}$, $\beta = \dfrac{4}{3}$ とすると, 一般解は

$$y = aF\left(-\dfrac{5}{3}, \dfrac{4}{3}, \dfrac{1}{3}, x\right) + bx^{\frac{3}{2}} F\left(-1, 2, \dfrac{5}{3}, x\right)$$

ここで,

$$F\left(-1, 2, \dfrac{5}{3}, x\right) = 1 + \dfrac{(-1)\cdot 2}{(5/3)}x = 1 - \dfrac{6}{5}x$$

である.

(2) $\alpha + \beta + 1 = 7/3$, $\gamma = 1/3$, $\alpha\beta = 1/3$ であるから, $\alpha = 1$, $\beta = 1/3$, $\gamma = 1/3$, すると, 一般解は

$$y = aF\left(1, \dfrac{1}{3}, \dfrac{1}{3}, x\right) + bx^{-\frac{2}{3}} F\left(\dfrac{5}{3}, 1, \dfrac{5}{3}, x\right)$$

ここで,

$$F\left(1, \dfrac{1}{3}, \dfrac{1}{3}, x\right) = \sum_{n=0}^{\infty} \dfrac{1\cdot(1+1)\cdots(1+n-1)\cdot \dfrac{1}{3}\left(\dfrac{1}{3}+1\right)\cdots\left(\dfrac{1}{3}+n-1\right)}{n!\cdot \dfrac{1}{3}\left(\dfrac{1}{3}+1\right)\cdots\left(\dfrac{1}{3}+n-1\right)} x^n$$

$$= \sum_{n=0}^{\infty} x^n = \dfrac{1}{1-x}$$

(3) $\alpha + \beta + 1 = 2$, $\gamma = 1/2$, $\alpha\beta = 1/4$ であるから, $\alpha = \beta = \gamma = 1/2$ とすると, 一般解は

$$y = aF\left(\dfrac{1}{2}, \dfrac{1}{2}, \dfrac{1}{2}, x\right) + bx^{\frac{1}{2}} F\left(1, 1, \dfrac{3}{2}, x\right)$$

(4) $\alpha + \beta + 1 = 0, \gamma = 1/2, \alpha\beta = -2$ であるから, $\alpha = 1, \beta = -2, \gamma = 1/2$ として, 一般解は

$$y = aF\left(1, -2, \dfrac{1}{2}, x\right) + bx^{\frac{1}{2}} F\left(\dfrac{3}{2}, -\dfrac{3}{2}, \dfrac{3}{2}, x\right)$$

となる. ここで,

$$F\left(1, -2, \dfrac{1}{2}, x\right) = 1 + \dfrac{1\cdot(-2)}{1\cdot(1/2)}x + \dfrac{1\cdot 2\cdot(-2)\cdot(-1)}{2!(1/2)(1/2+1)}x^2$$

$$= 1 - 4x + \dfrac{8}{3}x^2$$

問題 6.2 (1) $\alpha + \beta + 1 = -1, \gamma = 1, \alpha\beta = 1$ であるから, $\alpha = \beta = -1, \gamma = 1$ とすると, 1つの解は

$$y_1 = F(-1, -1, 1, x) = 1 + \dfrac{(-1)(-1)}{1\cdot 1}x = 1 + x$$

である.いま,$y = u(1+x)$ とおいて原方程式をかき直すと

$$x(x-1)(x+1)u'' + (x^2 - 4x - 1)u' = 0$$

$$\therefore \quad u' = C_1 \exp\left(-\int \frac{x^2 - 4x - 1}{x(x-1)(x+1)} dx\right)$$

$$= C_1 \exp\left[-\int \left(\frac{1}{x} + \frac{2}{x+1} - \frac{2}{x-1}\right) dx\right] = \frac{C_1(x-1)^2}{x(x+1)^2}$$

$$\therefore \quad y = u(1+x)$$

$$= (1+x)\left[C_1 \int \frac{(x-1)^2}{x(x+1)^2} dx + C_2\right]$$

$$= (1+x)\left[C_1 \int \left(\frac{1}{x} - \frac{4}{(x+1)^2}\right) dx + C_2\right]$$

$$= C_1(1+x)\left[\log x + \frac{4}{x+1}\right] + C_2(1+x)$$

(2) $\alpha + \beta + 1 = 3, \gamma = 1, \alpha\beta = -3$ であるから,$\alpha = 3, \beta = -1, \gamma = 1$ とすると 1 つの解は

$$y_1 = F(3, -1, 1, x) = 1 - 3x$$

である.いま,$y = u(1-3x)$ とおいて原方程式をかき直すと,

$$x(x-1)(3x-1)u'' + (15x^2 - 12x + 1)u' = 0$$

$$\therefore \quad u' = C_1 \exp\left(-\int \frac{15x^2 - 12x + 1}{x(x-1)(3x-1)} dx\right)$$

$$= C_1 \exp\left[-\int \left(\frac{1}{x} + \frac{2}{x-1} + \frac{6}{3x-1}\right) dx\right]$$

$$= \frac{C_1}{x(x-1)^2(3x-1)^2}$$

$$\therefore \quad y = u(1-3x)$$

$$= (1-3x)\left[C_1 \int \frac{dx}{x(x-1)^2(3x-1)^2} + C_2\right]$$

$$= (1-3x)\left[C_1 \int \left(\frac{1}{x} - \frac{1}{x-1} + \frac{1}{4}\frac{1}{(x-1)^2} + \frac{27}{4}\frac{1}{(3x-1)^2}\right) dx + C_2\right]$$

$$= (1-3x)\left[C_1 \left(\log \frac{x}{x-1} - \frac{1}{4(x-1)} - \frac{9}{4(3x-1)}\right) + C_2\right]$$

第6章の解答

問題 1.1 (1) $p = y^2 z, Q = -z^3, R = -y(xy - z^2)$ とおく。

p.81 定理 2 の (6.4) より

$$P\left(\frac{\partial Q}{\partial z} - \frac{\partial R}{\partial y}\right) + Q\left(\frac{\partial R}{\partial x} - \frac{\partial P}{\partial z}\right) + R\left(\frac{\partial P}{\partial y} - \frac{\partial Q}{\partial x}\right)$$

$$= y^2 z(-3z^2 - (-2xy + z^2)) - z^3(-y^2 + y^2) - y(xy - z^2)2yz = 0$$

となるので積分可能である。また z を定数とみると、この全微分方程式は

$$y^2 \, dx - z^2 \, dy = 0$$

これを第 2 章で述べた方法（⇨p.7）で解くと

$$f = x + \frac{z^2}{y} = c \quad \text{（定数）}$$

となる。つぎに $\dfrac{\partial f}{\partial x} = \mu P$ つまり $1 = \mu y^2 z$ となり、$\mu = \dfrac{1}{y^2 z}$ となる。よって $\dfrac{\partial f}{\partial z} - \mu R = g$ より、

$$2\frac{z}{y} - \frac{1}{y^2 z}(-y(xy - z^2)) = g,$$

つまり、$g = \dfrac{z}{y} + \dfrac{x}{z} = \dfrac{1}{z} f$ となり、結局 $df - g \, dz = df - \dfrac{1}{z} f \, dz = 0$。これより

$$\int \frac{1}{f} df = \int \frac{1}{z} dz + \log c, \quad \log f = \log z + \log c \quad \therefore \quad f = cz$$

よって、

$$x + \frac{z^2}{y} = cz$$

(2) $P = y^2 z, Q = 2xyz + z^3, R = 4yz^2 + 2xy^2$ とおくと、p.81 の定理 2 の (6.4) より

$$P\left(\frac{\partial Q}{\partial z} - \frac{\partial R}{\partial y}\right) + Q\left(\frac{\partial R}{\partial x} - \frac{\partial P}{\partial z}\right) + R\left(\frac{\partial P}{\partial y} - \frac{\partial Q}{\partial x}\right)$$

$$= y^2 z(2xy + 3z^2 - 4x^2 - 4xy) + (2xyz + z^3)(2y^2 - y^2) + (4yz^2 + 2xy^2)$$

$$\times (2yz - 2yz) = 0$$

であるから積分可能である。

z を定数とみなして、$y^2 z \, dx + (2xyz + z^3) \, dy = 0$。これは $\dfrac{\partial P}{\partial y} = \dfrac{\partial Q}{\partial x} = 2yz$ であるので完全微分形である。

よって第 2 章 p.16 定理 3 より
$$f = \int y^2 z\, dx + \int \left((2xyz + z^3) - \frac{\partial}{\partial y}\int y^2 z\, dx\right) dy = xy^2 z + yz^3$$
$\frac{\partial f}{\partial x} = y^2 z = \mu P$ より $\mu = 1$ である.
$$\frac{\partial f}{\partial z} - \mu R = (xy^2 + 3yz^2) - (4yz^2 + 2xy^2) = -xy^2 - yz^2 = g$$
$df - g\, dz = 0$ だから
$$df - (-xy^2 - yz^2)\, dz = 0 \quad \therefore \quad df + \frac{f}{z} dz = 0$$
$$\frac{df}{f} + \frac{dz}{z} = 0$$
よって $fz = C$.
$$\therefore \quad (xy^2 + yz^2)z^2 = C$$

(3) $P = e^x y + e^z, Q = e^y z + e^x, R = e^y - e^x y - e^y z$ とおくと, p.81 の定理 2 の (6.4) より
$$P\left(\frac{\partial Q}{\partial z} - \frac{\partial R}{\partial y}\right) + Q\left(\frac{\partial R}{\partial x} - \frac{\partial P}{\partial z}\right) + R\left(\frac{\partial P}{\partial y} - \frac{\partial Q}{\partial x}\right)$$
$$= (e^x y + e^z)(e^y - e^y + e^x + e^y z) + (e^y z + e^x)(-e^x y - e^z)$$
$$\quad + (e^y - e^x y - e^y z)(e^x - e^x) = 0$$
したがって積分可能である. z を定数と考えて,
$$(e^x y + e^z)\, dx + (e^y z + e^x)\, dy = 0, \quad d(e^x y + e^y z + e^z x) = 0$$
ゆえに
$$f = e^x y + e^y z + e^x x, \quad f_x = e^x y + e^z = \mu(e^x y + e^z) \quad \therefore \quad \mu = 1$$
$$g = \frac{\partial f}{\partial z} - \mu R = \frac{\partial f}{\partial z} - R = e^y + e^z x - (e^y - e^x y - e^y z) = e^x y + e^y z + e^z x = f$$
よって $df - g\, dz = 0$. すなわち, $df - f\, dz = 0$. これを解くと, $\frac{df}{f} = dz$,
$$\int \frac{1}{f} df = \int dz + c, \quad \log f = z + c, \quad \therefore \quad f = Ce^z$$
ゆえに, $e^x y + e^y z + e^z x = Ce^z$

問題 2.1 (1) $P = 2(y + z), Q = -(x + z), R = 2y - x + z$ とおくと, P, Q, R は x, y, z に関して 1 次の同次式であるので p.82 の上から 9 行目の解法 II を用いる.
$$P\left(\frac{\partial Q}{\partial z} - \frac{\partial R}{\partial y}\right) + Q\left(\frac{\partial R}{\partial x} - \frac{\partial P}{\partial z}\right) + R\left(\frac{\partial P}{\partial y} - \frac{\partial Q}{\partial x}\right)$$
$$= 2(y + z)\cdot(-3) - (x + z)\cdot(-3) + (2y - x + z)\cdot 3 = 0$$

となるので定理 2 ($\Rightarrow$ p.81) より与えられた全微分方程式は積分可能である．
$x = uz, y = vz$ とおくと，
$$2(vz+z)(z\,du+u\,dz) - (uz+z)(z\,dv+v\,dz) + (2vz-uz+z)\,dz = 0$$
となる．これを z で割って整理すると，
$$2z(v+1)\,du - z(u+1)\,dv + (uv+u+v+1)\,dz = 0$$
この両辺を $z(uv+u+v+1) = z(u+1)(v+1)$ で割ると，
$$\frac{2}{u+1}\,du - \frac{1}{v+1}\,dv + \frac{1}{z}\,dz = 0$$
ゆえに積分して
$$\int \frac{2}{u+1}\,du - \int \frac{1}{v+1}\,dv + \int \frac{1}{z}\,dz = C,$$
$$2\log(u+1) - \log(v+1) + \log z = \log C,$$
$$\therefore \ \frac{(u+1)^2}{v+1}z = C$$
u, v をもとにもどして，
$$\left(\frac{x}{z}+1\right)^2 z = C\left(\frac{y}{z}+1\right)$$
よって $(x+z)^2 = C(y+z)$．

(2) $P = yz, Q = -z^2, R = -xy$ とおくと，P, Q, R は x, y, z に関して 2 次の同次式であるので，p.82 の上から 9 行目の解法 II を用いる．まず p.81 の定理 2 より
$$P\left(\frac{\partial Q}{\partial z} - \frac{\partial R}{\partial y}\right) + Q\left(\frac{\partial R}{\partial x} - \frac{\partial P}{\partial z}\right) + R\left(\frac{\partial P}{\partial y} - \frac{\partial Q}{\partial x}\right)$$
$$= yx(-2z+x) - z^2(-y-y) - xyz = 0$$
となり積分可能である．$x = uz, y = vz$ とおくと，$dx = z\,du + u\,dz, dy = z\,dv + v\,dz$ であるので，これを与式に代入すると，
$$vz^2(z\,du + u\,dz) - z^2(z\,dv + v\,dz) - uvz^2\,dz = 0$$
両辺を z^2 で割って並べなおすと，$vz\,du - z\,dv - v\,dz = 0$．さらに両辺を vz で割ると，
$$du - \frac{dv}{v} - \frac{dz}{z} = 0 \quad \therefore \ u = \log v + \log z + \log C$$
よって，$u = \log Cvz$．ゆえに $e^u = Cvz$．もとにもどして，
$$e^{\frac{x}{z}} = C\frac{y}{z}z, \quad \text{ゆえに } y = ke^{\frac{x}{z}}$$

問題 3.1 (1) $dx + 2dy - (x+2y)\,dz = 0$　　…①

　　　　　　　$2\,dx + dy + (x-y)\,dz = 0$　　…②

①, ② より

$$\frac{dx}{\begin{vmatrix} 2 & -(x+2y) \\ 1 & x-y \end{vmatrix}} = \frac{dy}{\begin{vmatrix} -(x+2y) & 1 \\ x-y & 2 \end{vmatrix}} = \frac{dz}{\begin{vmatrix} 1 & 2 \\ 2 & 1 \end{vmatrix}}$$

したがって,

$$\frac{dx}{-x} = \frac{dy}{x+y} = \frac{dz}{1}$$

となる．$\dfrac{dy}{x+y} = \dfrac{dz}{1}$ は $dy - (x+y)\,dz = 0$ と書きなおして，p.81 の定理 2 を適用すると積分可能でないことがわかる．つぎに積分可能な方程式 $\dfrac{dx}{-x} = \dfrac{dz}{1}$ を解いて，

$$z + \log x = C_1$$

を得る．また他の積分可能な微分方程式

$$\frac{dx}{-x} = \frac{dy}{x+y}$$

を解く．これは，$(x+y)\,dx + x\,dy = 0$ と書きなおすと，$P = x+y, Q = x$ で第 2 章の定理 1（⇨p.15）により $\dfrac{\partial P}{\partial y} = \dfrac{\partial Q}{\partial x} = 1$ となり，2 変数の完全微分形の微分方程式なので，p.16 により

$$\int (x+y)\,dx + \int \left(x - \frac{\partial}{\partial y} \int (x+y)\,dx \right) dy = \frac{x^2}{2} + xy$$

となる．よってこの微分方程式の一般解は $x^2/2 + xy = C_2$ である．よって求める一般解は,

$$z + \log x = C_1, \quad \frac{x^2}{2} + xy = C_2$$

(2) 連立微分方程式の解法 III を用いる．$y^2 - z^2 = y(y-2z) - z(z-2y)$ に注目して $l=1, m=-y, n=z$ とすると，$(y^2-z^2) - y(y-2z) + z(z-2y) = 0$，これを解いて $2x - y^2 + z^2 = C_1$ を得る．また問題の第 2 式，第 3 式に注目して $l=0, m=1, n=1$ の場合，および $l=0, m=1, n=-1$ の場合を考えると例題 3 (2) と同様に

$$\frac{dx}{y^2 - z^2} = \frac{dy}{y - 2z} = \frac{dz}{z - 2y} = \frac{dy + dz}{-(y+z)} = \frac{dy - dz}{3(y-z)}$$

という連立微分方程式を得る．第 4 式，第 5 式から $-\log(y+z) = \dfrac{1}{3}\log(y-z) + C_2'$，すなわち $(y+z)^3(y-z) = C_2$ を得る ($u = y+z, v = y-z$ とおくとよい)．したがって求める一般解は $2x - y^2 + z^2 = C_1, (y+z)^3(y-z) = C_2$.

(3) $\begin{cases} 2yz\,dx + x(z\,dy + y\,dz) = 0 & \cdots ① \\ y\,dx - x^2 z\,dy + y\,dz = 0 & \cdots ② \end{cases}$

p.81 の定理 2 により ① は積分可能であるが ② は積分可能でない．よって p.82 の連立微分方程式の解法 II を用いる．まず ① の両辺を xyz で割ると，

$$\dfrac{2}{x}dx + \dfrac{1}{y}dy + \dfrac{1}{z}dz = 0 \quad \therefore \quad x^2 yz = C_1$$

つぎに ② で変数の 1 つ y を消去するために，①×x＋② を計算しその両辺を y で割ると，

$$(2xz + 1)\,dx + (x^2 + 1)\,dz = 0$$

これは第 2 章の p.15 より $P = 2xz + 1, Q = x^2 + 1$ とおくと，

$$\dfrac{\partial P}{\partial z} = \dfrac{\partial Q}{\partial x} = 2x$$

となるので 2 変数の微分方程式で完全微分形である．よって

$$\int (2xz + 1)\,dx + \int \left((x^2 + 1) - \dfrac{\partial}{\partial z}\int (2xz + 1)\,dx\right) dz = x^2 z + x + z$$

であるので ② の一般解は $x^2 z + x + z = C_2$ である．

ゆえに求める一般解は，$x^2 yz = C_1, x^2 z + x + z = C_2$ である．

(4) $\dfrac{dx}{y} = \dfrac{dy}{-x}$ は $x\,dx + y\,dy = 0$ と書けて，この解は $x^2 + y^2 = C_1$.
つぎに p.82 の解法 III より

$$ly + m(-x) + n(2x - 3y) = 0$$

となるような l, m, n を求める．$-m + 2n = 0, l - 3n = 0$ を満足する l, m, n は多くあるが例えば，$l = 3, m = 2, n = 1$ とする．よって $3y - 2x + (2x - 3y) = 0$ であるので，$3\,dx + 2\,dy + dz = 0$ となる．これを解いて $3x + 2y + z = C_2$．ゆえに求める一般解は，

$$x^2 + y^2 = C_1, \quad 3x + 2y + z = C_2$$

第7章の解答

問題 1.1 (1) 与えられた式 $z = ax + by$ を x, y で偏微分して
$$\frac{\partial z}{\partial x} = a, \quad \frac{\partial z}{\partial y} = b$$
よって，
$$z = \frac{\partial z}{\partial x}x + \frac{\partial z}{\partial y}y$$
が求める $z = ax + by$ を完全解とする偏微分方程式である．この完全解
$$z = ax + by \quad \cdots ①$$
で $b = \varphi(a)$ とおいた式
$$z = ax + \varphi(a)y \quad \cdots ②, \quad 0 = x + \varphi'(a)y \quad \cdots ③$$
となる．

これら ①, ②, ③ から a を消去したものが一般解を与える（φ は任意関数）．

(2) 与えられた式 $z = x^2 + a^2x + ay + b$ を x, y で偏微分して，それぞれ
$$\frac{\partial z}{\partial x} = 2x + a^2, \quad \frac{\partial z}{\partial y} = a$$
よって，$\dfrac{\partial z}{\partial x} = 2x + \left(\dfrac{\partial z}{\partial y}\right)^2$ が求める $z = x^2 + a^2x + ay + b$ を完全解とする偏微分方程式である．

この完全解
$$z = x^2 + a^2x + ay + b \quad \cdots ①$$
で $b = \varphi(a)$ とおいた式
$$z = x^2 + a^2x + ay + \varphi(a) \quad \cdots ②$$
を a で偏微分して，
$$0 = 2ax + y + \varphi'(a) \quad \cdots ③$$
となる．

これら ①, ②, ③ から a を消去したものが一般解を与える（φ は任意関数）．

問題 2.1 (1) 与えられた偏微分方程式は 1 解準線形偏微分方程式（ラグランジュの偏微分方程式）である．p.86 の方法にしたがって解く．

補助方程式は $\dfrac{dx}{y+z} = \dfrac{dy}{z+x} = \dfrac{dz}{x+y}$ である．

これらの各辺は
$$\frac{d(x-y)}{-(x-y)} = \frac{d(y-z)}{-(y-z)} = \frac{d(x+y+z)}{2(x+y+z)}$$

に等しい．

第 1 式と第 2 式より，　$\log{(x-y)} - \log{(y-z)} = a_1$

ゆえに，
$$\frac{x-y}{y-z} = a \qquad \cdots ①$$

つぎに，第 1 と第 3 式より，
$$\frac{d(x+y+z)}{x+y+z} + \frac{2d(x-y)}{x-y} = 0$$

よって，$\log{(x+y+z)} + \log{(x-y)^2} = b_1$

ゆえに，
$$(x+y+z)(x-y)^2 = b \qquad \cdots ②$$

したがって①，②より求める一般解は
$$f\left(\frac{x-y}{y-z}, (x-y)^2(x+y+z)\right) = 0 \qquad (f \text{ は任意関数})$$

(2) 与えられた偏微分方程式は 1 階準線形偏微分方程式であるので p.86 により，補助方程式は $\frac{dx}{y^2} = \frac{dy}{xy} = \frac{dz}{xz}$ である．よって第 1 式に x をかけ，第 2 式に y をかけて引くと，$dx/y^2 = (x\,dx - y\,dy)/0$ となり，第 2 式に z をかけ，第 3 式に y をかけて引くと，$dx/y^2 = (z\,dy - y\,dz)/0$ となる．ゆえに $x\,dx - y\,dy = 0$, $z\,dy - y\,dz = 0$ となり補助方程式の解は，$x^2 - y^2 = a$, $z/y = b$ である．ゆえに求める一般解は

$$f(x^2 - y^2, z/y) = 0, \quad \text{または} \quad z/y = f(x^2 - y^2) \qquad (f \text{ は任意関数})$$

問題 3.1 (1) $x = e^X$, $y = e^Y$ とおく．そうすると，$\frac{\partial z}{\partial X} = x\frac{\partial z}{\partial x}$, $\frac{\partial z}{\partial Y} = y\frac{\partial z}{\partial y}$ となる．ゆえに，与えられた偏微分方程式は $\left(\frac{\partial z}{\partial X}\right)^2 = \frac{\partial z}{\partial Y}$ となる．よって 1 階偏微分方程式の標準形 I (⇨p.87) の形となる．$\frac{\partial z}{\partial X} = a$, $\frac{\partial z}{\partial Y} = b$ とおけば，$a^2 = b$ となる．よって求める完全解は，$z = aX + a^2Y + c$ (a, c は任意定数)，すなわち，$z = a\log x + a^2 \log y + c$ となる．つぎに一般解は，

$$z = a\log x + a^2 \log y + \psi(a), \quad \log x + 2a\log y + \psi'(a) = 0$$

より a を消去したものである（ψ は任意関数）．

(2) 与えられた偏微分方程式の両辺を z^2 で割ると, $\left(\dfrac{1}{z}\dfrac{\partial z}{\partial x}\right)^2 = \dfrac{1}{z}\left(\dfrac{\partial z}{\partial y}\right)$ となる. いま $z = e^Z$ とおくと, $\dfrac{\partial Z}{\partial x} = \dfrac{1}{z}\dfrac{\partial z}{\partial x}, \dfrac{\partial Z}{\partial y} = \dfrac{1}{z}\dfrac{\partial z}{\partial y}$ より, $\left(\dfrac{\partial Z}{\partial x}\right)^2 = \dfrac{\partial Z}{\partial y}$ となる. これは 1 階偏微分方程式の標準形 I (⇨ p.87) の形であるので, 2 つの定数 a, b を $a^2 = b$ を満足するように定めると, 完全解は, $Z = ax + a^2 y + c$ すなわち $\log z = ax + a^2 y + c$ (a, c は任意定数) となる. また一般解は $\log z = ax + a^2 y + \psi(a), x + 2ay + \psi'(a) = 0$ より a を消去したものである (ψ は任意関数).

(3) 与えられた偏微分方程式の両辺を z^2 で割ると. $\left(\dfrac{x}{z}\dfrac{\partial z}{\partial x}\right) + \left(\dfrac{y}{z}\dfrac{\partial z}{\partial y}\right)^2 = 1$ となる. $x = e^X, y = e^Y, z = e^Z$ とおくと, $\dfrac{\partial Z}{\partial X} = \dfrac{x}{z}\dfrac{\partial z}{\partial x}, \dfrac{\partial Z}{\partial Y} = \dfrac{y}{z}\dfrac{\partial z}{\partial y}$ より, $\left(\dfrac{\partial Z}{\partial X}\right)^2 + \left(\dfrac{\partial Z}{\partial Y}\right)^2 = 1$ となる. これは 1 階偏微分方程式の標準形 I (⇨p.87) であるので $\dfrac{\partial Z}{\partial X} = \cos\alpha, \dfrac{\partial Z}{\partial Y} = \sin\alpha$ とすると $\cos^2\alpha + \sin^2\alpha = 1$ となるので, 求める完全解は $Z = X\cos\alpha + Y\sin\alpha + c$ (α, c は任意定数), すなわち,

$$\log z = (\log x)(\cos\alpha) + (\log y)(\sin\alpha) + c.$$

また, 一般解は, $\log z = (\log x)(\sin\alpha) + (\log y)(\sin\alpha) + \psi(\alpha)$ および $(\log x)(-\sin\alpha) + (\log y)(\cos\alpha) + \psi'(\alpha) = 0$ から α を消去したものである (ψ は任意関数).

問題 4.1 (1) 1 階偏微分方程式の標準形 II (⇨ p.87) の形である. $\sqrt{\dfrac{\partial z}{\partial y}} = a$ とおくと, $\dfrac{\partial z}{\partial y} = a^2$ となる. 与えられた偏微分方程式より $\dfrac{\partial z}{\partial x} = (x+a)^2$ であるので求める完全解は

$$z = \int (x+a)^2\, dx + a^2 y + b \quad (a, b \text{ は任意定数})$$

よって, $z = (x+a)^3/3 + a^2 y + b$ である. また一般解は, $z = (x+a)^3/3 + a^2 y + \psi(a)$ および $(x+a)^2 + 2ay + \psi'(a) = 0$ から a を消去したものである (ψ は任意関数).

(2) 標準形 III (変数分離形) (⇨p.87) である. $\left(\dfrac{\partial z}{\partial x}\right)^2 - x = \left(\dfrac{\partial z}{\partial y}\right)^2 - y = a$ とおけば, $\left(\dfrac{\partial z}{\partial x}\right)^2 = a + x, \left(\dfrac{\partial z}{\partial y}\right)^2 = a + y$. よって, $\dfrac{\partial z}{\partial x} = \pm\sqrt{a+x}, \dfrac{\partial z}{\partial y} = \pm\sqrt{a+y}$.

ゆえに求める完全解は，
$$z = \int (\pm\sqrt{a+x})\,dx + \int (\pm\sqrt{a+y})\,dy + b$$
$$= \pm\frac{2}{3}(a+x)^{1/2} \pm \frac{2}{3}(a+y)^{3/2} + b \quad (a, b \text{ は任意定数}).$$

つぎに一般解は
$$z = \pm\frac{2}{3}(a+x)^{3/2} \pm \frac{2}{3}(a+y)^{3/2} + \psi(a) \quad (\psi \text{ は任意関数})$$
および，$\pm\sqrt{a+x} \pm \sqrt{a+y} + \psi'(a) = 0$ より a を消去したものである．

(3) $\left(\dfrac{\partial z}{\partial x}\right)^2 - x = \dfrac{\partial z}{\partial y} - 3y^2$ と変形すると標準形 III（変数分離形）である（⇨ p.87）. $\left(\dfrac{\partial z}{\partial x}\right)^2 - x = \left(\dfrac{\partial z}{\partial y}\right) - 3y = a$ とおく．$\dfrac{\partial z}{\partial x} = \pm\sqrt{a+x},\ \dfrac{\partial z}{\partial y} = a + 3y^2$ であるので求める完全解は

$$z = \pm\int\sqrt{a+x}\,dx + \int(a+3y^2)\,dy + b = \pm\frac{2}{3}(a+x)^{3/2} + ay + y^3 + b$$
$$(a, b \text{ は任意定数})$$

つぎに一般解は $z = \pm\dfrac{2}{3}(a+x)^{3/2} + ay + y^3 + \psi(a)$ および，$\pm\sqrt{a+x} + y + \psi'(a) = 0$ より a を消去したものである（ψ は任意関数）．

問題 5.1 (1) クレーロー形の偏微分方程式である（⇨ p.87）.

完全解は $z = ax + by + ab$ である（a, b は任意定数）．

一般解は
$$\begin{cases} z = ax + \psi(a)y + a\psi(a) \\ x + \psi'(a)y + \psi(a) + a\psi'(a) = 0 \end{cases} \quad (\psi \text{ は任意関数})$$
より a を消去したものである．

特異解は
$$\begin{cases} z = ax + by + ab & \cdots ① \\ 0 = x + b & \cdots ② \\ 0 = y + a & \cdots ③ \end{cases}$$
より a, b を消去したものにである．すなわち ②, ③ を ① に代入すると，$z = -xy$ である．

(2) クレーロー形の偏微分方程式である（⇨ p.87）.

完全解は，$z = ax + by + \sqrt{a^2 + b^2 + 1}$（$a, b$ は任意定数）．

一般解は
$$\begin{cases} z = ax + \psi(a)y + \sqrt{a^2 + \psi(a)^2 + 1} \\ 0 = x + \psi'(a)y + \dfrac{a + \psi(a)\psi'(a)}{\sqrt{a^2 + \psi(a)^2 + 1}} \end{cases} \quad (\psi \text{ は任意関数})$$

より a を消去したものである.

特異解は
$$\begin{cases} z = ax + by + \sqrt{a^2 + b^2 + 1} & \cdots \text{①} \\ 0 = x + a/\sqrt{a^2 + b^2 + 1} & \cdots \text{②} \\ 0 = y + b/\sqrt{a^2 + b^2 + 1} & \cdots \text{③} \end{cases}$$

より a, b を消去したもにである. ②, ③ より $x = \dfrac{-a}{\sqrt{a^2 + b^2 + 1}}, y = \dfrac{-b}{\sqrt{a^2 + b^2 + 1}}$.
これらを ① に代入すると, $z = \dfrac{-(a^2 + b^2)}{\sqrt{a^2 + b^2 + 1}} + \sqrt{a^2 + b^2 + 1} = \dfrac{1}{\sqrt{a^2 + b^2 + 1}}$. よって,
$x^2 + y^2 + z^2 = 1$ となる. これが特異解である.

問題 6.1 (1) $\dfrac{\partial^2 z}{\partial x \partial y} = 2x + 3y$ を x, y の順に積分すると,

$$\dfrac{\partial z}{\partial y} = x^2 + 3xy + g_1(y). \quad \therefore \quad z = x^2 y + \dfrac{3}{2}xy^2 + g(y) + h(x),$$

$\left(g(y) = \displaystyle\int g_1(y)\, dy,\ h(x) \text{ は任意関数} \right)$.

(2) $\dfrac{\partial z}{\partial x} = p$ とおくと, $\dfrac{\partial p}{\partial x} = \dfrac{1}{x} p$. これは変数分離形であるので, これを解くと

$$p = xf(y), \quad つまり \quad \dfrac{\partial z}{\partial x} = xf(y)$$

となる. これをさらに x で積分して

$$z = \dfrac{1}{2}x^2 f(y) + g(y) \quad (f(y), g(y) \text{ は任意関数}).$$

(3) $\dfrac{\partial z}{\partial y} = q$ とおくと, $\dfrac{\partial q}{\partial x} + \dfrac{\partial q}{\partial y} = -q$ となる. これは q に関する 1 階準線形偏微分方程式 ($\Rightarrow$ p.86) である. p.86 の解法により, 補助方程式は

$$\dfrac{dx}{1} = \dfrac{dy}{1} = \dfrac{dq}{-q} = \dfrac{dx - dy}{0} = \dfrac{q\, dy + dq}{0}$$

となるので, $dx = dy, q\, dy = -dq$ を解いて $x - y = a, e^y q = b$ を得る.
したがって上の 1 階線形偏微分方程式の一般解は $e^y q = f(x - y), q = e^{-y} f(x - y)$. よって

$$z = \int e^{-y} f(x - y)\, dy + g(x) \quad (f, g \text{ は任意関数})$$

(4) x を定数とみれば定数係数線形常微分方程式 ($\Rightarrow$ 第 4 章 p.45) で, $(D_y^2 - 2xD_y + x^2)z = 1$, すなわち $(D_y - x)^2 z = 1$. これの特殊解を求めると $z = 1/x^2$ である. $(D_y - x)^2 z = 0$ の一般解は定数係数線形常微分方程式の解法 ($\Rightarrow$ 第 4 章 p.45)

を x を定数とみて適用すると，$z = a(x)e^{xy} + b(x)ye^{xy}$ であるので求める一般解は
$$z = a(x)e^{xy} + b(x)ye^{xy} + 1/x^2$$

問題 7.1 (1) 定数係数 2 階線形同次偏微分方程式（⇨p.94）である．p.95 の定理 1，定理 2 を用いる．

$(D_x - 2D_y)(D_x - 3D_y)z = 2x - y$ となり，$(D_x - 2D_y)(D_x - 3D_y)z = 0$ で $\alpha = 2, \beta = 3$ となるので，一般解（余関数）は，$z = \phi_1(2x + y) + \phi_2(3x + y)$（$\phi_1, \phi_2$ は任意関数）である．つぎに特殊解を求める．

$$\frac{1}{D_x - 3D_y}(2x - y) = \int (2x - (k - 3x))\, dx = -\frac{1}{2}x^2 - xy \quad (k \text{ に } y + 3x \text{ を代入}).$$

$$\therefore \ \frac{1}{(D_x - 2D_y)(D_x - 3D_y)}(2x - y) = \frac{1}{D_x - 2D_y}\left(-xy - \frac{x^2}{2}\right)$$
$$= \int \left(-x(k - 2x) - \frac{x^2}{2}\right) dx = -\frac{1}{2}x^3 - \frac{1}{2}x^2 y$$
$$(k \text{ に } y + 2x \text{ を代入}).$$

よって求める一般解は $z = \phi_1(2x + y) + \phi_2(3x + y) - \frac{1}{2}x^3 - \frac{1}{2}x^2 y$.

(2) 与えられた偏微分方程式は定数係数 2 階線形同次偏微分方程式（⇨p.94）である．p.95 の定理 1，定理 2 を用いる．

$(D_x - D_y)^2 z = 0$ で，$\alpha = \beta = 1$ であるので，一般解（余関数）は定理 2 (ii)（⇨p.95）により

$$z = \phi_1(x + y) + x\phi_2(x + y) \quad (\phi_1, \phi_2 \text{ は任意関数})$$

である．

つぎに特殊解を求める．

$$\frac{1}{D_x - D_y}xe^{3x+5y} = \int xe^{3x+5(k-x)}\, dx = \int xe^{5k-2x}\, dx = e^{5k}\int xe^{-2x}\, dx$$
$$= -\frac{1}{4}e^{5k-2x}(2x + 1) = -\frac{1}{4}e^{3x+5y}(2x + 1)$$
$$(k \text{ に } x + y \text{ を代入する}).$$

$$\frac{1}{D_x - D_y}\left(-\frac{1}{4}e^{3x+5y}(2x+1)\right) = -\frac{1}{4}\int (2x+1)e^{3x+5(k-x)}\, dx$$
$$= -\frac{1}{4}e^{5k}\int (2x+1)e^{-2x}\, dx = \left(-\frac{1}{4}e^{5k}\right)e^{-2x}(-x - 1)$$
$$= \frac{1}{4}(x+1)e^{5k-2x} = \frac{1}{4}(x+1)e^{3x+5y} \quad (k \text{ に } x + y \text{ を代入}).$$

ゆえに求める一般解は $z = \phi_1(x + y) + x\phi_2(x + y) + \frac{1}{4}(x + 1)e^{3x+5y}$.

問題 8.1 (1) 与えられた偏微分方程式は p.95 定数係数 2 階線形非同次偏微分方程式である.

$(D_x+1)(D_x+D_y-1)z = 0$ の一般解（余関数）は p.95 の (1), (3) より, $(D_x+1)z = 0$ の一般解 $z = e^{-x}\varphi_1(y)$ と $(D_x+D_y-1)z = 0$ の一般解 $z = e^x\varphi_2(-x+y)$ の和である.

よって, $z = e^{-x}\varphi_1(y) + e^x\varphi_2(-x+y)$ （φ_1, φ_2 は任意関数）.

つぎに特殊解を p.95 の (4) により求める.

$$\frac{1}{D_x+D_y-1}e^{3x-y} = e^x \int e^{-x} \cdot e^{3x-(k+x)}\,dx = e^x \int e^{x-k}\,dx$$
$$= e^{2x-k} = e^{3x-y} \quad (k \text{ に } y-x \text{ を代入}).$$
$$\frac{1}{D_x+1}e^{3x-y} = e^{-x} \int e^x \cdot e^{3x-k}\,dx$$
$$= \frac{1}{4}e^{3x-k} = \frac{1}{4}e^{3x-y} \quad (k \text{ に } y \text{ を代入}).$$

ゆえに求める一般解は $z = e^{-x}\varphi_1(y) + e^x\varphi_2(-x+y) + \frac{1}{4}e^{3x-y}$.

(2) 与えられた偏微分方程式は p.95 の定数係数 2 階線形非同次偏微分方程式である.

$(D_x-D_y)(D_x-3D_y+4)z = 0$ の一般解（余関数）は p.95 の (1),(3) より $(D_x-D_y)z = 0$ の一般解 $z = \varphi_1(x+y)$ と $(D_x-3D_y+4)z = 0$ の一般解 $z = e^{-4x}\varphi_2(3x+y)$ との和である.

よって,

$$z = \varphi_1(x+y) + e^{-4x}\varphi_2(3x+y) \quad (\varphi_1, \varphi_2 \text{ は任意関数})$$

つぎに特殊解を p.95 の (4) により求める.

$$\frac{1}{D_x-3D_y+4}\sin(3x+y) = e^{-4x}\int e^{4x}\sin(3x+k-3x)\,dx$$
$$= e^{-4x}\sin k \int e^{4x}\,dx = \frac{\sin k}{4}$$
$$= \frac{\sin(y+3x)}{4} \quad (k \text{ に } y+3x \text{ を代入}).$$
$$\frac{1}{D_x-D_y}\frac{\sin(y+3x)}{4} = \frac{1}{4}\int \sin(3x+k-x)\,dx$$
$$= -\frac{1}{8}\cos(k+2x)$$
$$= -\frac{1}{8}\cos(3x+y) \quad (k \text{ に } x+y \text{ を代入}).$$

ゆえに求める一般解は, $z = \varphi_1(x+y) + e^{-4x}\varphi_2(3x+y) - (1/8)\cos(3x+y)$.

第8章の解答

問題 1.1 (1) $f(x)$ は $[0,2]$ で連続で，区分的になめらかな関数である．周期 2 で接続すると偶関数となる．よって $b_n = 0 \quad (n = 1, 2, 3, \cdots)$.

$$a_0 = \int_0^1 \pi x \, dx + \int_1^2 \pi(2-x) \, dx = \left[\frac{\pi}{2}x^2\right]_0^1 + \left[2\pi x - \frac{\pi}{2}x^2\right]_1^2 = \pi$$

$$a_n = \int_0^1 \pi x \cos n\pi x \, dx + \int_1^2 \pi(2-x) \cos n\pi x \, dx$$

$$= \pi \left(\left[\frac{x}{n\pi} \sin n\pi x\right]_0^1 - \frac{1}{n\pi} \int_0^1 \sin n\pi x \, dx\right) + 2\pi \int_1^2 \cos n\pi x \, dx$$

$$\quad - \pi \int_1^2 x \cos n\pi x \, dx$$

$$= -\frac{1}{n}\left(-\frac{1}{n\pi}\right)\left[\cos n\pi x\right]_0^1 + \frac{2\pi}{n\pi}\left[\sin n\pi x\right]_0^1 - \pi \int_1^2 x \cos n\pi x \, dx$$

$$= \frac{1}{n^2\pi}(\cos n\pi - 1) - \frac{1}{n^2\pi}(1 - \cos n\pi) = -\frac{2}{n^2\pi}(1 - \cos n\pi)$$

$$= -\frac{2}{n^2\pi}(1 - (-1)^n) = \begin{cases} 0 & (n : 偶数) \\ -4/n^2\pi & (n : 奇数) \end{cases}$$

よって求めるフーリエ級数は $f(x) = \dfrac{\pi}{2} - \dfrac{4}{\pi}\displaystyle\sum_{n=0}^{\infty}\dfrac{\cos(2n+1)\pi x}{(2n+1)^2}$

(2) $f(x) = x^2 + x$ および $f'(x) = 2x + 1$ は $-1 < x < 1$ で連続，周期 2 で接続する．

$$a_0 = \int_{-1}^1 (x^2 + x) \, dx = \left[\frac{x^3}{3} + \frac{x^2}{2}\right]_{-1}^1 = \frac{2}{3},$$

$$a_n = \int_{-1}^1 (x^2 + x) \cos n\pi x \, dx$$

$$= \left[\frac{x^2 + x}{n\pi} \sin n\pi x\right]_{-1}^1 - \frac{1}{n\pi} \int_{-1}^1 (2x+1) \sin n\pi x \, dx$$

$$= -\frac{1}{n\pi}\left(\left[-\frac{2x+1}{n\pi} \cos n\pi x\right]_{-1}^1 + \frac{2}{n\pi} \int_{-1}^1 \cos n\pi x \, dx\right) = (-1)^n \frac{4}{n^2\pi^2}$$

$$b_n = \int_{-1}^1 (x^2 + x) \sin n\pi x \, dx$$

$$= \left[-\frac{x^2 + x}{n\pi} \cos n\pi x\right]_{-1}^1 + \frac{1}{n\pi} \int_{-1}^1 (2x+1) \cos n\pi x \, dx$$

$$= -\frac{2}{n\pi}(-1)^n + \frac{1}{n\pi}\left(\left[\frac{2x+1}{n\pi}\sin n\pi x\right]_{-1}^{1} - \frac{2}{n\pi}\int_{-1}^{1}\sin n\pi x\,dx\right)$$

$$= -\frac{2}{n\pi}(-1)^n - \frac{2}{n^2\pi^2}\left[-\frac{\cos n\pi x}{n\pi}\right]_{-1}^{1} = (-1)^{n+1}\frac{2}{n\pi}$$

よって求めるフーリエ級数は

$$x^2 + x = \frac{1}{3} + \frac{2}{\pi}\sum_{n=1}^{\infty}(-1)^n\left(\frac{2}{\pi n^2}\cos n\pi x - \frac{1}{n}\sin n\pi x\right)$$

(3) $f(x)$ は $[-\pi, \pi]$ で連続で区分的に滑らかな関数である. $f(x)$ を周期 2π で接続すると, $-\infty < x < \infty$ で連続な関数が得られる. よって p.99 の定理 1 を用いる.

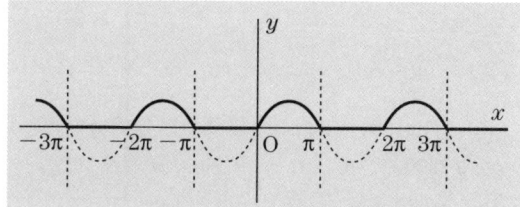

$$a_0 = \frac{1}{\pi}\int_0^{\pi}\sin x\,dx$$
$$= \frac{1}{\pi}\left[-\cos x\right]_0^{\pi} = \frac{2}{\pi}$$

$$a_1 = \frac{1}{\pi}\int_0^{\pi}\sin x\cos x\,dx$$
$$= \frac{1}{2\pi}\int_0^{\pi}\sin 2x\,dx = \frac{1}{2\pi}\left[-\frac{1}{2}\cos 2x\right]_0^{\pi} = 0$$

$$a_n = \frac{1}{\pi}\int_0^{\pi}\sin x\cos nx\,dx = -\frac{1}{2\pi}\left[\frac{\cos(n+1)x}{n+1} + \frac{\cos(-n+1)x}{-n+1}\right]_0^{\pi}$$

$$= -\frac{1}{\pi}\frac{(-1)^{n-1}-1}{1-n^2} = \begin{cases} 0 & (n:\text{奇数}) \\ (2/\pi)(1-n^2) & (n:\text{偶数}) \end{cases} \quad (n = 2, 3, \cdots)$$

$$b_1 = \frac{1}{\pi}\int_0^{\pi}\sin^2 x\,dx = \frac{1}{\pi}\int_0^{\pi}\frac{1-\cos 2x}{2}\,dx = \frac{1}{2\pi}\left[x - \frac{\sin 2x}{2}\right]_0^{\pi} = \frac{1}{2}$$

$$b_n = \frac{1}{\pi}\int_0^{\pi}\sin x\sin^n x\,dx = \frac{-1}{2\pi}\left[-\frac{\sin(1-n)x}{1-n} + \frac{\sin(1+n)x}{1+n}\right]_0^{\pi}$$
$$= 0 \quad (n = 2, 3, \cdots)$$

よって求めるフーリエ級数は

$$f(x) = \frac{1}{\pi} + \frac{\sin x}{2} - \frac{2}{\pi}\sum_{n=1}^{\infty}\frac{1}{4n^2-1}\cos nx$$

(4) $f(x)$ および $f'(x)$ は $[-\pi,\pi]$ で連続,周期 2π で接続して奇関数が得られる.よって,

$$a_n = 0 \quad (n = 0, 1, 2, \cdots)$$
$$b_n = \frac{2}{\pi}\int_0^\pi x\sin nx\,dx$$
$$= \frac{2}{\pi}\left(\left[-x\frac{\cos nx}{n}\right]_0^\pi + \int_0^\pi \frac{\cos nx}{n}\,dx\right)$$
$$= \frac{2}{\pi}\left(-\pi\cdot\frac{1}{n}(-1)^n + \left[\frac{1}{n^2}\sin nx\right]_0^\pi\right) = (-1)^{n-1}\frac{2}{n}$$

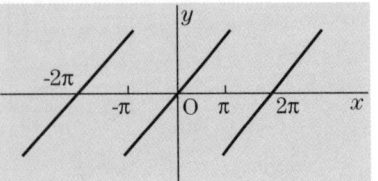

ゆえに,求めるフーリエ級数は,$x = \displaystyle\sum_{n=1}^\infty (-1)^{n-1}\frac{2}{n}\sin nx$.

(5) $f(x)$ は $[-\pi,\pi]$ で連続で区分的になめらかな関数である.$f(x)$ を 2π で接続すれば,$(-\infty,\infty)$ で連続な偶関数が得られる.よって,

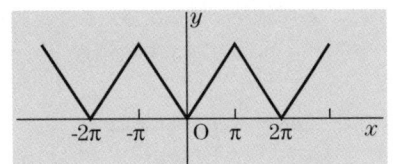

$$b_n = 0 \quad (n = 1, 2, \cdots)$$
$$a_0 = \frac{2}{\pi}\int_0^x x\,dx = \frac{2}{\pi}\left[\frac{x^2}{2}\right]_0^x = \pi$$
$$a_n = \frac{2}{\pi}\int_0^x x\cos nx\,dx$$
$$= \frac{2}{\pi}\left(\left[\frac{x}{n}\sin nx\right]_0^x - \frac{1}{n}\int_0^x \sin nx\,dx\right)$$
$$= \frac{2}{n\pi}\left[\frac{1}{n}\cos nx\right]_0^x = \frac{2}{n^2\pi}((-1)^n - 1) = \begin{cases} 0 & (n:偶数) \\ \dfrac{-4}{n^2\pi} & (n:奇数) \end{cases}$$

$$\therefore \quad |x| = \frac{\pi}{2} - \frac{4}{\pi}\sum_{n=1}^\infty \frac{1}{(2n-1)^2}\cos(2n-1)x$$

(6) $f(x)$ および $f'(x)$ は $[-\pi,\pi]$ で連続で,周期 2π で接続して偶関数が得られる.偶関数であるから,$b_n = 0 \quad (n = 1, 2, \cdots)$.

$$a_0 = \frac{2}{\pi}\int_0^x x^2\,dx = \frac{2}{\pi}\left[\frac{x^3}{3}\right]_0^x = \frac{2}{3}\pi^2$$
$$a_n = \frac{2}{\pi}\int_0^x x^2\cos nx\,dx$$
$$= \frac{2}{\pi}\left(\left[\frac{x^2}{n}\sin nx\right]_0^x - \frac{2}{n}\int_0^x x\sin nx\,dx\right)$$

$$= -\frac{4}{n\pi}\left(\left[-\frac{x}{n}\cos nx\right]_0^x + \frac{1}{n}\int_0^x \cos nx\, dx\right)$$

$$= \frac{4}{n^2\pi}\left(\pi(-1)^n - \left[\frac{1}{n}\sin nx\right]_0^x\right) = (-1)^n\frac{4}{n^2}$$

よって求めるフーリエ級数は $x^2 = \dfrac{\pi^2}{3} + \displaystyle\sum_{n=1}^{\infty}(-1)^n\frac{4}{n^2}\cos nx$.

注意 この展開式を利用して $x = \pm\pi$ での値を求めると,$f(\pi) = \pi^2, f(-\pi) = \pi^2$ であるから $(f(\pi)+f(-\pi))/2 = \pi^2$. 一方フーリエ級数の方は,$x = \pi$ として,$\dfrac{\pi^2}{3} + 4\left(\dfrac{1}{1^2} + \dfrac{1}{2^2} + \dfrac{1}{3^2} + \cdots + \dfrac{1}{n^2} + \cdots\right)$.

よって,$\pi^2 = \dfrac{\pi^2}{3} + 4\left(\dfrac{1}{1^2} + \dfrac{1}{2^2} + \dfrac{1}{3^2} + \cdots + \dfrac{1}{n^2} + \cdots\right)$. これから $\dfrac{\pi^2}{6} = \displaystyle\sum_{n=1}^{\infty}\dfrac{1}{n^2}$. 一般の級数論では $\sum(1/n^2)$ が収束であることは証明されるが,どんな値に収束するかわからないのであるが,フーリエ級数を用いると出てくるのである.これは予想外の産物である.

問題 2.1 (1) $f(x)$ は区分的になめらかで,

$$\int_{-\infty}^{\infty}|f(x)|\,dx = \int_0^{\infty}\pi e^{-x}\,dx = \pi$$

となるので p.100 の定理 5 を用いると,

$$\frac{f(x+0)+f(x-0)}{2} = \frac{1}{\pi}\int_0^{\infty}dt\int_{-\infty}^{\infty}f(s)\cos t(s-x)\,ds$$

$$= \frac{1}{\pi}\int_0^{\infty}dt\int_0^{\infty}\pi e^{-s}\cos t(s-x)\,ds$$

$$\int_0^{\infty}e^{-s}\cos t(s-x)\,ds = \cos tx\int_0^{\infty}e^{-s}\cos ts\,ds + \sin tx\int_0^{\infty}e^{-s}\sin ts\,ds$$

$$= I_1\cos tx + I_2\sin tx$$

$I_1 = \displaystyle\int_0^{\infty}e^{-s}\cos ts\,ds = \dfrac{1}{1+t^2}$, $I_2 = \displaystyle\int_0^{\infty}e^{-s}\sin ts\,ds = \dfrac{t}{1+t^2}$ (次頁の注意をみよ)

よって,

$$\int_0^{\infty}\frac{\cos tx + t\sin tx}{1+t^2}\,dt = \frac{f(x+0)+f(x-0)}{2}$$

$f(x)$ は $-\infty < x < 0, 0 < x < \infty$ で連続であるので右辺は $f(x)$ に等しくなり,原点においては $\dfrac{f(x+0)+f(x-0)}{2} = \dfrac{\pi}{2}$ となるので,

$$\int_0^{\infty}\frac{\cos tx + t\sin tx}{1+t^2}\,dt = \begin{cases}\pi e^{-x} & (x > 0) \\ \pi/2 & (x = 0) \\ 0 & (x < 0)\end{cases}$$

注意 $I_1 = \int_0^\infty e^{-s}\cos ts\,ds,\ I_2 = \int_0^\infty e^{-s}\sin ts\,ds$ とおく.

$$I_1 = \left[-e^{-s}\cos ts\right]_0^\infty + \int_0^\infty (-e^{-s}t\sin ts)\,ds = 1 - tI_2$$

$$I_2 = \left[-e^{-s}\sin ts\right]_0^\infty + \int_0^\infty (e^{-s}t\cos ts)\,ds = tI_1$$

よって,
$$I_1 = \frac{1}{1+t^2},\quad I_2 = \frac{t}{1+t^2}$$

(2) 部分積分法によって, $f'(x)$ のフーリエ変換は

$$\frac{1}{\sqrt{2\pi}}\int_{-\infty}^\infty f'(x)e^{-i\alpha x}\,dx = \frac{1}{\sqrt{2\pi}}\left\{\lim_{\substack{M\to\infty\\K\to\infty}}\left[f(x)e^{-i\alpha x}\right]_K^M + i\alpha\int_{-\infty}^\infty f(x)e^{-i\alpha x}\,dx\right\}$$

$$=\frac{1}{\sqrt{2\pi}}\left\{\lim_{M\to\infty}f(M)e^{-i\alpha M} - \lim_{K\to-\infty}f(K)e^{-i\alpha K} + i\alpha\int_{-\infty}^\infty f(x)e^{-i\alpha x}\,dx\right\}$$

$|e^{-i\alpha M}| = 1$ であるので, $|f(M)e^{-i\alpha M}| = |f(M)|$ となり仮定から, $f(M) \to 0\,(M\to\infty)$ であるので

$$f(M)e^{-i\alpha M} \to 0\quad (M\to\infty).$$

同様にして, $|e^{-i\alpha K}| = 1,\ |f(K)e^{-i\alpha K}| = |f(K)| \to 0\ (K\to-\infty)$ より,

$$f(K)e^{-i\alpha K} \to 0\quad (K\to-\infty).$$

よって $f'(x)$ のフーリエ積分が存在して,

$$\frac{1}{\sqrt{2\pi}}\int_{-\infty}^\infty f'(x)e^{-i\alpha x}\,dx = i\alpha F(\alpha)$$

問題 3.1 与えられた問題は波動方程式の初期値・境界値問題である. つまり

$$\frac{\partial^2 u}{\partial t^2} = c^2\frac{\partial^2 u}{\partial x^2}\quad (u = u(x,t);\ 0 < x < l,\ t > 0)\quad \cdots ①$$

境界条件　$u(0,t) = u(l,t) = 0\quad (t\geqq 0)\quad \cdots ②$

初期条件　$\begin{cases} u(x,0) = f(x) & (0\leqq x\leqq l)\quad \cdots ③ \\ \dfrac{\partial}{\partial t}u(x,0) = F(x) & (0\leqq x\leqq l)\quad \cdots ④ \end{cases}$

の解が p.104 の (4) になることを証明することである.

まず変数分離法を用いる. ② をみたす ① の解で

$$u(x,t) = g(x)h(t)\quad \cdots ⑤$$

のように変数が分離されている解を求め, さらにそれらを組合わせることにより条件③, ④をみたすように定めてゆく. このような解法を変数分離法という.

⑤ を ① に代入すると，$g(x)h''(t) = c^2 g''(x)h(t)$
ゆえに
$$\frac{g''(x)}{g(x)} = \frac{1}{c^2}\frac{h''(t)}{h(t)}$$
この式の右辺は t だけの関数であり，左辺は x だけの関数である．この両辺が等しいということは上式は定数（λ とおく）に他ならない．すなわち，
$$g''(x) = \lambda g(x) \quad \cdots \text{⑥}$$
$$h''(t) = c^2 \lambda h(t) \quad \cdots \text{⑦}$$
である．ここで $\lambda < 0$ であることを示そう．

$$0 \leq \int_0^l (g'(x))^2 \, dx = \int_0^l g'(x)g'(x) \, dx = \Big[g(x)g'(x)\Big]_0^l - \int_0^l g(x)g''(x) \, dx$$
$$= -\int_0^l g(x)g''(x) \, dx \quad (\text{②より } g(l) = g(0) = 0)$$
$$= -\lambda \int_0^l (g(x))^2 \, dx \quad (\text{⑥より } g''(x) \text{ に } \lambda g(x) \text{ を代入})$$

よって $\lambda < 0$ である．いま $\lambda = -\mu^2$ とおくと⑥，⑦はそれぞれ
$$g''(x) + \mu^2 g(x) = 0 \quad \cdots (*)$$
$$h''(t) + c^2 \mu^2 h(t) = 0$$
となる．これらは定数係数線形常微分方程式であるので，p.45 より a, b, A, B を任意定数として
$$g(x) = a \cos \mu x + b \sin \mu x$$
$$h(t) = A \cos c\mu t + B \sin c\mu t$$
② より $g(l) = g(0) = 0$ であるので，$a = 0, b \sin \mu l = 0$．すなわち $\mu = \dfrac{n\pi}{l}$．
$\mu = \dfrac{n\pi}{l}$ ($n = 1, 2, \cdots$) に対し $g(x), h(t)$ を改めて
$$g_n(x) = b_n \sin \frac{n\pi x}{l},$$
$$h_n(t) = A_n \cos \frac{n\pi c t}{l} + B_n \sin \frac{n\pi c t}{l}$$
と書くことにする．このとき，
$$g_n(x)h_n(t) = \sin \frac{n\pi x}{l}\left(C_n \cos \frac{n\pi c t}{l} + D_n \sin \frac{n\pi c t}{l}\right) \quad (n = 1, 2, \cdots)$$

はいずれも ② をみたす ① の解である．p.104 の重ね合わせの原理により解を

$$u(x,t) = \sum_{n=1}^{\infty} \sin\frac{n\pi x}{l}\left(C_n \cos\frac{n\pi ct}{l} + D_n \sin\frac{n\pi ct}{l}\right)$$

の形を考える．

$t=0$ のとき与えられた条件 ③ より，$u(x,0)=f(x)$ であるので，

$$u(x,0) = \sum_{n=1}^{\infty} C_n \sin\frac{n\pi x}{l} = f(x)$$

項別微分可能であると仮定するとき ④ より $\dfrac{\partial}{\partial t}u(x,0) = F(x)$ であるので，

$$\frac{\partial}{\partial t}u(x,0) = \sum_{n=1}^{\infty} D_n \frac{n\pi c}{l} \sin\frac{n\pi x}{l} = F(x)$$

$f(x), F(x)$ は $0 \leqq x \leqq l$ で連続で，区分的になめらかで，$f(0)=F(0)=f(l)=F(l)=0$ とし，$f(x), F(x)$ を $[-l, l]$ で奇関数となるように接続する．すなわち，

$$\varphi(x) = \begin{cases} f(x) & (0 \leqq x \leqq l), \\ -f(-x) & (-l \leqq x \leqq 0), \end{cases}$$

$$\psi(x) = \begin{cases} F(x) & (0 \leqq x \leqq l) \\ -F(-x) & (-l \leqq x \leqq 0) \end{cases}$$

と定義すれば $\varphi(x), \psi(x)$ は $[-l, l]$ で連続な奇関数となり，これを周期 $2l$ で接続すれば，$\varphi(x), \psi(x)$ は $-\infty < x < \infty$ で連続な奇関数，区分的になめらかな関数となっている．このときフーリエ係数は p.100 の定理 3 (8.9) より，

$$C_n = \frac{2}{l}\int_0^l f(x)\sin\frac{n\pi x}{l}\,dx,$$

$$D_n \frac{n\pi c}{l} = \frac{2}{l}\int_0^l F(x)\sin\frac{n\pi x}{l}\,dx$$

よって，

$$u(x,t) = \frac{2}{l}\sum_{n=1}^{\infty} \sin\frac{n\pi x}{l}\left(\cos\frac{n\pi ct}{l}\int_0^l f(x)\sin\frac{n\pi x}{l}\,dx \right.$$
$$\left. + \frac{l}{n\pi c}\sin\frac{n\pi ct}{l}\int_0^l F(x)\sin\frac{n\pi x}{l}\,dx\right)$$

注意 前頁の $(*)$ に境界条件 ② をみたす $g(x)=0$ 以外の解があるためには，μ^2 が $\mu^2 = \left(\dfrac{n\pi}{l}\right)^2$ $(n=1,2,\cdots)$ とみたす必要があった．このように境界条件によって定まる定数 μ^2

を方程式 (*) の**固有値**といい，固有値 $\mu^2 = n^2(\pi/l)^2$ のときの方程式 (*) の解 $g(x) = \sin\dfrac{n\pi}{l}x$ をその固有値に属する**固有関数**という．

【別解】 p.95 の定理 2 により $\dfrac{\partial^2 u}{\partial t^2} = c^2 \dfrac{\partial^2 u}{\partial x^2}$ の一般解は

$$u(x,t) = \phi(x+ct) + \psi(x-ct)$$

と表せる．以下 ϕ, ψ を決定してゆく．初期条件の ③ から

$$\phi(x) + \psi(x) = f(x) \quad \cdots ⑧$$

また初期条件の ④ から

$$c\phi'(x) - c\psi'(x) = F(x)$$

この式を積分して

$$\phi(x) - \psi(x) = \frac{1}{c}\int_0^x F(x)\,dx + k \quad (k \text{ は任意定数})$$

この式と⑧とから $\phi(x), \psi(x)$ を求めると，

$$\phi(x) = \frac{1}{2}\left(f(x) + \frac{1}{c}\int_0^x F(x)\,dx + k\right)$$

$$\varphi(x) = \frac{1}{2}\left(f(x) - \frac{1}{c}\int_0^x F(x)\,dx - k\right)$$

ゆえに

$$\begin{aligned}
u(x,t) &= \phi(x+ct) + \psi(x-ct) \\
&= \frac{1}{2}\left((f(x+ct) + f(x-ct)) + \frac{1}{2c}\int_{x-ct}^{x+ct} F(x)\,dx\right) \quad \cdots ⑨
\end{aligned}$$

ここで，$f(x), F(x)$ は $0 \leq x \leq l$ で連続，$f(0) = f(l) = F(0) = F(l) = 0$ とし，$-l \leq x \leq 0$ ではそれぞれ $-f(-x), -F(-x)$ と定義して $-l \leq x \leq l$ において奇関数となるように接続し，さらに周期 $2l$ で $(-\infty, \infty)$ にまで接続したものを同じく $f(x), F(x)$ と表しておく．このとき $f'(x), f''(x), F'(x)$ も連続になっているとすれば，上に求めた関数 $u(x,t)$ は与えられた偏微分方程式の 4 つの条件を満足している．なぜならば，

$$\frac{\partial u}{\partial t} = \frac{c}{2}(f'(x+ct) - f'(x-ct)) + \frac{1}{2}(F(x+ct) + F(x-ct)),$$

$$\frac{\partial^2 u}{\partial t^2} = \frac{c^2}{2}(f''(x+ct) + f''(x-ct)) + \frac{c}{2}(F'(x+ct) - F'(x-ct))$$

$$\frac{\partial^2 u}{\partial x^2} = \frac{1}{2}(f''(x+ct) + f''(x-ct)) + \frac{1}{2c}(F'(x+ct) - F'(x-ct)).$$

よって，
$$\frac{\partial^2 u}{\partial t^2} = c^2 \frac{\partial^2 u}{\partial x^2}$$

$f(x), F(x)$ は奇関数だから
$$u(0,t) = \frac{1}{2}(f(ct) + f(-ct)) + \frac{1}{2c}\int_{-ct}^{ct} F(x)\,dx$$
$$= 0$$

さらに周期 $2l$ をもつことを用いると，
$$u(l,t) = \frac{1}{2}(f(l+ct) + f(l-ct)) + \frac{1}{2c}\int_{l-ct}^{l+ct} F(x)\,dx$$
$$= \frac{1}{2}(f(l+ct) + f(-l-ct)) + \frac{1}{2c}\left(\int_{-l-ct}^{l+ct} F(x)\,dx - \int_{-l-ct}^{l-ct} F(x)\,dx\right)$$
$$= \frac{1}{2}(f(l+ct) + f(-(l+ct))) + \frac{1}{2c}\left(\int_{-l-ct}^{l+ct} F(x)\,dx - \int_{-l}^{l} F(x)\,dx\right)$$
$$= 0$$
$$u(x,0) = \frac{1}{2}(f(x) + f(x)) + \frac{1}{2c}\int_{x}^{x} F(x)\,dx$$
$$= f(x)$$
$$\frac{\partial}{\partial t}u(x,0) = \frac{c}{2}(f'(x) - f'(x)) + \frac{1}{2}(F(x) + F(x))$$
$$= F(x)$$

注意 最初の解答で得られた解のフーリエ級数表示と別解で得られた解が一致していることを示すことができるがここでは省略する．

問題 4.1 $\dfrac{\partial^2 u}{\partial t^2} = c^2 \dfrac{\partial^2 u}{\partial x^2}$ $(u = u(x,t); -\infty < x < \infty, t > 0)$ $\cdots$ ①

初期条件 $u(x,0) = f(x), \dfrac{\partial}{\partial t}u(x,0) = F(x)$ $(-\infty < x < \infty)$ $\cdots$ ②

の解が
$$u(x,t) = \frac{1}{2}\{f(x+ct) + f(x-ct)\} + \frac{1}{2c}\int_{x-ct}^{x+ct} F(\lambda)\,d\lambda$$

となることを証明する．

p.95 の定理 2 よりつぎのようになる．
$$u(x,t) = \varphi(x-ct) + \psi(x+ct) \quad (\varphi, \psi \text{ は任意関数}) \cdots ③$$

この解が初期条件 ② をみたすように φ, ψ をきめようというわけである．

③ から ② の最初の条件によって，
$$u(x,0) = \varphi(x) + \psi(x) = f(x) \qquad \cdots ④$$

つぎに ③ を t について偏微分すれば

$$\frac{\partial u(x,t)}{\partial t} = -c\varphi'(x-ct) + c\psi'(x+ct) \quad \cdots ⑤$$

これに ② の第 2 の条件を用いれば

$$\frac{\partial u(x,0)}{\partial t} = -c\varphi'(x) + c\psi'(x) = F(x) \quad \cdots ⑥$$

この式の両辺を積分すれば

$$-c\varphi(x) + c\psi(x) = \int_{x_0}^{x} F(\lambda)\,d\lambda + C \quad (C = -c\varphi(x_0) + \zeta\psi(x_0))$$

ゆえに, $$\psi(x) - \varphi(x) = \frac{1}{c}\int_{x_0}^{x} F(\lambda)\,d\lambda + \frac{C}{c} \quad \cdots ⑦$$

④ $-$ ⑦, ④ $+$ ⑦ を作ればそれぞれ,

$$\varphi(x) = \frac{1}{2}\left\{f(x) - \frac{1}{c}\int_{x_0}^{x} F(\lambda)\,d\lambda - \frac{C}{c}\right\} \quad \cdots ⑧$$

$$\psi(x) = \frac{1}{2}\left\{f(x) + \frac{1}{c}\int_{x_0}^{x} F(\lambda)\,d\lambda + \frac{C}{c}\right\} \quad \cdots ⑨$$

これらを ③ に代入すると,

$$u(x,t) = \frac{1}{2}\{f(x-ct) + f(x+ct)\} + \frac{1}{2c}\int_{x-ct}^{x+ct} F(\lambda)\,d\lambda$$

注意 フーリエ積分公式 (p.100 の定理 4) を用いてもよい.

問題 4.2 $\dfrac{\partial^2 u}{\partial t^2} = a^2 \dfrac{\partial^2 u}{\partial x^2} + x \quad (u = u(x,t);\ 0 < x < l,\ t > 0) \quad \cdots ①$

初期条件 $u(x,0) = 0,\quad \dfrac{\partial u(x,0)}{\partial t} = 0 \quad (0 \leqq x \leqq l) \quad \cdots ②$

境界条件 $u(0,t) = 0,\quad u(l,t) = 0 \quad (t \geqq 0) \quad \cdots ③$

の解を求める.

$$u(x,t) = v(x,t) + \varphi(x) \quad \cdots ④$$

とおけば,

$$\frac{\partial^2 u}{\partial t^2} = \frac{\partial^2 v}{\partial t^2},\quad \frac{\partial^2 u}{\partial x^2} = \frac{\partial^2 v}{\partial x^2} + \varphi''(x)$$

であるので, ① より

$$\frac{\partial^2 v}{\partial t^2} = a^2 \frac{\partial^2 v}{\partial x^2} + a^2 \varphi''(x) + x \quad \cdots ⑤$$

④ で $x = 0$ とおくと, $u(0,t) = v(0,t) + \varphi(0)$. よって ③ の第 1 式より

$$v(0,t) + \varphi(0) = 0 \qquad \cdots ⑥$$

同様に ④ で $x=l$ とおくと，$u(l,t) = v(l,t) + \varphi(l)$．よって ③ の第 2 式より

$$v(l,t) + \varphi(l) = 0 \qquad \cdots ⑦$$

つぎに $\varphi(x)$ としてつぎの条件を満足する関数を採用する．

$$\varphi''(x) + x/a^2 = 0, \quad \varphi(0) = 0, \quad \varphi(l) = 0$$

そうすると，

$$\varphi(x) = -\frac{1}{6a^2}x^3 + c_1 x + c_2 \qquad \cdots ⑧$$
$$0 = \varphi(0) = c_2 \qquad \cdots ⑨$$
$$0 = \varphi(l) = -\frac{1}{6a^2}l^3 + c_1 l + c_2 \qquad \cdots ⑩$$

⑧,⑨,⑩ より
$$\varphi(x) = \frac{x}{6a^2}(l^2 - x^2) \qquad \cdots ⑧$$

上のように選んだ $\varphi(x)$ を用いると，$v(x,t)$ はつぎの問題の解である．

$\dfrac{\partial^2 v}{\partial t^2} = a^2 \dfrac{\partial^2 v}{\partial x^2}$ （⑤と $\varphi''(x) + \dfrac{x}{a^2} = 0$ より）

$v(0,t) = 0$ （⑥と $\varphi(0)=0$ より），$v(l,t)=0$ （⑦と $\varphi(l)=0$ より）

$v(x,0) = -\dfrac{1}{6a^2}x(l^2 - x^2)$ （②の第 1 式，④で $t=0$ とおいた式と⑪より）

$\dfrac{\partial v(x,0)}{\partial t} = 0$ （④より $\dfrac{\partial u(x,t)}{\partial t} = \dfrac{\partial v(x,t)}{\partial t}$ となりこの式で $t=0$ とおいた式と②より）

これは $f(x) = -\dfrac{1}{6a^2}x(l^2 - x^2)$, $F(x) = 0$ とした p.104 の波動方程式の初期値・境界値問題である．よって p.104 の (4) より，

$$v(x,t) = \sum_{n=1}^{\infty} a_n \sin\frac{n\pi x}{l} \cos\frac{n\pi a t}{l},$$
$$a_n = \frac{2}{l}\int_0^l \left(-\frac{1}{6a^2}x(l^2 - x^2)\right)\sin\frac{n\pi x}{l}\,dx = (-1)^n \frac{2l^3}{a^2 \pi^3 n^3}$$

（次頁の注意をみよ）

ゆえに，$u(x,t) = v(x,t) + \dfrac{1}{6a^2}x(l^2 - x^2)$

$$= \frac{x}{6a}(l^2 - x^2) + \frac{2l^3}{a^2\pi^3}\sum_{n=1}^{\infty}\frac{(-1)^3}{n^3}\sin\frac{n\pi x}{l}\cos\frac{an\pi t}{l} \quad (n=1,2,\cdots)$$

注意
$$a_n = \frac{2}{l}\int_0^l \left(-\frac{1}{6a^2}(l^2 x - x^3)\sin\frac{n\pi x}{l}\,dx\right) = \frac{1}{3a^2 l}\int_0^l (-l^2 x + x^3)\sin\frac{n\pi x}{l}\,dx$$

$$I_1 = \int_0^l x\sin\frac{n\pi}{l}x\,dx = \left[-x\frac{l}{n\pi}\cos\frac{n\pi}{l}x\right]_0^l + \int_0^l \frac{l}{n\pi}\cos\frac{n\pi}{l}x\,dx$$

$$= -\frac{l^2}{n\pi}\cos n\pi + \left[\left(\frac{l}{n\pi}\right)^2 \sin\frac{n\pi}{l}x\right]_0^l = -\frac{l^2}{n\pi}\cos n\pi$$

$$I_2 = \int_0^l x^3 \sin\frac{n\pi x}{l}\,dx = \left[x^3\left(-\frac{l}{n\pi}\cos\frac{n\pi}{l}x\right)\right]_0^l + \int_0^l 3x^2 \frac{l}{n\pi}\cos\frac{n\pi}{l}x\,dx$$

$$= -\frac{l^4}{n\pi}\cos n\pi + \left[3x^2\left(\frac{l}{n\pi}\right)^2 \sin\frac{n\pi}{l}x\right]_0^l - \int_0^l 6x\left(\frac{l}{n\pi}\right)^2 \sin\frac{n\pi}{l}x\,dx$$

$$= -\frac{l^4}{n\pi}\cos n\pi - 6\left(\frac{l}{n\pi}\right)^2 \int_0^l x\sin\frac{n\pi}{l}x\,dx$$

$$= -\frac{l^4}{n\pi}\cos n\pi - 6\left(\frac{l}{n\pi}\right)^2 I_1$$

ゆえに,
$$a_n = \frac{1}{3a^2 l}\left\{-l^2 I_1 + \left(-\frac{l^4}{n\pi}\cos n\pi - 6\left(\frac{l}{n\pi}\right)^2 I_1\right)\right\}$$

$$= \frac{1}{3a^2 l}\left(\frac{l^4}{n\pi}\cos n\pi - \frac{l^4}{n\pi}\cos n\pi + \frac{6l^2}{(n\pi)^2}\frac{l^2}{n\pi}\cos n\pi\right)$$

$$= (-1)^n \frac{2l^3}{a^2(n\pi)^3}$$

問題 5.1 p.104 の熱伝導方程式の初期値・境界値問題で
$$f(x) = \begin{cases} 1 & (0 < x \leqq c/2) \\ 0 & (c/2 \leqq x < c) \end{cases}$$

のときである. p.105 の (8.11) より,
$$u(x,t) = \sum_{n=1}^{\infty} c_n e^{-\left(\frac{kn\pi}{c}\right)^2 t}\sin\frac{n\pi}{c}x$$

$$c_n = \frac{2}{c}\int_0^c f(\lambda)\sin\frac{n\pi}{c}\lambda\,d\lambda = \frac{2}{c}\int_0^{c/2} 1\cdot\sin\frac{n\pi}{c}\lambda\,d\lambda$$

$$= \frac{2}{c}\left[-\frac{c}{n\pi}\cos\frac{n\pi\lambda}{c}\right]_0^{c/2} = \frac{2}{n\pi}\left(1 - \cos\frac{n\pi}{2}\right) = \frac{4}{n\pi}\sin\left(\frac{n\pi}{4}\right)^2$$

ゆえに, $u(x,y) = \displaystyle\sum_{n=1}^{\infty} c_n e^{-\left(\frac{kn\pi}{c}\right)^2 t}\sin\frac{n\pi}{c}x,\quad c_n = \frac{4}{n\pi}\sin^2\frac{n\pi}{4}$.

問題 5.2 熱伝導方程式の初期値・境界値問題（⇨p.104）である．

$$\frac{\partial u}{\partial t} = k^2 \frac{\partial^2 u}{\partial x^2} \quad (u = u(x,t);\ 0 < x < c,\ t > 0) \quad \cdots \text{①}$$

境界条件　$u(0,t) = u(c,t) = 0 \quad (t > 0) \quad \cdots \text{②}$

初期条件　$u(x,0) = f(x) \quad (0 < x < c) \quad \cdots \text{③}$

のとき，解が

$$\begin{cases} u(x,t) = \displaystyle\sum_{n=1}^{\infty} c_n e^{-\left(\frac{kn\pi}{c}\right)^2 t} \sin \frac{n\pi}{c} x \\ c_n = \dfrac{2}{c} \displaystyle\int_0^c f(\lambda) \sin \frac{n\pi}{c} \lambda\, d\lambda \end{cases}$$

となることを証明する．

まず変数分離法によって②をみたす①の解を求めよう．

$$u(x,t) = g(x)h(t)$$

としてこれを①に代入すれば，

$$\frac{g''(x)}{g(x)} = \frac{h'(t)}{k^2 h(t)}$$

を得る．

左辺はtを含まず，右辺はxを含まないから上式は定数（$= \lambda$とおくと）である．ゆえに

$$g''(x) - \lambda g(x) = 0 \quad h'(t) - \lambda k^2 h(t) = 0 \quad \cdots \text{④}$$

$$\begin{aligned} 0 \leq \int_0^c (g'(x))^2\, dx &= \Big[g(x)g'(x)\Big]_0^c - \int_0^c g(x)g''(x)\, dx \\ &= -\int_0^c g(x)g''(x)\, dx \quad (\text{②より}\ g(0) = g(c) = 0) \\ &= -\lambda \int_0^c (g(x))^2\, dx \quad (\text{④の第 1 式より}\ g''(x)\ \text{に}\ \lambda g(x)\ \text{を代入}) \end{aligned}$$

よって$\lambda < 0$である．ゆえに④の第 1 式は定数係数の 2 階線形常微分方程式であるので，p.45 によりこれを解くと，

$$g(x) = B_1 \cos \sqrt{-\lambda}\, x + C_1 \sin \sqrt{-\lambda}\, x$$

を得る．一方②から$g(0) = g(c) = 0$．ゆえに

$$B_1 = 0, \quad \sin \sqrt{-\lambda}\, c = 0, \quad \sqrt{-\lambda} = \frac{n\pi}{c} \quad \therefore \quad \lambda = -\frac{n^2 \pi^2}{c^2}$$

したがって，

$$g(x) = C_1 \sin \frac{n\pi}{c} x \quad (n = 1, 2, \cdots).$$

また，$\lambda = -\dfrac{n^2\pi^2}{c^2}$ として ④ の第2式は1階同次線形常微分方程式であるので，これを解けば
$$h(t) = C_2 e^{-\frac{n^2\pi^2 k^2}{c^2}t}$$
ゆえに ①, ② をみたす $u(x,t)$ として
$$u(x,t) = C_1 \sin\frac{n\pi}{c}x \cdot C_2 e^{-\frac{n^2\pi^2 k^2}{c^2}t}$$
$$= A_n e^{-\frac{n^2\pi^2 k^2}{c^2}t} \sin\frac{n\pi}{c}x$$
を得る．いま
$$u(x,t) = \sum_{n=1}^{\infty} A_n e^{-\frac{k^2 n^2 \pi^2}{c^2}t} \sin\frac{n\pi}{c}x \qquad \cdots ⑤$$
としてこれが求める解となるように A_n を定めよう．$t = 0$ とすると
$$u(x,0) = \sum_{n=1}^{\infty} A_n \sin\frac{n\pi}{c}x$$
これが $f(x)$ に等しくなるためには A_n を $f(x)$ のフーリエ係数（⇨p.100(8.9)）
$$A_n = \frac{2}{c} \int_0^c f(\lambda) \sin\frac{n\pi}{c}\lambda \, d\lambda$$
とすればよい．このとき ⑤ は
$$u(x,t) = \frac{2}{c} \sum_{n=1}^{\infty} e^{-\frac{k^2 n^2 \pi^2}{c^2}t} \sin\frac{n\pi}{c}x \int_0^c f(\lambda) t \sin\frac{n\pi}{c}\lambda \, d\lambda \quad \cdots ⑥$$
となる．⑥ が ②, ③ を満足することは容易にわかる．つぎに，
$$\frac{\partial u(x,t)}{\partial t} = \frac{2}{c} \sum_{n=1}^{\infty} \left(-\frac{k^2 n^2 \pi^2}{c^2}\right) e^{-\frac{k^2 n^2 \pi^2}{c^2}t} \sin\frac{n\pi}{c}x \int_0^c f(\lambda) \sin\frac{n\pi}{c}\lambda \, d\lambda$$
および
$$k^2 \frac{\partial^2 u(x,t)}{\partial x^2} = \frac{2}{c} \sum_{n=1}^{\infty} \left(-\frac{k^2 n^2 \pi^2}{c^2}\right) e^{-\frac{k^2 n^2 \pi^2}{c^2}t} \sin\frac{n\pi}{c}x \int_0^c f(\lambda) \sin\frac{n\pi}{c}\lambda \, d\lambda$$
より ⑥ が ① をみたすことが示された．よって ⑥ が求める解である．

この問題の $f(x)$ は $0 \leqq x \leqq c$ で連続で区分的になめらかな関数とする．また $f(0) = f(c) = 0$ で，$[-c,c]$ で奇関数となるように接続，さらに周期 $2c$ で $(-\infty, \infty)$ まで接続する．

問題 6.1 (1) まず与えられた偏微分方程式
$$\frac{\partial}{\partial t}u(x,t) = k^2 \frac{\partial^2}{\partial x^2}u(x,t) + f(x,t) \quad \cdots ①$$

のそれぞれの x の関数にフーリエ変換をほどこす.（それぞれの関数は p.101 定理 4 の条件をみたしているものとする）.

$$U(\alpha, t) = \frac{1}{\sqrt{2\pi}} \int_{-\infty}^{\infty} u(\xi, t) e^{-i\alpha\xi} \, d\xi \qquad \cdots ②$$

$$F(\alpha, t) = \frac{1}{\sqrt{2\pi}} \int_{-\infty}^{\infty} f(\xi, t) e^{-i\alpha\xi} \, d\xi \qquad \cdots ③$$

$$\frac{\partial}{\partial t} U(\alpha, t) = \frac{1}{\sqrt{2\pi}} \int_{-\infty}^{\infty} \frac{\partial}{\partial t} u(\alpha, t) e^{-i\alpha\xi} \, d\xi \qquad \cdots ④$$

つぎに $u(x, t)$ に p.103 の問題 2.1(2) を 2 回使う（p.103 の問題 2.1(2) が使える条件は仮定しておく）. よって,

$$(i\alpha)^2 U(\alpha, t) = \frac{1}{\sqrt{2\pi}} \int_{-\infty}^{\infty} \frac{\partial^2}{\partial x^2} u(\xi, t) e^{-i\alpha\xi} \, d\xi \qquad \cdots ⑤$$

⑤ に ① を代入すると,

$$-\alpha^2 U(\alpha, t) = \frac{1}{\sqrt{2\pi}} \int_{-\infty}^{\infty} \frac{1}{k^2} \left\{ \frac{\partial}{\partial t} u(\xi, t) - f(\xi, t) \right\} e^{-i\alpha\xi} \, d\xi$$

となる. よって, ③, ④ より,

$$\frac{\partial U(\alpha, t)}{\partial t} = -k^2 \alpha^2 U(\alpha, t) + F(\alpha, t) \text{ を得る. また}$$

$$U(\alpha, 0) = \frac{1}{\sqrt{2\pi}} \int_{-\infty}^{\infty} u(\xi, 0) e^{-i\alpha\xi} \, d\xi = 0$$

よって, t についての U の 1 階線形常微分方程式を初期条件 $U(\alpha, 0) = 0$ のもとに解くと,

$$U(\alpha, t) = e^{-\int k^2 \alpha^2 dt} \left(\int_0^t F(\alpha, \tau) e^{\int k^2 \alpha^2 d\tau} \, d\tau + C \right)$$

$$U(\alpha, t) = e^{-k^2 \alpha^2 t} \left(\int_0^t F(\alpha, \tau) e^{k^2 \alpha^2 \tau} \, d\tau + C \right)$$

これに初期条件を入れると, $U(\alpha, 0) = C = 0$ となるので, 求める解は,

$$U(\alpha, t) = \int_0^t F(\alpha, \tau) e^{-k^2 \alpha^2 (t-\tau)} \, d\tau$$

となる. よって,

$$U(\alpha, t) = \frac{1}{\sqrt{2\pi}} \int_0^t e^{-k^2 \alpha^2 (t-\tau)} \, d\tau \int_{-\infty}^{\infty} f(\xi, \tau) e^{-i\alpha\xi} \, d\xi \qquad \cdots ⑥$$

$U(\alpha, t)$ の逆フーリエ変換 ($\Rightarrow$p.100 の (8.13)) を求めると,

$$u(x, t) = \frac{1}{\sqrt{2\pi}} \int_{-\infty}^{\infty} U(\alpha, t) e^{i\alpha x} \, d\alpha$$

$$= \frac{1}{2\pi} \int_{-\infty}^{\infty} e^{i\alpha x} \, d\alpha \int_{0}^{t} e^{-k^2 \alpha^2 (t-\tau)} \, d\tau \int_{-\infty}^{\infty} f(\xi, \tau) e^{-i\alpha \xi} \, d\xi$$

$$= \frac{1}{2\pi} \int_{-\infty}^{\infty} d\xi \int_{0}^{t} f(\xi, \tau) \, d\tau \int_{-\infty}^{\infty} e^{-k^2 \alpha^2 (t-\tau) + i\alpha(x-\xi)} \, d\alpha$$

いま, $e^{-k^2 \alpha^2 (t-\tau) + i\alpha(x-\xi)} = e^{-k^2 \alpha^2 (t-\tau)}(\cos\alpha(x-\xi) + i\sin\alpha(x-\xi))$ であるので $e^{-k^2 \alpha^2 (t-\tau)} \cos\alpha(x-\xi)$ は偶関数であり, $e^{-k^2 \alpha^2 (t-\tau)} \sin\alpha(x-\xi)$ は奇関数である. よって

$$\int_{-\infty}^{\infty} e^{-k^2 (t-\tau)\alpha^2 + i\alpha(x-\xi)} \, d\alpha = 2 \int_{0}^{\infty} e^{-k^2 (t-\tau)\alpha^2} \cos\alpha(x-\xi) \, d\alpha$$

$$= \frac{\sqrt{\pi}}{k\sqrt{t-\tau}} \exp\left(-\frac{(x-\xi)^2}{4k^2(t-\tau)}\right) \quad \begin{pmatrix} \text{最後の積分は次の注意の中の ① で} \\ \rho = k\sqrt{t-\tau}, \lambda = \xi \text{ とおきかえればよい} \end{pmatrix}$$

ゆえに, $u(x, t) = \dfrac{1}{2k\sqrt{\pi}} \displaystyle\int_{-\infty}^{\infty} d\xi \int_{0}^{t} f(\xi, \tau) \frac{1}{\sqrt{t-\tau}} \exp\left(\frac{-(x-\xi)^2}{4k^2(t-\tau)}\right) d\tau$

$$= \frac{1}{2k\sqrt{\pi}} \int_{0}^{t} \frac{d\tau}{\sqrt{t-\tau}} \int_{-\infty}^{\infty} f(\xi, \tau) \exp\left(-\frac{(x-\xi)^2}{4k^2(t-\tau)}\right) d\xi \quad \cdots \text{⑦}$$

注意 $\phi(x) = \displaystyle\int_{0}^{\infty} e^{-p^2 \alpha^2} \cos\alpha(x-\lambda) \, d\alpha = \dfrac{\sqrt{\pi}}{2p} e^{-(x-\lambda)^2/4p^2} \quad \cdots \text{①}$

$$\frac{d}{dx}\phi(x) = \int_{0}^{\infty} \frac{d}{dx} e^{-p^2 \alpha^2} \cos\alpha(x-\lambda) \, d\alpha \quad \text{(微分と積分の順序は交換可能とする)}$$

$$= \int_{0}^{\infty} \left(-e^{-p^2 \alpha^2}\right) \alpha \sin\alpha(x-\lambda) \, d\alpha$$

$$= \left[\frac{e^{-p^2 \alpha^2}}{2p} \sin\alpha(x-\lambda)\right]_{0}^{\infty} - \int_{0}^{\infty} \frac{e^{-p^2 \alpha^2}}{2p^2}(x-\lambda) \cos\alpha(x-\lambda) \, d\alpha$$

$$= -\frac{x-\lambda}{2p^2} \int_{0}^{\infty} e^{-p^2 \alpha^2} \cos\alpha(x-\lambda) \, d\alpha = -\frac{x-\lambda}{2p^2} \phi(x)$$

したがって, $\phi'(x) + \dfrac{x-\lambda}{2p^2} \phi(x) = 0$ という同次の 1 階線形常微分方程式を解けばよい. これを解くと, $\phi(x) = ce^{\int -\{(x-\lambda)/2p^2\} \, dx}$, ゆえに $\phi(x) = ce^{-(x-\lambda)^2/4p^2}$

$x = \lambda$ とすると, $\phi(\lambda) = c$ となるので, $c = \displaystyle\int_{0}^{\infty} e^{-p^2 \alpha^2} \, d\alpha = \frac{1}{p} \int_{0}^{\infty} e^{-u^2} \, du$

$$c = \int_{0}^{\infty} e^{-p^2 \alpha^2} \, d\alpha = \frac{1}{p} \int_{0}^{\infty} e^{-u^2} \, du = \frac{\sqrt{\pi}}{2p} \quad \begin{pmatrix} \text{最後の積分は「演習と応用 微分積分」} \\ \text{サイエンス社 p.96 参照} \end{pmatrix}$$

ゆえに，$\phi(x) = \dfrac{\sqrt{\pi}}{2p} e^{-(x-\lambda)^2/4p^2}$

(2) 与えられた問題は熱伝導方程式の初期値問題（⇨p.105）である．

$$\dfrac{\partial u}{\partial t} = k^2 \dfrac{\partial^2 u}{\partial x^2} \quad (u = u(x,t); -\infty < x < \infty, t > 0) \quad \cdots \text{①}$$

$$\text{初期条件} \quad u(x,0) = f(x) \quad (-\infty < x < \infty) \quad \cdots \text{②}$$

のとき，解は $u(x,t) = \dfrac{1}{2k\sqrt{\pi t}} \displaystyle\int_{-\infty}^{\infty} f(\lambda) e^{-(x-\lambda)^2/4kt} d\lambda$ となることを証明する．

変数分離法を用いるため，

$$u(x,t) = g(x)h(t) \quad \cdots \text{③}$$

として ① に代入すると，

$$\dfrac{g''(x)}{g(x)} = \dfrac{h'(t)}{k^2 h(t)}$$

を得る．これは左辺は t を含まず右辺は x を含まないので定数である．この定数は負となるので $-\alpha^2 (\alpha > 0)$ とおく（p.108 の問題 5.2 の解答を参照）．よって，

$$g''(x) + \alpha^2 g(x) = 0, \quad h'(t) + \alpha^2 k^2 h(t) = 0 \quad \cdots \text{④}$$

となる．④ の第 1 式は定数係数 2 階線形同次常微分方程式であり，第 2 式は定数係数 1 階線形同次常微分方程式であるので，それぞれ解いて ③ に代入すると，① をみたす解として，

$$u(x,t) = e^{-k^2 \alpha^2 t}(A \cos \alpha x + B \sin \alpha x)$$

を得る．いま $A = C \cos \alpha \lambda, B = C \sin \alpha \lambda$ とおけば

$$u(x,t) = C e^{-k^2 \alpha^2 t} \cos \alpha(x - \lambda)$$

したがって改めて

$$u(x,t) = \dfrac{1}{\pi} \int_0^{\infty} d\alpha \int_{-\infty}^{\infty} e^{-k^2 \alpha^2 t} \cos \alpha(x - \lambda) f(\lambda) d\lambda \quad \cdots \text{⑤}$$

とおくとき，微分と積分の順序交換ができるとすると ⑤ は ① をみたすことがわかる．

また $t = 0$ とすれば

$$u(x,0) = \dfrac{1}{\pi} \int_0^{\infty} d\alpha \int_{-\infty}^{\infty} \cos \alpha(x - \lambda) f(\lambda) d\lambda$$

となる．これはフーリエの積分公式（⇨p.100 の定理 4）より $f(x)$ に等しい．このように形式的に得られた ⑤ が ① をみたすことを示すために ⑤ をさらに変形しよう．そのた

めに前問の解答の注意の

$$\phi(x) = \int_0^\infty e^{-p^2\alpha^2} \cos\alpha(x-\lambda)\, d\alpha = \frac{\sqrt{\pi}}{2p} e^{-(x-\lambda)^2/4p^2} \quad \cdots \text{⑥}$$

を用いる．⑤において積分順序の変更を仮定すると

$$u(x,t) = \frac{1}{\pi} \int_{-\infty}^\infty f(\lambda)\, d\lambda \int_0^\infty e^{-k^2\alpha^2 t} \cos\alpha(x-\lambda)\, d\alpha \quad \cdots \text{⑦}$$

となり⑥において $p = k\sqrt{t}$ とおくと⑦より

$$u(x,t) = \frac{1}{2k\sqrt{\pi t}} \int_{-\infty}^\infty f(\lambda) e^{-(x-\lambda)^2/4k^2 t}\, d\lambda \quad \cdots \text{⑧}$$

ここで $\dfrac{\lambda - x}{2k\sqrt{t}} = \xi$ とおけば,

$$u(x,t) = \frac{1}{\sqrt{\pi}} \int_{-\infty}^\infty f(x + 2k\xi\sqrt{t}) e^{-\xi^2}\, d\xi \quad \cdots \text{⑨}$$

⑨が①をみたすことを示そう．

$$\frac{\partial u}{\partial t} = \frac{k}{\sqrt{\pi t}} \int_{-\infty}^\infty f'(x + 2k\xi\sqrt{t}) e^{-\xi^2} \xi\, d\xi$$

$$\frac{\partial^2 u}{\partial x^2} = \frac{1}{\sqrt{\pi}} \int_{-\infty}^\infty f''(x + 2k\xi\sqrt{t}) e^{-\xi^2}\, d\xi$$

$$= \frac{1}{2k\sqrt{\pi t}} \left[f'(x + 2k\xi\sqrt{t}) e^{-\xi^2} \right]_{-\infty}^\infty + \frac{1}{k\sqrt{\pi t}} \int_{-\infty}^\infty f'(x + 2k\xi\sqrt{t}) \xi e^{-\xi^2}\, d\xi$$

$$= \frac{1}{k\sqrt{\pi t}} \int_{-\infty}^\infty f'(x + 2k\xi\sqrt{t}) \xi e^{-\xi^2}\, d\xi$$

これから⑨が①をみたすことは明らかである．

問題 7.1　(1)　与えられた問題はラプラスの方程式の境界値問題（長方形領域の場合）（⇨p.105）である．

$$\Delta u = \frac{\partial^2 u}{\partial x^2} + \frac{\partial^2 u}{\partial y^2} = 0 \quad (u = u(x,y);\ 0 < x < a,\ 0 < y < b) \quad \cdots \text{①}$$

境界条件 $\begin{cases} u(0,y) = 0,\ u(a,y) = 0 & (0 < y < b) \quad \cdots \text{②} \\ u(x,b) = 0,\ u(x,0) = f(x) & (0 < x < b) \quad \cdots \text{③} \end{cases}$

より，①の解はつぎのようになることを証明する．

解 $\begin{cases} u(x,y) = \displaystyle\sum_{n=1}^\infty d_n \frac{\sinh n\pi(b-y)/a}{\sinh n\pi b/a} \sin\frac{n\pi x}{a} \\ d_n = \dfrac{2}{a} \displaystyle\int_0^a f(\lambda) \sin\frac{n\pi\lambda}{a}\, d\lambda \end{cases}$

変数分離法によって ② をみたす ① の解を求めよう.
$$u(x,y) = g(x)h(y)$$
として ① に代入するとき,
$$\frac{g''(x)}{g(x)} = -\frac{h''(y)}{h(y)}$$
この左辺は y を含まず, 右辺は x を含まないから, 定数に他ならない. いまこれを λ とおく. すなわち,
$$g''(x) = \lambda g(x), \quad h''(y) = -\lambda h(y)$$
第1式から
$$0 \leqq \int_0^a (g'(x))^2\, dx = \left[g(x)g'(x)\right]_0^a - \int_0^a g(x)g''(x)\, dx = -\lambda \int_0^a (g(x))^2\, dx$$
$\lambda \geqq 0$ とすると, $u(x,y) = 0$ となりこのような自明な解は省くことにすると $\lambda < 0$ となる. よって
$$g''(x) - \lambda g(x) = 0, \quad h''(y) + \lambda h(y) = 0 \quad \cdots \text{④}$$
この第1式は2階線形同次常微分方程式であるのでこれを解いて
$$g(x) = C_1 \cos\sqrt{-\lambda}\, x + C_2 \sin\sqrt{-\lambda}\, x$$
$g(0) = g(a) = 0$ から
$$C_1 = 0, \quad \sin\sqrt{-\lambda}\, a = 0, \quad \lambda = -\left(\frac{n\pi}{a}\right)^2 \quad (n = 1, 2, \cdots)$$
を得る. $C_2 = 1$ としてさしつかえないから,
$$g_n(x) = \sin\frac{n\pi x}{a} \quad (n = 1, 2, \cdots)$$
を得る.

④ の第2式も2階線形同次常微分方程式であるので, $\lambda = -\left(\frac{n\pi}{a}\right)^2$ とすると,
$$h_n(y) = A_n e^{\frac{n\pi}{a}y} + B_n e^{-\frac{n\pi}{a}y} = (A_n + B_n)\cosh\frac{n\pi}{a}y + (A_n - B_n)\sinh\frac{n\pi}{a}y$$
A_n, B_n は任意定数であるので, $A_n + B_n, A_n - B_n$ を改めて A_n, B_n とかくことにすれば,
$$h_n(y) = A_n \cosh\frac{n\pi}{a}y + B_n \sinh\frac{n\pi}{a}y \quad (n = 1, 2, \cdots)$$
つぎに $u(x,y) = g_n(x)h_n(y)$ が ③ の $u(x,b) = 0$ をみたすことから
$$\frac{A_n}{B_n} = -\sinh\frac{n\pi b}{a} \Big/ \cosh\frac{n\pi b}{a}$$

したがって
$$u(x,y) = C_n \sin \frac{n\pi x}{a} \sinh \frac{n\pi (b-y)}{a}$$
と表すことができる．ゆえに求める解は重ね合わせの原理（⇨p.104）より
$$u(x,y) = \sum_{n=1}^{\infty} C_n \sin \frac{n\pi x}{a} \sinh \frac{n\pi (b-y)}{a} \quad \cdots ⑤$$
と書ける．一方 $f(0) = f(a) = 0$ であるから $[-a, a]$ で $f(x)$ が奇関数となるように接続し，さらに x について周期 $2a$ で $(-\infty, \infty)$ まで接続する．このとき $f(x)$ をフーリエ展開して，
$$f(x) = \frac{2}{a} \sum_{n=1}^{\infty} \sin \frac{n\pi x}{a} \int_0^a f(\lambda) \sin \frac{n\pi \lambda}{a} d\lambda \quad \cdots ⑥$$

⑤が③の第2式をみたすことから⑤と⑥の係数を比べて，
$$C_n \sinh \frac{n\pi b}{a} = \frac{2}{a} \int_0^a f(\lambda) \sin \frac{n\pi \lambda}{a} d\lambda$$

以上から
$$u(x,y) = \frac{2}{a} \sum_{n=1}^{\infty} \frac{\sinh n\pi (b-y)/a}{\sinh n\pi b/a} \sin \frac{n\pi x}{a} \int_0^a f(\lambda) \sin \frac{n\pi \lambda}{a} d\lambda \quad \cdots ⑦$$
となる．

(2) 変数分離法を用いる．$u = R(r)\Theta(\theta)$ を代入すると，
$$R''\Theta + \frac{1}{r} R'\Theta + \frac{1}{r^2} R\Theta'' = 0, \quad \frac{\Theta''}{\Theta} = -r^2 \left(\frac{R''}{R} + \frac{1}{r} \frac{R'}{R} \right)$$
を得る．これの左辺は θ の関数であり，右辺は r の関数であるので定数（$= \alpha$ とおく）に等しい．よって，
$$\Theta'' - \alpha \Theta = 0, \quad r^2 R'' + rR' + \alpha R = 0$$
$\Theta(0) = 0, \Theta(\pi/2) = 0$ より $\alpha = -\lambda^2 (\lambda > 0)$ でなければならない．ゆえに，
$$\Theta'' + \lambda^2 \Theta = 0$$
これを解いて，
$$\Theta = c_1 \cos \lambda \theta + c_2 \sin \lambda \theta$$
$\Theta(0) = \Theta\left(\frac{\pi}{2}\right) = 0$ から $c_1 = 0, c_2 \sin \frac{\lambda \pi}{2} = 0 \quad (c_2 \neq 0)$
ゆえに，
$$\sin \frac{\lambda \pi}{2} = 0, \quad \frac{\lambda \pi}{2} = n\pi, \quad \lambda = 2n \quad (n = 1, 2, \cdots)$$

このとき，$r^2R'' + rR' - 4n^2R = 0$.

これはオイラーの常微分方程式（⇨p.62）であるので，$r = e^t$ とおき，これを解くと，
$$R = d_1 r^{2n} + \frac{d_2}{r^{2n}} \quad (n = 1, 2, \cdots)$$

$u(r, \theta)$ が $r = 0$ で連続とすれば $d_2 = 0$.
ゆえに，
$$\Theta = c_2 \sin 2n\theta, \quad R = d_1 r^{2n} \quad (n = 1, 2, \cdots)$$

このとき，重ね合わせの原理（⇨p.104）により，
$$u(r, \theta) = \sum_{n=1}^{\infty} A_n r^{2n} \sin 2n\theta$$

とおくと，$u(a, \theta) = f(\theta)$ より
$$f(\theta) = \sum_{n=1}^{\infty} A_n a^{2n} \sin 2n\theta$$
$$A_n a^{2n} = \frac{4}{\pi} \int_0^{\pi/2} f(\varphi) \sin 2n\varphi \, d\varphi \quad (n = 1, 2, \cdots)$$

ゆえに，
$$u(r, \theta) = \frac{4}{\pi} \sum_{n=1}^{\infty} \left(\frac{r}{a}\right)^{2n} \sin 2n\theta \int_0^{\pi/2} f(\varphi) \sin 2n\varphi \, d\varphi$$

第9章の解答

問題 1.1 (1) $\dfrac{1}{s^2}$ (2) $\dfrac{2}{s^3}$ (3) $\dfrac{1}{s-1}$ (4) $\dfrac{1}{s-2}$ (5) $\dfrac{1}{s+3}$
(6) $\dfrac{1}{s+a}$

問題 2.1 (1) $\dfrac{s}{s^2+4}$ (2) $\dfrac{3}{s^2+9}$

問題 3.1 (1) $L(x^4) - 3L(x^2) + 2L(u(x)) = \dfrac{4!}{s^5} - \dfrac{3 \cdot 2}{s^3} + \dfrac{2}{s} = \dfrac{24}{s^5} - \dfrac{6}{s^3} + \dfrac{2}{s}$

(2) $L(e^{-3x} - 2e^{-x}) = L(e^{-3x}) - 2 \cdot L(e^{-x}) = \dfrac{1}{s+3} - \dfrac{2}{s+1}$

(3) $L(\sinh x + \cosh x) = L(e^x) = \dfrac{1}{s-1}$

(4) $L(2\sin 3x + 4\cos 2x) = 2 \cdot L(\sin 3x) + 4 \cdot L(\cos 2x) = \dfrac{6}{s^2+9} + \dfrac{4s}{s^2+4}$

(5) $L\left(\cos\left(2x + \dfrac{\pi}{6}\right)\right) = L\left(\dfrac{\sqrt{3}}{2}\cos 2x - \dfrac{1}{2}\sin 2x\right)$
$= \dfrac{\sqrt{3}}{2} \cdot L(\cos 2x) - \dfrac{1}{2}L(\sin 2x) = \dfrac{\sqrt{3}}{2} \cdot \dfrac{s}{s^2+4} - \dfrac{1}{2} \cdot \dfrac{2}{s^2+4} = \dfrac{\sqrt{3}s - 2}{2(s^2+4)}$

(6) $L\left(\sin\left(3x + \dfrac{\pi}{4}\right)\right) = L\left(\dfrac{1}{\sqrt{2}}\sin 3x + \dfrac{1}{\sqrt{2}}\cos 3x\right)$
$= \dfrac{1}{\sqrt{2}}\{L(\sin 3x) + L(\cos 3x)\} = \dfrac{s+3}{\sqrt{2}(s^2+9)}$

問題 4.1 (1) $F'(s) = \dfrac{d}{ds}\displaystyle\int_0^\infty e^{-sx} f(x)\, dx$
$= \displaystyle\int_0^\infty \dfrac{d}{ds} e^{-sx} \cdot f(x)\, dx = -\int_0^\infty e^{-sx} \cdot xf(x)\, dx = -L(x \cdot f(x))$

(2) $L(e^{ax} \cdot f(x)) = \displaystyle\int_0^\infty e^{-sx} e^{ax} f(x)\, dx = \int_0^\infty e^{-(s-a)x} f(x)\, dx = F(s-a)$

問題 4.2 ラプラス変換の定義から

$$L(f(x-\alpha)u(x-\alpha)) = \int_0^\infty f(x-\alpha)u(x-\alpha)e^{-sx}\, dt$$
$$= \int_\alpha^\infty f(x-\alpha)e^{-sx}\, dx = \int_0^\infty f(\tau)e^{-s(\tau+\alpha)}\, d\tau \quad (x-\alpha = \tau \text{ とおく})$$
$$= e^{-\alpha s}\int_0^\infty f(\tau)e^{-s\tau}\, d\tau = e^{-\alpha s}L(f(\tau)) = e^{-\alpha s}F(s)$$

問題 4.3 $L(\sin ax) = \dfrac{a}{s^2 + a^2}$. また上の問題 4.1 (1) により

$$L(x\sin ax) = -\frac{d}{ds}\frac{a}{s^2+a^2} = \frac{2as}{(s^2+a^2)^2}$$

問題 4.4 (1) $L(e^{ax}+\sin ax) = \dfrac{1}{s-a} + \dfrac{a}{s^2+a^2}$

(2) $L(\sin 2t) = \dfrac{2}{x^2+4}$. 上の問題 4.1 (2) によって,

$$L(e^{at}\sin 2t) = \frac{2}{(x-a)^2+4}$$

問題 5.1 $\displaystyle\int_s^\infty F(t)\,dt = \int_s^\infty \left\{\int_0^\infty e^{-tx}f(x)\,dx\right\}dt$

$\displaystyle= \int_0^\infty \left\{\int_s^\infty e^{-tx}f(x)\,dt\right\}dx = \int_0^\infty f(x)\left[-\frac{1}{x}e^{-tx}\right]_{t=s}^{t=\infty}dx$

ここで $x>0$ のとき $\displaystyle\lim_{t\to\infty}\left(-\frac{1}{x}e^{-tx}\right)=0$ であるから

$$= \int_0^\infty f(x)\cdot\frac{1}{x}\cdot e^{-sx}\,dx = L\left(\frac{f(x)}{x}\right)$$

問題 6.1 $L(y''+2y'+y) = s^2\cdot L(y) - \{y(0)s+y'(0)\} + 2\{s\cdot L(y)-y(0)\} + L(y)$
$= (s^2+2s+1)L(y) - 3s - 4$

問題 7.1 (1) $L^{-1}\left(\dfrac{2}{s}-\dfrac{3}{s^2}\right) = 2u(x)-3x$ (2) $L^{-1}\left(\dfrac{3}{2}\cdot\dfrac{1}{s+2}\right) = \dfrac{3}{2}e^{-2x}$

(3) $L^{-1}\left(2\cdot\dfrac{s}{s^2+4}-\dfrac{3}{2}\dfrac{2}{s^2+4}\right) = 2\cos 2x - \dfrac{3}{2}\sin 2x$

(4) $L^{-1}\left(\dfrac{3s-10}{s^2(s^2-4s+5)}\right) = L^{-1}\left(-\dfrac{1}{s}-\dfrac{2}{s^2}+\dfrac{s-2}{s^2-4s+5}\right)$

$= L^{-1}\left(-\dfrac{1}{s}-\dfrac{2}{s^2}+\dfrac{s-2}{(s-2)^2+1}\right) = -u(x)-2x+e^{2x}\cos x$

(5) $L^{-1}\left(\dfrac{1}{(s+1)(s^2+2s+2)}\right) = L^{-1}\left(\dfrac{1}{s+1}-\dfrac{s+1}{s^2+2s+2}\right)$

$= L^{-1}\left(\dfrac{1}{s+1}-\dfrac{s+1}{(s+1)^2+1}\right) = e^{-x}-e^{-x}\cos x$

問題 8.1 (1) $L^{-1}\left(\log\dfrac{s^2+1}{s(s+1)}\right) = f(x)$ とすると

$$L(f(x)) = \log\frac{s^2+1}{s(s+1)} = F(s)$$

このとき $F'(s) = -L(x\cdot f(x))$ であるから (⇨p.116 一般公式 2)

$$x \cdot f(x) = -L^{-1}(F'(s)) = -L^{-1}\left[\frac{d}{ds}\{\log(s^2+1) - \log s - \log(s+1)\}\right]$$

$$= -L^{-1}\left(\frac{2s}{s^2+1} - \frac{1}{s} - \frac{1}{s+1}\right)$$

$$= -2\cos x + u(x) + e^{-x}$$

よって
$$f(x) = \frac{1}{x}(-2\cos x + 1 + e^{-x})$$

(2) $L^{-1}\left(\dfrac{1}{(s+a)^3}\right) = f(x)$ とすると

$$L(f(x)) = \frac{1}{(s+a)^3} = F(s)$$

このとき $\displaystyle\int_s^\infty F(s)\,ds = L\left(\dfrac{f(x)}{x}\right)$ であるから（⇨問題 5.1）

$$\frac{f(x)}{x} = L^{-1}\left(\int_s^\infty F(s)ds\right) = L^{-1}\left(\int_s^\infty \frac{ds}{(s+a)^3}\right)$$

$$= L^{-1}\left(\frac{1}{2(s+a)^2}\right)$$

ここで $L^{-1}\left(\dfrac{1}{(s+a)^2}\right) = g(x)$ とすると $L(g(x)) = \dfrac{1}{(s+a)^2} = G(s)$ であり

$$\frac{g(x)}{x} = L^{-1}\left(\int_s^\infty G(s)\,ds\right) = L^{-1}\left(\int_s^\infty \frac{1}{(s+a)^2}\,ds\right)$$

$$= L^{-1}\left(\frac{1}{s+a}\right) = e^{-ax}$$

よって $\dfrac{f(x)}{x} = \dfrac{1}{2}g(x) = \dfrac{1}{2}xe^{-ax}$ となり $f(x) = \dfrac{1}{2}x^2 e^{-ax}$

(3) $\dfrac{1}{s^2(s+1)}$ を部分分数に分解すると

$$\frac{1}{s^2(s+1)} = -\frac{1}{s} + \frac{1}{s^2} + \frac{1}{s+1}$$

よって
$$L^{-1}\left(\frac{1}{s^2(s+1)}\right) = -u(x) + x + e^{-x}$$

(4) $\dfrac{s}{(s-1)^3} = \dfrac{1}{(s-1)^2} + \dfrac{1}{(s-1)^3}$

すると (2) で求めたように

$$L^{-1}\left(\frac{1}{(s-1)^2}\right) = xe^x, \quad L^{-1}\left(\frac{1}{(s-1)^3}\right) = \frac{x^2 e^x}{2}$$

よって
$$L^{-1}\left(\frac{s}{(s-1)^3}\right) = xe^x + \frac{x^2 e^x}{2}$$

問題 9.1 (1) $\int_0^x (x-t)^2 e^t \, dt$ に部分積分法を用いる．

$$\left[(x-t)^2 e^t\right]_{t=0}^{t=x} - \int_0^x 2(x-t) e^t \, dt$$
$$= x^2 - 2\left\{\left[(x-t)e^t\right]_{t=0}^{t=x} - \int_0^x e^t \, dt\right\}$$
$$= x^2 - 2x + 2e^x - 2$$

(2) $\int_0^x \cos(x-t) \sin t \, dt$ では例題 9 の解答にある三角関数の公式により

$$\int_0^x \frac{1}{2}\{\sin x + \sin(2t-x)\} \, dt$$
$$= \frac{1}{2}\left[t\sin x - \frac{1}{2}\cos(2t-x)\right]_0^x$$
$$= \frac{1}{2}x\sin x$$

問題 9.2 (1) $\dfrac{1}{s^2(s-a)} = -\dfrac{1}{a^2}\dfrac{1}{s} - \dfrac{1}{a}\dfrac{1}{s^2} + \dfrac{1}{a^2}\dfrac{1}{s-a}$ から

$$L^{-1}\left(\frac{1}{s^2(s-a)}\right) = -\frac{1}{a^2}L^{-1}\left(\frac{1}{s}\right) - \frac{1}{a}L^{-1}\left(\frac{1}{s^2}\right) + \frac{1}{a^2}L^{-1}\left(\frac{1}{s-a}\right)$$
$$= -\frac{1}{a^2}u(x) - \frac{1}{a}x + \frac{1}{a^2}e^{ax}$$

(2) $L^{-1}\left(\dfrac{1}{s^2}\right) = x$, $L^{-1}\left(\dfrac{1}{s-a}\right) = e^{ax}$ から

$$L^{-1}\left(\frac{1}{s^2(s-a)}\right) = x * e^{ax} = \int_0^x (x-t)e^{at} \, dt$$
$$= \left[(x-t)\cdot \frac{1}{a}e^{at}\right]_{t=0}^{t=x} - \int_0^x (-1)\frac{1}{a}e^{at} \, dt$$
$$= -\frac{1}{a}x + \frac{1}{a^2}\left[e^{at}\right]_0^x = -\frac{1}{a}x + \frac{1}{a^2}(e^{ax} - 1)$$

問題 10.1 (1) 両辺のラプラス変換をとると，

$$s^2 L(y) - 1 + 4s L(y) + 13 L(y) = \frac{2}{s+1}$$

よって，$(s^2 + 4s + 13)L(y) = \dfrac{2}{s+1} + 1$．

ゆえに，$L(y) = \dfrac{2}{(s+1)((s+2)^2 + 3^2)} + \dfrac{1}{(s+2)^2 + 3^2}$

$$\frac{2}{(s+1)(s^2+4s+13)} = \frac{A}{s+1} + \frac{Bs+C}{s^2+4s+13}$$ とおき A, B, C を求めると,

$A = \dfrac{1}{5}$, $B = -\dfrac{1}{5}$, $C = -\dfrac{3}{5}$ となる. ゆえに,

$$L(y) = \frac{1}{5} \cdot \frac{1}{s+1} - \frac{1}{5} \cdot \frac{s}{(s+2)^2+3^2} + \frac{1}{5} \cdot \frac{2}{(s+2)^2+3^2}$$
$$= \frac{1}{5}\left(\frac{1}{s+1} - \frac{s+2}{(s+2)^2+3^2} + \frac{4}{(s+2)^2+3^2}\right)$$

ゆえに, $$y = \frac{1}{5}\left(e^{-x} - e^{-2x}\cos 3x + \frac{4}{3}e^{-2x}\sin 3x\right)$$

(2) 両辺のラプラス変換をとると,

$$s^2 L(y) + s + 2sL(y) + 2 + 5L(y) = \frac{1}{s}$$

$$(s^2 + 2s + 5)L(y) = \frac{1}{s} - s - 2,$$

$$L(y) = \frac{-(s^2+2s-1)}{s(s^2+2s+5)} = \frac{-(s^2+2s+5)+6}{s(s^2+2s+5)} = -\frac{1}{s} + \frac{6}{s(s^2+2s+5)}$$

$$\frac{1}{s(s^2+2s+5)} = \frac{A}{s} + \frac{Bs+C}{s^2+2s+5}$$ とおき, A, B, C を求めると, $A = \dfrac{1}{5}$, $B = -\dfrac{1}{5}$, $C = -\dfrac{2}{5}$ となる. よって

$$L(y) = -\frac{1}{s} + \frac{6}{5}\left(\frac{1}{s} - \frac{s+2}{s^2+2s+5}\right) = \frac{1}{5s} - \frac{6}{5}\frac{(s+1)+1}{(s+1)^2+2^2}$$
$$= \frac{1}{5s} - \frac{6}{5}\left(\frac{s+1}{(s+1)^2+2^2} + \frac{1}{(s+1)^2+2^2}\right)$$

ゆえに, $$y = \frac{1}{5}u(x) - \frac{6}{5}e^{-x}\cos 2x - \frac{6}{5}\frac{1}{2}e^{-x}\sin 2x$$
$$= \frac{1}{5}u(x) - \frac{6}{5}e^{-x}\cos 2x - \frac{3}{5}e^{-x}\sin 2x$$

問題 11.1 両辺のラプラス変換をとると,

$$sL(y) + 2 + 2L(y) + 2\frac{1}{s}L(y) = \frac{1}{s}e^{-2s}$$
$$s^2 L(y) + 2s + 2sL(y) + 2L(y) = e^{-2s}$$
$$(s^2 + 2s + 2)L(y) = e^{-2s} - 2s$$

ゆえに, $$L(y) = \frac{e^{-2s}}{(s+1)^2+1} - \frac{2s}{(s+1)^2+1}$$
$$L^{-1}\left(\frac{1}{(s+1)^2+1}\right) = e^{-x}\sin x$$

ゆえに，
$$L^{-1}\left(\frac{e^{-2s}}{(s+1)^2+1}\right) = e^{-(x-2)}\sin(x-2)u(x-2)$$
また，
$$\frac{2s}{(s+1)^2+1} = \frac{2(s+1)}{(s+1)^2+1} - \frac{2}{(s+1)^2+1}$$
よって
$$L^{-1}\left(\frac{2s}{(s+1)^2+1}\right) = 2L^{-1}\left(\frac{s+1}{(s+1)^2+1}\right) - 2L^{-1}\left(\frac{1}{(s+1)^2+1}\right)$$
$$= 2e^{-x}\cos x - 2e^{-x}\sin x$$
ゆえに
$$y = e^{-(x-2)}\sin(x-2)u(x-2) - 2e^{-x}(\cos x - \sin x)$$

問題 12.1 ラプラス変換を考えると
$$H\cdot\{s\cdot L(i) - i(0)\} + R\cdot L(i) = \frac{E}{s}$$
$(Hs+R)L(i) = \dfrac{E}{s}$ から
$$L(i) = \frac{E}{H}\cdot\frac{1}{s(s+R/H)} = \frac{E}{R}\left\{\frac{1}{s} - \frac{1}{s+R/H}\right\}$$
逆変換をとって
$$i = \frac{E}{R}\left\{1 - e^{-\frac{R}{H}\cdot t}\right\}$$

索　引

あ　行

一次従属　46
一次独立　46
一次分数変換形　8
1階準線形偏微分方程式　86
1階線形微分方程式　43
1階偏微分方程式　86
1階偏微分方程式の標準形 I（変数分離形）　87
一般解　4
一般解（2階線形偏微分方程式の）　94
一般解（偏微分方程式の）　86
一般区間でのフーリエ級数　100

演算子の基本性質　54

か　行

解（偏微分方程式の）　86
解曲線　6
ガウスの方程式　77
確定特異点　71
重ね合わせの原理　104
完全解（偏微分方程式の）　86
完全微分方程式　15, 40, 81
完全微分方程式の条件　81
ガンマ関数　112

基本解　44
逆演算子　55
逆演算子の基本性質　55
逆フーリエ変換　101
求積法　19
境界条件　4
境界条件（ラプラス方程式の境界値問題の）　105

境界条件（熱伝導方程式の初期値・境界値問題の）　105
境界条件（波動方程式の）　104
狭義のリッカティの微分方程式　20
強制振動の方程式　107
極座標系　27
極接線影　28
極法線影　28

区分的に滑らかな関数　100
区分的に連続な関数　100
クレーロー形（1階偏微分方程式の）　87
クレーローの微分方程式　24

決定方程式　72
原関数　111

広義のリッカティの微分方程式　19
合成積　121
誤差関数　109
固有関数　193
固有値　193

さ　行

指数型　117
指数方程式　72
従属変数　1
常微分方程式　1
初期条件　4
初期条件（熱伝導方程式の初期値・境界値問題の）　105
初期条件（熱伝導方程式の初期値問題の）　105
初期条件（波動方程式の初期値・境界値問題）　104
初期条件（波動方程式の初期値問題の）　104

ストークスの公式　104

正則点　70
正則特異点　71
積分可能　81
積分可能の条件　81
積分曲線　6
接線影　27
接線の長さ　27
線形　43
線形性　112
全微分　2
全微分方程式　2, 81

像関数　111
双曲形偏微分方程式　104

た　行

楕円形偏微分方程式　105

長方形に関するディリクレの問題　105
調和関数　105
直交曲線　28
直交座標系　27

定数係数2階線形同次偏微分方程式　94
定数係数2階線形非同次偏微分方程式　95
定数係数連立線形微分方程式　63
定数変化法　11

同次形　7
同次条件　38
同次線形微分方程式　11
特異解　4, 9, 25, 26, 37, 39
特異解（偏微分方程式の）　86
特異点　70
特殊解　4, 19, 44
特性方程式　45, 62
解く（偏微分方程式を）　86
独立変数　1

な　行

2階線形微分方程式　43

2階線形偏微分方程式　94

熱伝導方程式の初期値・境界値問題　105
熱伝導方程式の初期値問題　105

は　行

波動方程式の初期値・境界値問題　104
波動方程式の初期値問題　104

微分演算子　54
微分方程式　1
微分方程式の解　2
微分方程式の階数　2
微分方程式を解く　2
標準形 II（変数分離形）　87
標準形 IV クレーロー形（1階偏微分方程式の）　87
標準形 III（変数分離形）　87

フーリエ級数　99
フーリエ級数の基本定理　100
フーリエ係数　99
フーリエ正弦級数　101
フーリエ積分　101
フーリエ展開　99
フーリエの積分公式　101
フーリエ変換　101
フーリエ余弦級数　100
複素形のフーリエ積分　101

ベッセルの微分方程式　76
ヘビサイドの関数　111
ベルヌーイの微分方程式　12
変数　1
変数分離形　7
変数分離法　106
偏微分方程式　2, 86
偏微分方程式の解　2
偏微分方程式の階数　2

法線影　27
法線の長さ　27
放物形偏微分方程式　104

索　引

ポテンシャル関数　15

や　行

余関数　44
余関数（2階線形偏微分方程式の）　95

ら　行

ラグランジュの微分方程式　24
ラグランジュの偏微分方程式　86
ラプラス変換　111
ラプラス方程式の境界値問題　105

ルジャンドルの微分方程式　76

連立微分方程式　2, 82

ロンスキー行列式　44

欧　字

α-等交曲線　28
x と y について r 次同次　38
x について r 次同次　38
n 階線形微分方程式　62
y について r 次同次　38

著者略歴

寺田文行（てらだふみゆき）
1948年　東北帝国大学理学部数学科卒業
現　在　早稲田大学名誉教授

坂田　泩（さかたひろし）
1957年　東北大学大学院理学研究科数学専攻（修士課程）修了
現　在　岡山大学名誉教授

曽布川拓也（そぶかわたくや）
1992年　慶應義塾大学大学院理工学研究科数理科学専攻（博士課程）修了
現　在　岡山大学准教授

新・演習数学ライブラリ＝3
演習と応用　微分方程式

2000年12月10日 ©　　　初版発行
2008年 2月25日　　　　初版第7刷発行

著　者　寺田文行　　　発行者　木下敏孝
　　　　坂田　泩　　　印刷者　山岡景仁
　　　　曽布川拓也　　製本者　金野　明

発行所　　株式会社　サイエンス社

〒151-0051　東京都渋谷区千駄ヶ谷1丁目3番25号
営業　☎（03）5474-8500（代）　振替 00170-7-2387
編集　☎（03）5474-8600（代）
FAX　☎（03）5474-8900

印刷　三美印刷　　　　　　製本　積信堂

《検印省略》

本書の内容を無断で複写複製することは，著作者および
出版社の権利を侵害することがありますので，その場合
にはあらかじめ小社あて許諾をお求め下さい．

ISBN4-7819-0967-1

PRINTED IN JAPAN

サイエンス社のホームページのご案内
http://www.saiensu.co.jp
ご意見・ご要望は
rikei@saiensu.co.jp　まで．

● 置換積分法と部分積分法 ●

$x = g(t)$ のとき

$$\int f(x)\,dx = \int f(g(t))g'(t)\,dt$$

$$\int f'(x)g(x)\,dx = f(x)g(x) - \int f(x)g'(x)\,dx$$

● 無限小 ●

x, y の関数 z が，$x \to 0$ かつ $y \to 0$ のとき $z \to 0$ であるとき

$$z = o\left(\sqrt{x^2 + y^2}\right)$$

と表し，z は $\sqrt{x^2 + y^2}$ より高位の無限小であるという．

● ヤコビアン（ヤコビ行列式）●

$x = \varphi(u,v),\ y = \psi(u,v)$ のとき

$$\frac{\partial(x,y)}{\partial(u,v)} = \begin{vmatrix} \dfrac{\partial x}{\partial u} & \dfrac{\partial y}{\partial u} \\ \dfrac{\partial x}{\partial v} & \dfrac{\partial y}{\partial v} \end{vmatrix}$$

をヤコビアンという．

● 2変数関数の場合の置換積分 ●

$x = \varphi(u,v),\ y = \psi(u,v)$ で (u,v) の領域 Δ がこの置換で (x,y) の領域 D に移されるとき

$$\iint_D f(x,y)\,dx\,dy = \iint_\Delta f(\varphi(u,v), \psi(u,v)) \left|\frac{\partial(x,y)}{\partial(u,v)}\right| du\,dv$$